JN087653

定番技術の
基本を
ビジュアルで
理解する

開発系エンジニアのためのDocker絵とき入門

鈴木亮 RYO SUZUKI

秀和システム

はじめに

筆者がはじめてDockerを勉強したのは新幹線の車内でした。転職が決まり休暇をとって旅行したときに「そろそろDockerが使えないとまずい」と思っていたときです。家で片っ端からイメージを取得しておいて、新幹線でいろいろなコンテナをいろいろなパラメータで起動し続けたことを思い出します。そのときの体験をまとめて公開したことが、筆者が長い記事や図を書くようになったきっかけです。

はじめて公開した記事は筆者の体験記でしかなかったため、体系的に学べるよう考えて再編したのが次の記事でした。

『実践Docker - ソフトウェアエンジニアの「Dockerよくわからない」を終わりにする本』
https://zenn.dev/suzuki_hoge/books/2022-03-docker-practice-8ae36c33424b59

本書はこの記事を読んでくださった秀和システムの方のご提案から生まれました。

本書がみなさまのお役に立ち、自在にDockerを使えるようになることを願っています。

●本書の構成

本書は7部構成になっています。

第1部はDockerを使うための基礎知識を学べます。本書で前提としている大切な基礎についてまとまっています。

第2部から第5部はコマンドとDockerfileの解説です。章単位で文法にイラストを添えて解説しています。いつでも必要な章だけを読み返せる作りになっています。

第6部はDockerコマンドを使い開発環境を構築するハンズオンです。部をとおして複数コンテナによる環境を構築し、最後はDocker Composeに置き換えます。

第7部は実運用時の工夫とデバッグノウハウを解説します。アカウントや有料プランについて紹介し、安全で使いやすいDocker Compose環境の構築方法を紹介します。Dockerのデバッグは慣れないとスムーズに進められないため、ぜひ活用してください。

●謝辞

本書の執筆にあたり、木下聡さんと野村友規さんにとても多くのフィードバックをいただきました。おふたりの深い知識と正確で丁寧なコメントにより、本書は大きくブラッシュアップできました。おふたりと一緒に仕事をしていたころを思い出し、密かに懐かしい気持ちにもなっていました。

また声をかけてくださった秀和システム木津様は、いつも僕の思いつきを建設的に受け入れてくださり、さまざまなアイデアに昇華してくださいました。本業をしながらの執筆はかなりハードでしたが、木津様のおかげで最後まで投げ出さずに執筆を続けられました。

本書のために時間を割いてくださったみなさまに、深く感謝申し上げます。

本書の読み方

Ubuntu コンテナを起動する

ターミナル 6.1.1 に「興味がある人は docker run -it ubuntu bash もやってみてね」と出力されていたので、これも整理して実行してみましょう。

まず docker run ですが、これは旧コマンドです。オプションや挙動は新コマンドの docker container run とまったく同じです。

run 以降を文法と照らし合わせると、IMAGE 引数に ubuntu を指定する他に [OPTIONS] と [COMMAND] も指定していることが把握できます。

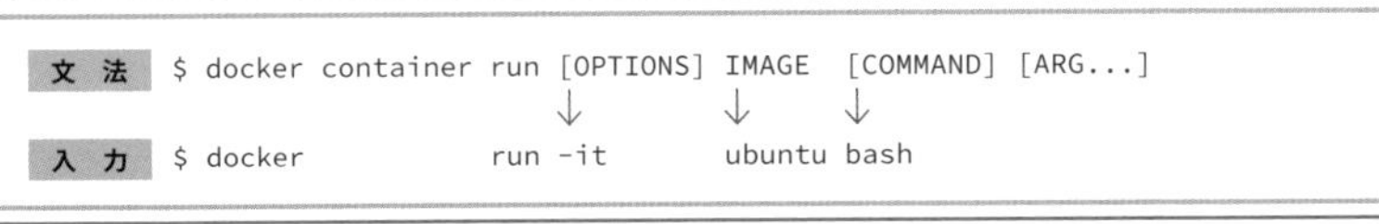

文 法 $ docker container run [OPTIONS] IMAGE [COMMAND] [ARG...]
入 力 $ docker run -it ubuntu bash

Point [OPTIONS] の -it は第 8 章で、[COMMAND] は第 7 章で、それぞれ解説します。ここではガイドのとおり実行してみましょう。

ターミナル6.1.2 ホストマシンでコンテナを起動

HelloWorld コンテナと異なり、プロンプトが切り替わり操作待ちになっているはずです。

プロンプトが # の間はターミナルで Ubuntu コンテナを操作できます。Ubuntu でいくつかのLinux コマンドを実行してみましょう。

whoami は現在のユーザー名を確認するコマンドです。

head はファイルの最初の数行を表示するコマンドで、-n 4 は表示する行数を指定するオプションです。/etc/os-release は OS 情報が記載されているファイルです。

echo は文字列や変数の値を表示するコマンドで、$SHELL は現在使用しているシェルを示す変数です。

ターミナル6.1.3 Ubuntuコンテナを起動したターミナルでLinuxコマンドを実行

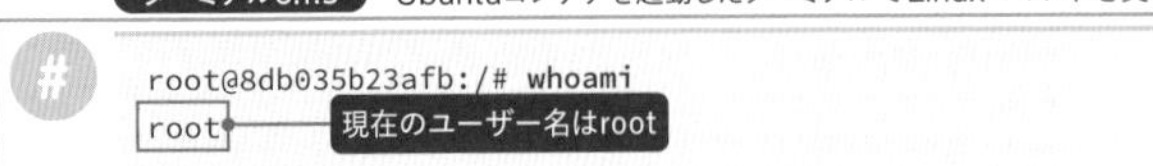


```
root@8db035b23afb:/# head -n 4 /etc/os-release
PRETTY_NAME="Ubuntu 22.04.3 LTS"
```

76

文法

コマンドの文法とこれから実行するコマンドを並べ、初出コマンドや初出オプションを対比させています。

IMAGE のように大文字単体の項目は必須項目です。一方で [COMMAND] のように角括弧で大文字を囲んでいる項目は任意項目になります。また [ARG...] のように ... が続いている項目は、スペースで区切っていくつ並べて指定してもいいということを意味しています。

Point

Point

別の章への参照などを記載します。本文に直接関係しないセットアップ処理やあと片付け処理も Point としています。

青ターミナル

ホストマシンでのコマンド実行は青背景のターミナルで表現しています。ここに記載されているコマンドは Docker コンテナの外で実行してください。プロンプトアイコンは$で統一しています。

黄ターミナル

コンテナ内でのコマンド実行は黄背景のターミナルで表現しています。ここに記載されているコマンドは Docker コンテナの中で実行してください。プロンプトはコンテナにより微差がありますが、アイコンは#で統一しています。

開発系エンジニアのための Docker絵とき入門

目次

第1部

仮想化と Docker についての基礎知識

Docker コンテナの活用例

第3部 Docker イメージの活用例

Dockerfileの活用例

第5部

Dockerコンテナの活用例 発展編

第6部 ウェブサービス開発環境の構築例

第 1 部

仮想化とDockerについての基礎知識

仮想化技術について学び、Dockerがどのような仕組みであるか学びましょう。Dockerのメリット・デメリットや類似ツールとの関係を知り、自分のマシンにDockerをインストールし、Dockerの概要理解を目指します。

この部をしっかり理解できれば、第2部以降で実行するコマンドが自分のマシンの中で何をおこなっているか想像するための基礎知識が得られるはずです。

第1章

仮想化とは

この章では、仮想化技術について学びます。
仮想化技術の種類とDockerの関係や、個人の開発環境構築にDockerを用いるモチベーションを整理します。

物理マシンと仮想マシン

物理マシンとは

物理マシン（physical machine）とは、CPU・メモリ・ストレージなどのハードウェアで構成されるコンピュータのことです。みなさんの手元にある Windows・macOS が動いているコンピュータや、データセンターに設置されサーバなどを動かしているコンピュータが物理マシンです。

物理マシンには、その名のとおり物理的な実体が存在します。

仮想マシンと仮想化ソフトウェア

仮想マシン（virtual machine）とは、**ハードウェアの一部をソフトウェアで実現した物理マシンのように見えるもの**です。

仮想マシンは仮想化ソフトウェアに起動され管理されます。物理マシンの性能の範囲内で、複数の仮想マシンを起動できます。

仮想という単語の意味は「実際にはない事物を、仮にあるものとして考えてみること。仮に想定すること」とされています文献1.1。たとえば防災訓練は実際には存在しない災害を想定して行う訓練です。この災害は仮想の災害ですね。対して仮想マシンなどの訳に使われるバーチャル（virtual）という単語の意味は「（名目上はそうではないが）実質上の，事実上の，実際（上）の」とされています文献1.2。仮想マシンのニュアンスは「仮に想定する」ではなく「実質的な」の方が適切でしょう。仮想マシンは「物理マシンではないが同じように動く実質的な物理マシン」と解釈できます（図1.1.1参照）。

仮想マシンを使うメリット

仮想マシンは既存の物理マシン上に低コストで構築でき、物理マシンの使用していないリソースを有効に活用することができます。

たとえば物理マシンによるサーバは搬入や導入の費用に加え電気代や設置スペースなども必要としますが、一台の物理マシンに仮想マシンを複数構築すればそれらのコストを削減できます。物理マシンの性能の範囲内であればソフトウェアの操作だけで追加の仮想マシンを遠隔から素早く構築できますし、CPUやメモリの変更もソフトウェアの設定変更のみで実現できます。不要になった仮想マシンを削除すれば、コストを持ち続けることもありません（図1.1.2参照）。

図1.1.1 物理マシンと仮想マシンの関係

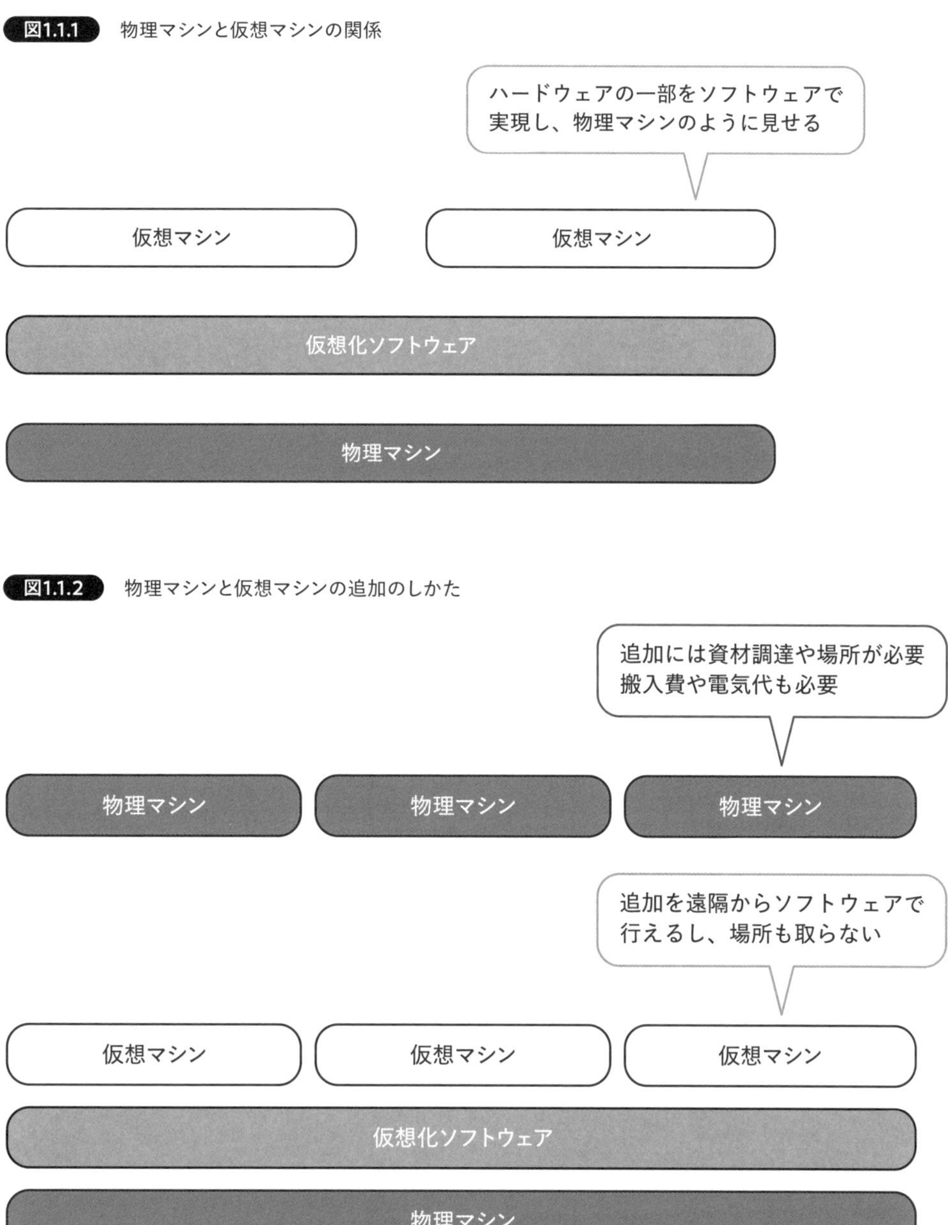

図1.1.2 物理マシンと仮想マシンの追加のしかた

また仮想マシンは仮想化ソフトウェアに同じ設定を反映させれば同じ構成を起動できるため、簡単に別の物理マシンで起動し直せます。物理マシンに問題が発生したときに別の物理マシンに乗せ替えて機能を提供し続けることも容易です。

図1.1.3 仮想マシンを移動する

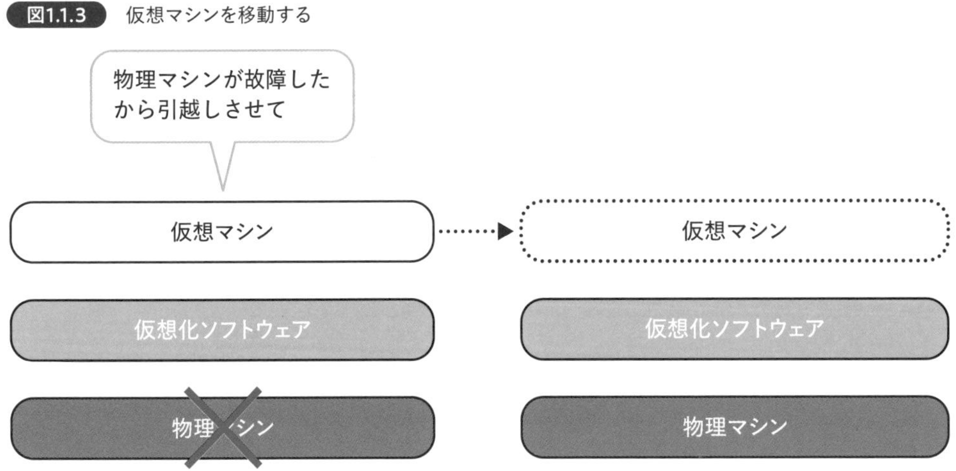

●開発用の物理マシンで仮想マシンを使うメリット

サーバではなく個人が利用する開発用の物理マシンで仮想マシンを動かすメリットも考えてみましょう。

ひとつのサービス開発につき一台の物理マシンを用意している人は少ないでしょう。一台の物理マシンで複数のサービスを開発することの方がずっと多いはずです。携わるサービスがフロントエンドとバックエンドで構成されていたり、小さな複数のサービスに関わる必要があったり、異動により開発するサービスが変わることは珍しくありません。オープンソースの活動に参加するかもしれませんし、副業をするかもしれません。余暇の時間で学習をしたり個人開発をする人もいるでしょう。

一台の物理マシンで異なるサービスすべての都合を満たすようにプログラミング言語やモジュールを準備するのは困難です。プログラミング言語のバージョンが衝突したり、ある目的で作成した設定ファイルが意図せず他のサービスに影響を与えてしまう可能性があるからです。

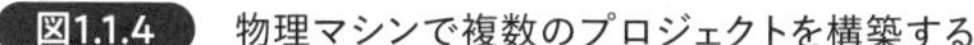

図1.1.4 物理マシンで複数のプロジェクトを構築する

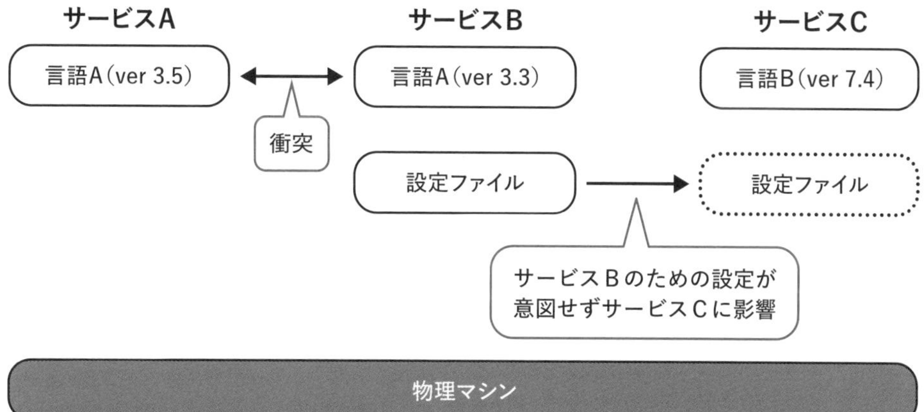

物理マシンで仮想化ソフトウェアを使い仮想マシンを複数作れば、それぞれの用途ごとに簡単に環境を独立させられます。

図1.1.5 仮想マシンで複数のプロジェクトを構築する

仮想マシンA
仮想マシンB
仮想マシンC
言語A（ver 3.5）
言語A（ver 3.3 ）
言語B（ver 7.4 ）
衝突しない
設定ファイル
意図せず他の設定
に影響されない
仮想化ソフトウェア
物理マシン

また、複数の開発者が集まったときの物理マシンの差異を解消することも簡単になります。たとえばWindowsとmacOSの人が集まった場で物理マシンをどちらかに統一させれば反発は必至でしょうが、全員が同じ仮想マシンを起動すれば物理マシンの違いを意識せず開発に臨めます。仮想マシンを作る方法そのものを共有すれば「人によって言語のバージョンやインストール先が違う」などの問題も発生しません。

図1.1.6　異なる物理マシンに同じ仮想マシンを構築する

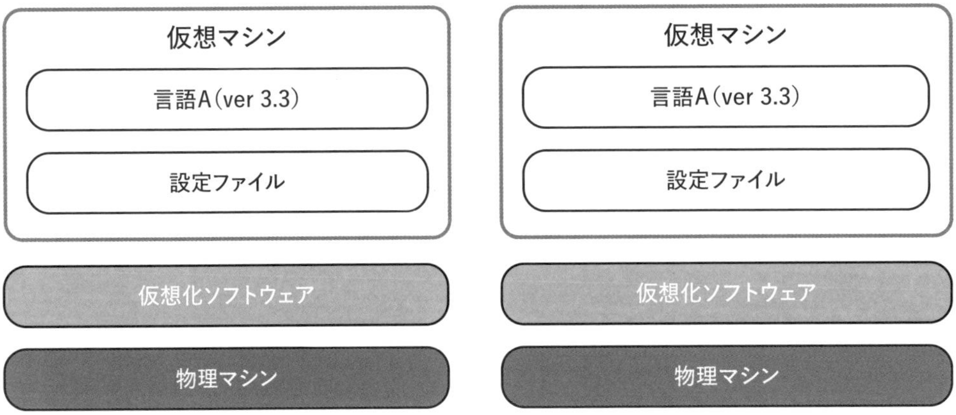

仮想マシン	仮想マシン
言語A（ver 3.3）	言語A（ver 3.3）
設定ファイル	設定ファイル
仮想化ソフトウェア	仮想化ソフトウェア
物理マシン	物理マシン

これらのメリットがあるため、仮想マシンは個人のコンピュータにとっても有用なのです。

●出典

文献 1.1　「goo 辞書」https://dictionary.goo.ne.jp/word/%E4%BB%AE%E6%83%B3/ より
文献 1.2　「goo 辞書」https://dictionary.goo.ne.jp/word/en/virtual/ より

1.2 仮想化ソフトウェアの種類

　仮想化ソフトウェアにはいくつかの種類があります。次の観点に注目して違いを整理してみましょう。

・仮想化ソフトウェアを**どこにインストールする**か
・仮想化ソフトウェアは**なにを管理**するか

　どこと**なに**に注目するため、この節で用いるホストOS・ゲストOSという単語についてあらかじめ確認します。

　ホストOSとは､物理マシンで直接動作しているOSのことを指します。対してゲストOSとは、仮想マシンで動作しているOSのことを指します。

　以降の図では物理マシン・仮想化ソフトウェア・仮想マシンにくわえ、ホストOS・ゲストOSも明記して整理を進めます。

●ホスト型仮想化

　ホスト型の仮想化ソフトウェアは、ホストOSにインストールしてゲストOSを管理します。代表的な製品はOracle VM VirtualBoxやVMware Fusionなどです。

　ホスト型仮想化のメリットは、ホストOSとゲストOSが共存できる点です。たとえばホストOSのウェブブラウザを使いながらゲストOSに何かを実行させるといった使い方が可能です。デメリットは、ゲストOSからハードウェアを制御するにはホストOSを経由する必要があるため、ハードウェアに関する動作は遅くなってしまいます。

図1.2.1　ホスト型の仮想化ソフトウェア

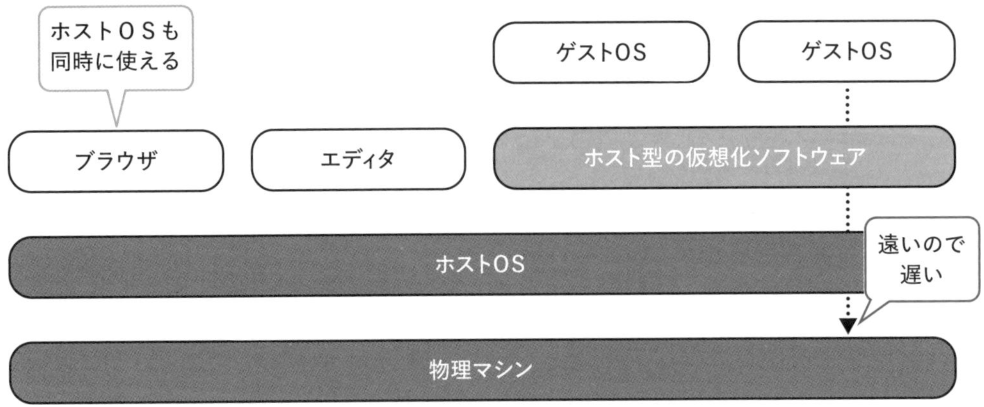

ハイパーバイザー型仮想化

ハイパーバイザー型の仮想化ソフトウェアは、物理マシンにインストールしてゲスト OS を管理します。代表的な製品は Hyper-V や VMware ESXi などです。

ハイパーバイザー型仮想化のメリットは、ホスト OS が存在しないためゲスト OS にリソースを多く割り当てられることと、ホスト OS を通さずハードウェアを制御できることです。デメリットは、ホスト型仮想化のようにホスト OS と共存させられないことです。

図1.2.2　ハイパーバイザー型の仮想化ソフトウェア

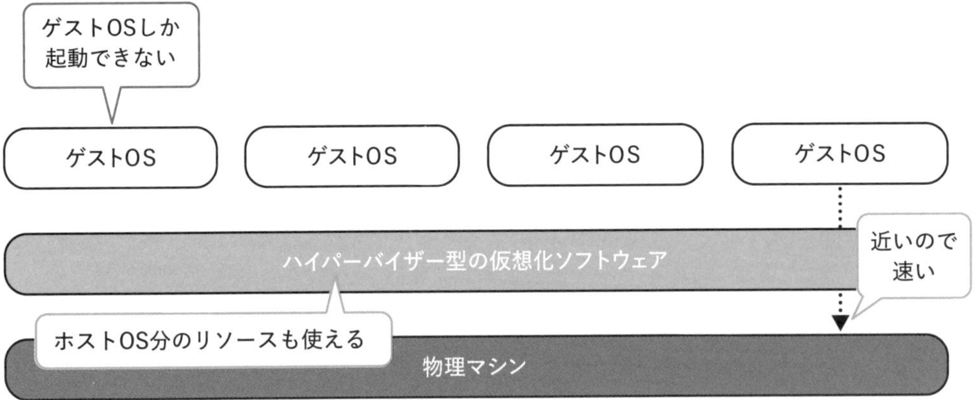

●コンテナ型仮想化

コンテナ型の仮想化ソフトウェアは、ホスト OS にインストールしてコンテナという単位でアプリケーションを管理します。代表的な製品は Docker や Podman などです。

コンテナ型仮想化のメリットは、ゲスト OS を起動しないのでリソース消費が少ない点と起動が高速な点です。ホスト OS との共存も可能です。デメリットは、ゲスト OS を持たないため Linux のコンテナを起動するにはホストマシンから Linux カーネルを借りる必要があることです。カーネルとは OS の中核をなすソフトウェアです。ホストマシンが Linux ではない場合は、まずなんらかの方法で Linux カーネルを用意して Linux 仮想マシンを起動する必要があります。

図1.2.3 コンテナ型の仮想化ソフトウェア

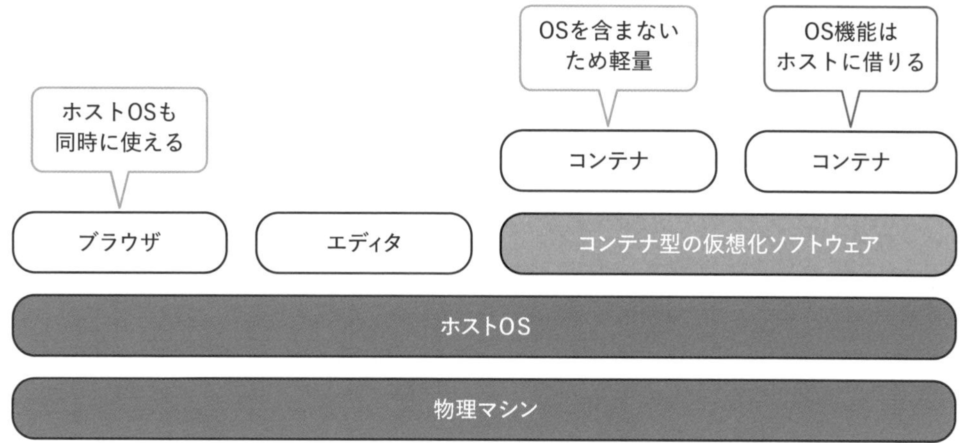

コンテナ型仮想化のメリット・デメリットは、次の節で細かく解説します。

1.3 コンテナ型仮想化の特徴

●コンテナにゲスト OS は含まれないが、あるように見える

図 1.2.3 に示すようにコンテナにはゲスト OS が含まれませんが、仮想化ソフトウェアによりまるで Linux が起動しているように見えます。そのためコンテナには /etc ディレクトリなどが存在したり、ls や grep などの Linux コマンドが存在します。まさに**「実質的な」Linux** ですね。

●1つのコンテナで1つのアプリケーションを扱う

Python と PHP と MySQL サーバを動かす必要があるサービスの環境を構築するとしましょう。

物理マシンではこのサービス以外にも多数のプログラムが動いていますし、別のサービスを構築している可能性もあります。このサービスで必要な要素を物理マシンに直接インストールすると、プログラミング言語のバージョンアップがしにくくなったり、設定の依存関係が把握しにくくなってしまいます。実際に筆者は Python を適当にアップデートしたら MacVim が壊れるという経験をしました。

図1.3.1 物理マシンで構築する

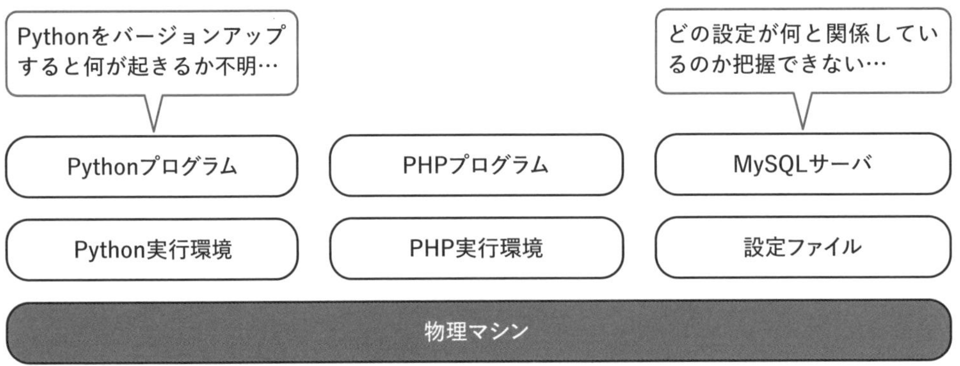

コンテナ型の仮想化ソフトウェアを使いこのサービスの環境を構築するなら、1 つのコンテナで 1 つのアプリケーションを管理します。Python と PHP と MySQL サーバを動かしたければ、3 つのコンテナを起動します。

コンテナをアプリケーション単位で分けると、個々の要素をアップデートしやすくなったり、設定の依存関係が把握しやすくなります。

図1.3.2 コンテナで構築する

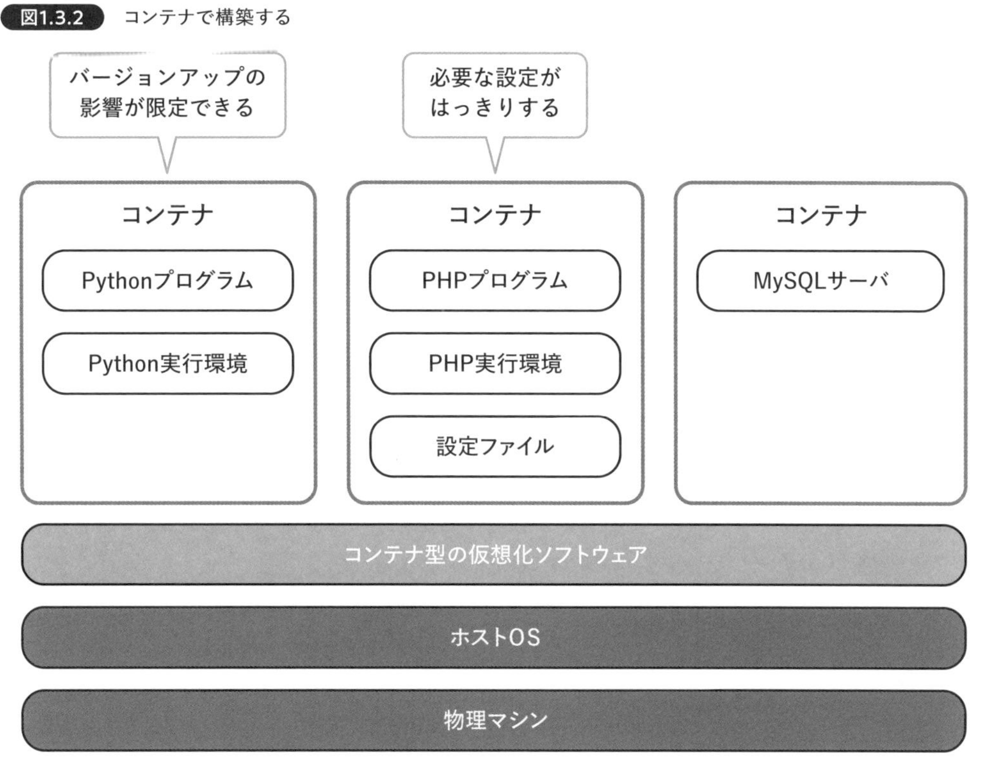

コンテナの小ささは起動の速さにも影響します。ゲスト OS を起動する仮想化ソフトウェアと比べると、コンテナ型仮想化は極めて高速に起動します。

●アプリケーションをコンテナにまとめると実行環境ごと移動できる

手元の物理マシンで動作確認をしたプログラムをサーバにデプロイしたらエラーが発生し、よく調べたら「モジュールのバージョンやインストール先が違った」などの経験は誰しもあるのではないでしょうか。このようなエラーが発生する要因のひとつとして、実行環境とプログラムをわけて扱っていることが考えられます。

先の Python と PHP と MySQL サーバからなるサービスを開発していると仮定して、PHP プログラムのデプロイについて考えてみます。PHP の実行環境が特殊な設定だったり、関係ないと思っていた設定ファイルが PHP に影響を与えていたことに気づかず PHP プログラムだけデプロイすると、当然デプロイ先ではローカルと同じように動きません。プログラムだけ分けて移動するというのは難しいのです。

図1.3.3　プログラムだけデプロイ

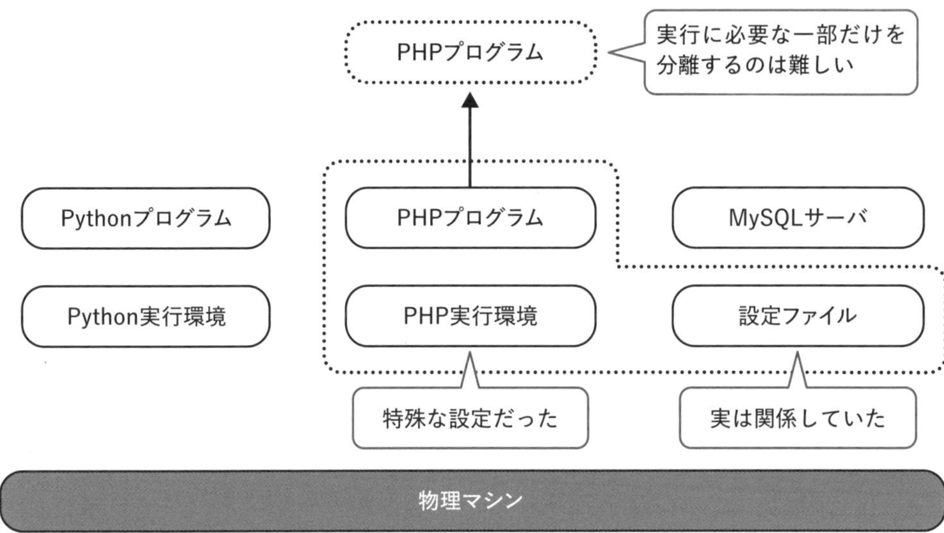

コンテナ型仮想化では、PHP プログラムを実行環境と関連する設定を一緒にしてコンテナで管理し、実行環境を含むコンテナをまるごとデプロイします。PHP アプリケーションを動かすために必要なもの一式を移動させれば、移動先でも同じように動かせるでしょう。

図1.3.4　コンテナごとデプロイ

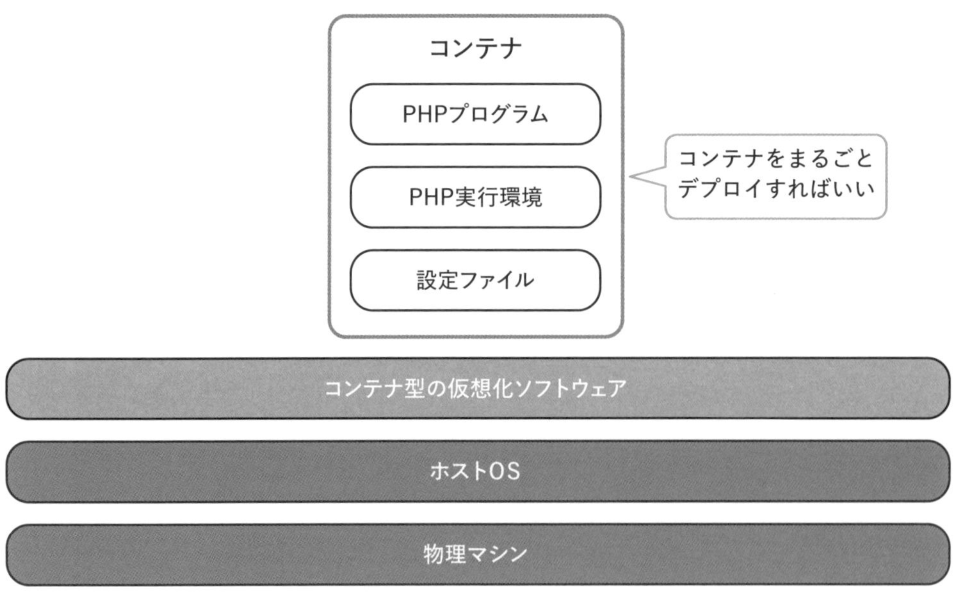

このコンテナごと移動するというやり方は、デプロイ作業だけのメリットではありません。コンテナ型の仮想化ソフトウェアをインストールした別の人の物理マシンに移動するのも簡単で、

複数人で簡単に同じ構成の PHP アプリケーションを実行できます。「実行環境にそんな追加設定はしていませんでした」というずれが発生するリスクを低減できます。

● Linux マシンが必要

コンテナ型仮想化の問題も整理します。

コンテナにはゲスト OS が含まれないのに Linux のように見えるのは、**ホストマシンに Linux カーネルを借りている**からです。

ホスト OS が Linux ならそれを利用できますが、Windows や macOS で Linux のコンテナを動かすためにはまず Linux カーネルと Linux 仮想マシンを用意しなければなりません。ホスト OS に Linux 仮想マシンを起動して、その上で仮想化ソフトウェアを動作させる必要があります。

図1.3.5 コンテナとLinux仮想マシン

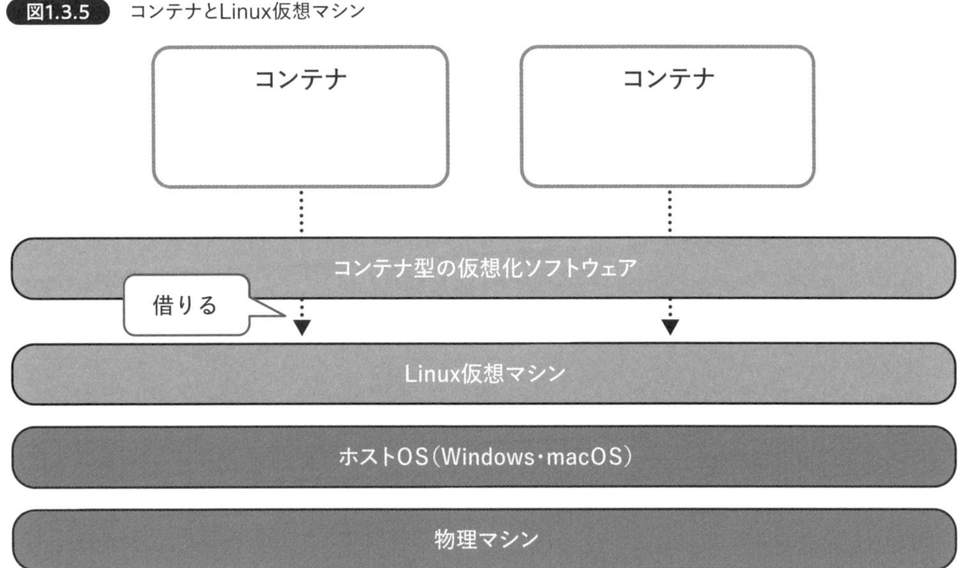

本書ではホスト OS を Windows・macOS と仮定し、以降の図では Linux 仮想マシンも明記することにして整理を進めます。

●物理マシンの CPU アーキテクチャの違いがコンテナに影響する

第 3 章で紹介する Docker Desktop を用いた Docker のインストールおよび実行では、起動する Linux 仮想マシンの CPU と物理マシンの CPU は同じアーキテクチャになります。たとえば Intel chip の macOS と Apple Silicon の macOS は CPU のアーキテクチャが異なるため、起動する Linux 仮想マシンが異なり、結果的に違うコンテナが起動します。

図1.3.6 コンテナのアーキテクチャはLinux仮想マシンのアーキテクチャに連動する

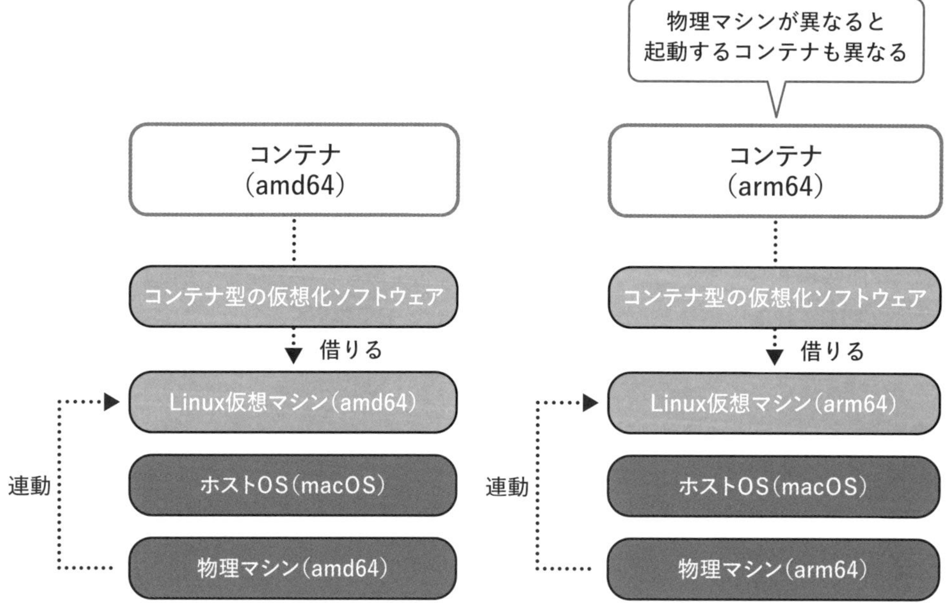

CPU アーキテクチャの差異があっても多くのコンテナは同じ動作をするよう作られています。しかしこの違いが原因で、まれにコンテナが期待どおり動かないという状況に遭遇します。物理マシンの違いがコンテナに影響してしまうという問題を認識しておく必要があるでしょう。

Point 本書のコマンドはすべて Windows・Intel chip の macOS・Apple Silicon の macOS で動作確認していますので安心してください。図 1.3.6 中の `amd64` と `arm64` は CPU アーキテクチャの種類を表しています。第 31 章で少しだけ CPU アーキテクチャと Apple Silicon の macOS で Docker を使用する際の注意点について解説します。

まとめ

- 仮想マシンとは、ソフトウェアで作られた物理マシンに見えるもの
- 個人の物理マシンにおいても、仮想マシンは有用
- 仮想化ソフトウェアにはいくつか種類があり、Docker はコンテナ型の仮想化である
- コンテナにゲスト OS は含まれないが、あるようにみえる
- コンテナは Linux カーネルをホストマシンに借りるため、Linux 仮想マシンが必要

第2章

Dockerと周辺の要素を眺める

筆者がはじめてDockerに触れたとき感じたことは「Dockerという単語がなにを指すかわからない」でした。「なにをインストールさせられているのかわからない」「コマンドがdockerとかdocker composeとかあって何が違うかわからない」と感じ、まるでモヤの中を彷徨っているようでした。

この章では、そうした迷いを解消するためにDockerと名のつく要素を整理します。いきなりインストールやコマンド解説などに進むよりも、ずっと頭の整理がしやすくなるはずです。

また、少しだけDocker以外のツールについても解説します。Dockerと類似ツールの関係をしっかりと理解すれば、安心してDockerを学びはじめられるでしょう。

2.1 Dockerの要素

Docker

Docker は、第 1 章で解説したコンテナ型仮想化ソフトウェアのひとつです。公式サイトではアプリケーションの開発・実行・配布するためのプラットフォームと記されています。

Docker という単語は単にコマンドラインツールを指す場合もありますが、このあと説明する Docker Engine や Docker Hub などの周辺技術を総称して Docker と呼ぶ場合もあります。本書で Docker という単語を用いる場合は、後者の意味合いで使用します。

Docker Engine

Docker Engine は、3 つの要素からなるアプリケーションパッケージです。デーモンと呼ばれる常駐プロセス、デーモンが提供する API、CLI クライアントの 3 つを含んでいます。デーモンはクライアントからの命令を待ち続け、命令が来たらコンテナの構築や実行をします。CLI クライアントは `docker run` のような我々ユーザーの使う Docker コマンドのことで、API を使ってデーモンに命令を伝えます（図 2.1.1 参照）。

Docker Compose

Docker Compose は、複数の Docker コンテナを一括で操作するためのツールです。`docker compose up` のような `docker compose` で始まるコマンドを提供してくれます。

Docker を用いた開発環境では、コンテナが複数必要になることが珍しくありません。ウェブサーバとデータベースサーバを起動したり、プロキシサーバが必要になったり、ファイルサーバやメールサーバが必要になることもあるでしょう。それら複数のコンテナに対する操作を、YAML ファイルの定義に従い 1 つのコマンドで適切に実行してくれるとても便利なツールです（図 2.1.2 参照）。

図2.1.1 Docker Engine

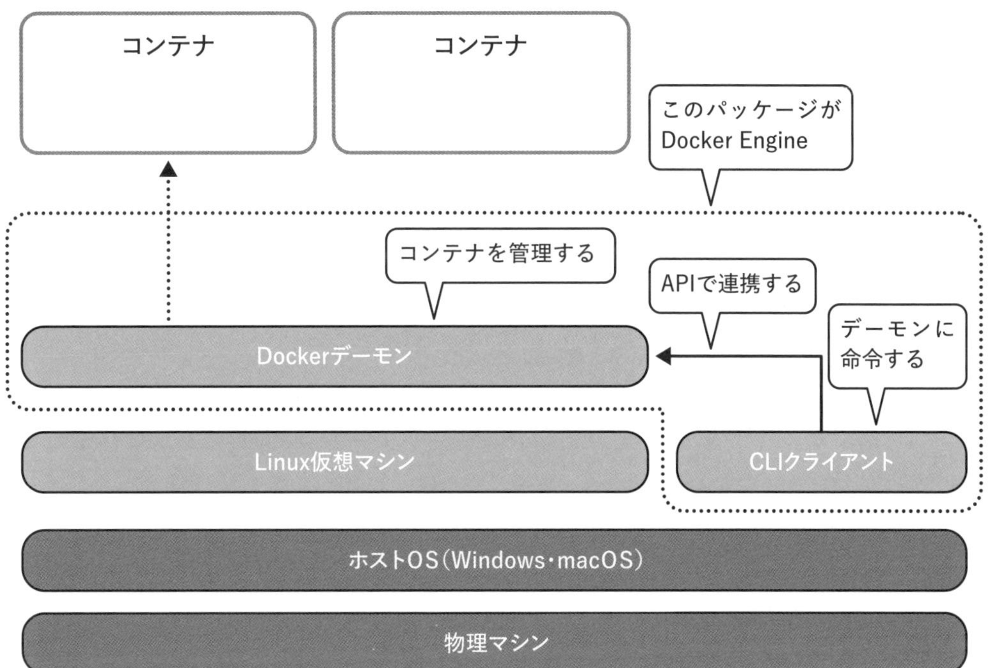

図2.1.2 Docker Compose

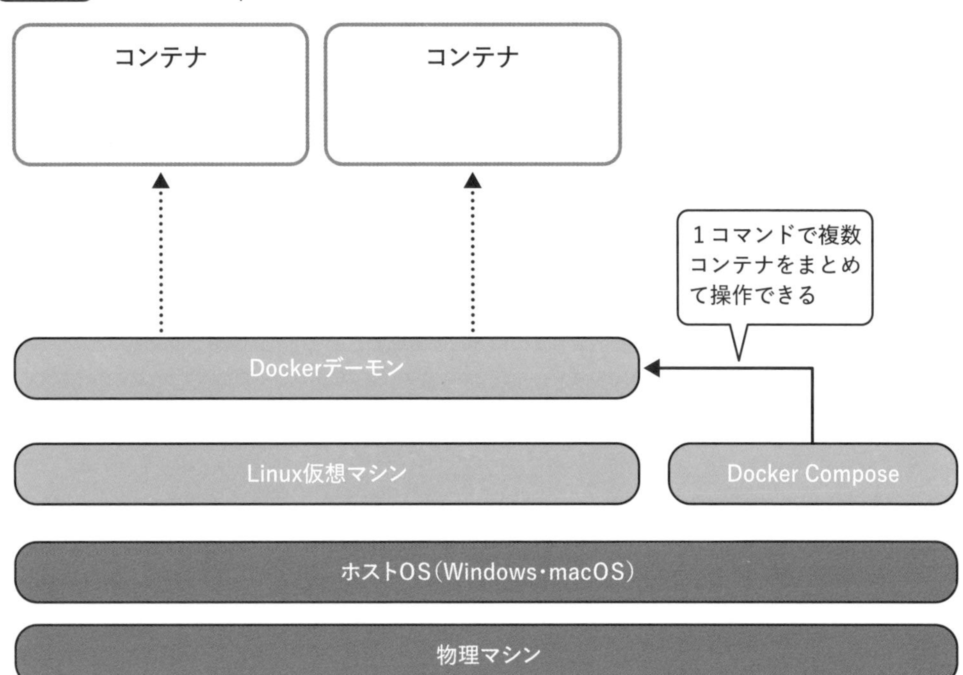

Docker Composeはコンテナなどの操作をとりまとめるツールのため、Dockerコマンドの理解が前提になります。本書は第6部の最後まではDockerコマンドについて学び、第6部の最後でDockerコマンドをDocker Composeに置き換える例を解説します。筆者は長い複数のコマンドをYAMLファイルに書き換えてはじめてDocker Composeコマンドを実行したとき、シンプルさに爽快感を覚えました。ぜひ第6部をたのしみにしてください。

Docker Desktop

Docker Desktopは、WindowsやmacOSでDockerを扱うためのGUIアプリケーションです。Windows向けのDocker DesktopをDocker for Windows、macOS向けのDocker DesktopをDocker for Macと呼ぶこともあります。

Docker Desktopをインストールすると、Docker EngineやDocker Composeの他、ホストマシンと同じアーキテクチャのLinuxカーネルもインストールされます。Docker DesktopはGUIアプリケーションであるだけでなく、起動すると裏でLinux仮想マシンの起動もしてくれます。WindowsとmacOSでDockerを利用するために必要なすべてを、素早く簡単に用意できます。

図2.1.3 Docker Desktop

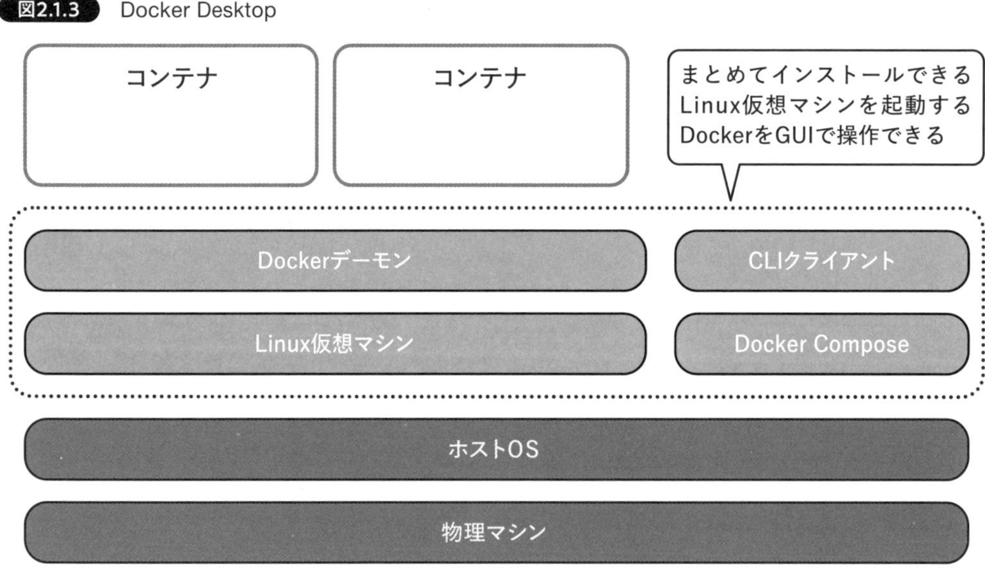

Docker DesktopはGUIアプリケーションなのでボタン操作でコンテナを起動したりできますが、本書では基礎知識を体系的に学ぶためにDockerコマンドでコンテナ操作を解説します。本書を読破してDockerコマンドでコンテナが操作できるようになったら、ぜひDocker Desktopでもいろいろ試してみてください。きっと多くの操作が理解できるようになっているはずです。

Docker Desktop は 2021 年 8 月に有料化が発表されました。ただし個人利用やスモールビジネスでは引き続き無料で使用できます。本書では個人の学習に利用するため無料利用の範囲内です。安心してください。

Point Docker Desktop の有料プランについては、第 29 章で少しだけ解説します。

Docker Hub

Docker Hub は、クラウド上のレジストリサービスで、イメージというコンテナの雛形が公開されています。Docker Hub には多数のリポジトリがあり、リポジトリにはイメージが複数登録されています。たとえば Ubuntu リポジトリに Ubuntu20.04 イメージが登録されていたり、PHP リポジトリに Apache用PHPイメージと CLI用PHPイメージが登録されています。ユーザーは任意のイメージを取得しすぐコンテナとして起動できます。

図2.1.4 Docker Hub

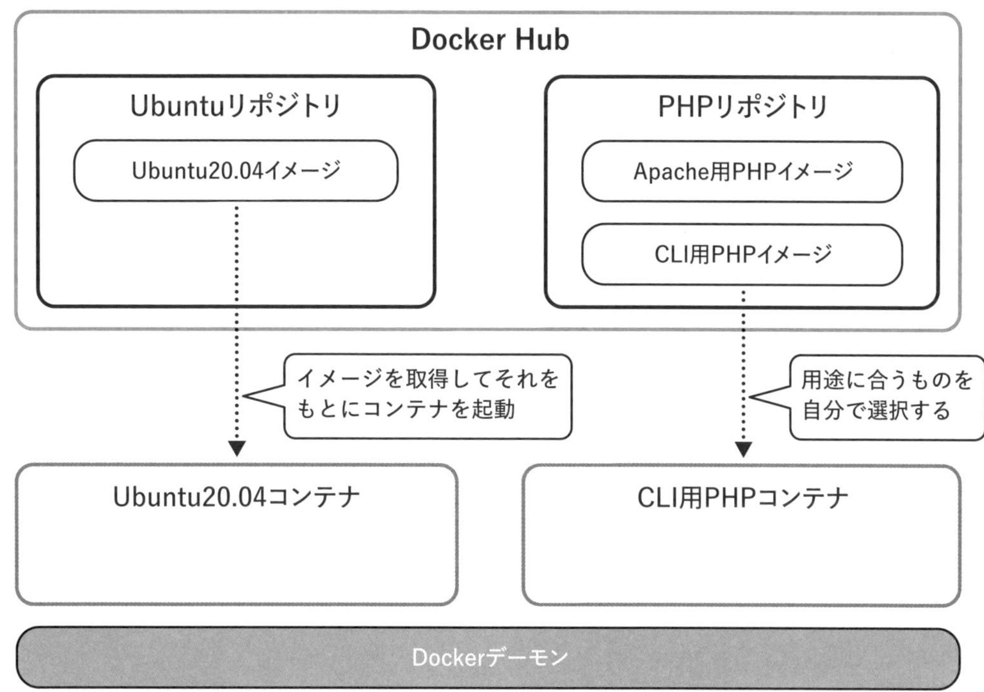

Docker Hub はイメージがただ公開されているだけのサービスではなく、プライベートリポジトリを作成したりユーザー管理機能によるアクセス制限を実現したりもできます。他にも GitHub と連携してソースコード変更時にイメージを自動構築する機能も提供されています。

Docker Hub でイメージを探すのは Docker コマンドや Docker Desktop でも可能ですが、本書ではブラウザを使って操作する方法を紹介します。

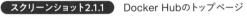

スクリーンショット2.1.1 Docker Hubのトップページ

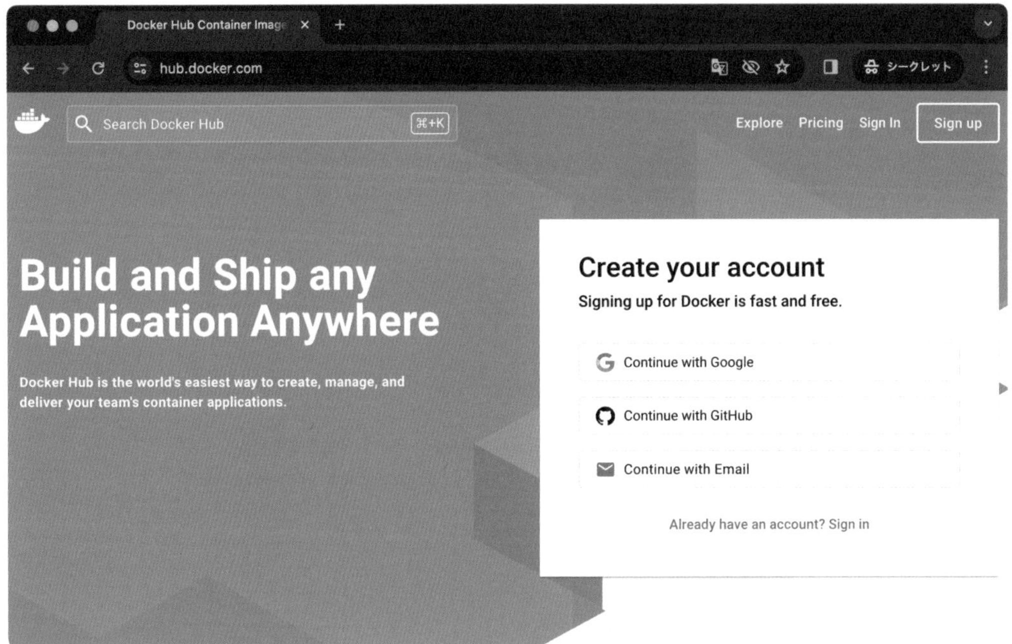

本書では Docker Hub にログインする必要はありません。アカウントは作成しなくても大丈夫です。

Point Docker Hub のアカウントについては、第 29 章で少しだけ解説します。

2.2 コンテナとイメージの仕様

コンテナとイメージは仕様が定められており、実はコンテナを扱えるのはDockerだけではありません。少しだけ解説します。

Open Container Initiative

コンテナの仕様はOpen Container Initiative（OCI）という非営利団体が定義しています。OCIはOCI Runtime SpecificationとOCI Image Specificationという仕様を定義しており、Dockerのコンテナとイメージはこの仕様に準拠しています。OCI Runtime Specificationはコンテナの設定やライフサイクルなどを、OCI Image Specificationはイメージのファイルや実行時設定などを定義しています。これらの仕様はGitHubで閲覧できます。

・https://github.com/opencontainers/runtime-spec/blob/main/spec.md
・https://github.com/opencontainers/image-spec/blob/main/spec.md

たとえばDocker EngineはコンテナランタイムというコンポーネントにrunCを使っています。runCはOCIに準拠したランタイムであり、OCIに準拠している他のコンテナランタイムと交換できます。

Dockerの他にもPodmanやgVisorというコンテナを扱うツールがあります。PodmanはDocker Engineと同じくコンテナランタイムにrunCを採用しており、gVisorはrunscというOCI準拠のコンテナランタイムを採用しています。OCI準拠のコンテナは、どのOCI準拠のコンテナランタイムでも実行できます。したがってDocker Engineで開発したOCIコンテナをgVisorで稼働させられますし、開発環境をDocker EngineからPodmanに変更するということもできます。

図2.2.1　OCIコンテナランタイム

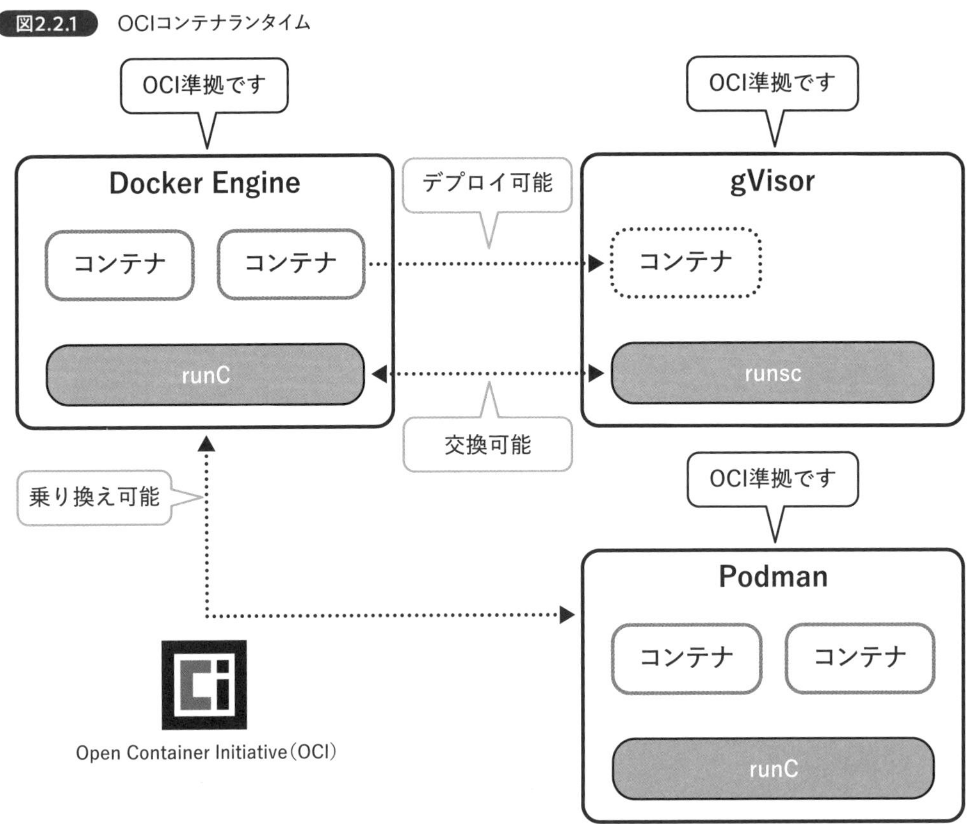

「Docker に代わる新しいツールが出た」などの情報を目にする昨今ですが、Docker を学び OCI コンテナの理解を深めることは絶対無駄になりません。第 1 章で解説したとおり昨今ではコンテナランタイムは非常に重要な役割を持っています。安心して Docker を学んでください。

第3章

Dockerのインストール

この章では、Dockerのインストールについて説明します。

インストール方法を確認し、どのような構成になるか整理します。Dockerコマンドを実行するターミナルを決めたり、Dockerコマンドの動作確認をしましょう。

3.1 WindowsでDockerを使う

Docker for Windows（Docker Desktop）を用いたDockerのインストールを簡単に解説します。

Docker for Windowsは、Docker Engineを動かすために内部でHyper-VかWSL 2によるLinux仮想マシンを起動します。どちらを使用するかはDocker for Windowsの設定画面で指定できます。本書ではWSL 2の方がパフォーマンスに優れるとDocker for Windowsの設定画面に書いてあるため、WSL 2の使用を推奨します。

本書の動作確認は、次の構成で確認しています。

・Docker for Windows（WSL 2 based engine）+ PowerShell
・Docker for Windows（WSL 2 based engine）+ WSL 2 UbuntuのBash

Docker for Windows（Docker Desktop）をインストールする

Docker for WindowsはDockerの公式サイト（https://docs.docker.com/desktop/install/windows-install/）でダウンロードできます。Googleなどの検索エンジンで`install docker for windows`と検索すると、結果の上位に表示されるはずです。インストーラをダウンロードしてください。

スクリーンショット3.1.1 Docker for Windowsをダウンロード

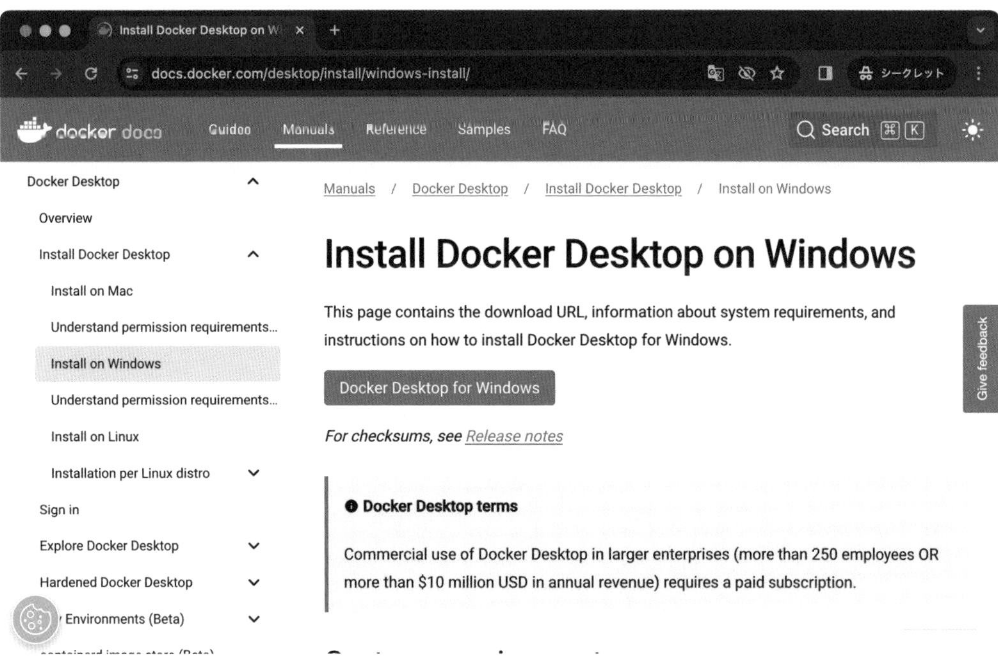

　ガイドに従いインストールを成功させると、Dockerという名前のGUIアプリケーション（Docker Desktop）が起動できます。

スクリーンショット3.1.2 Docker Desktopを起動

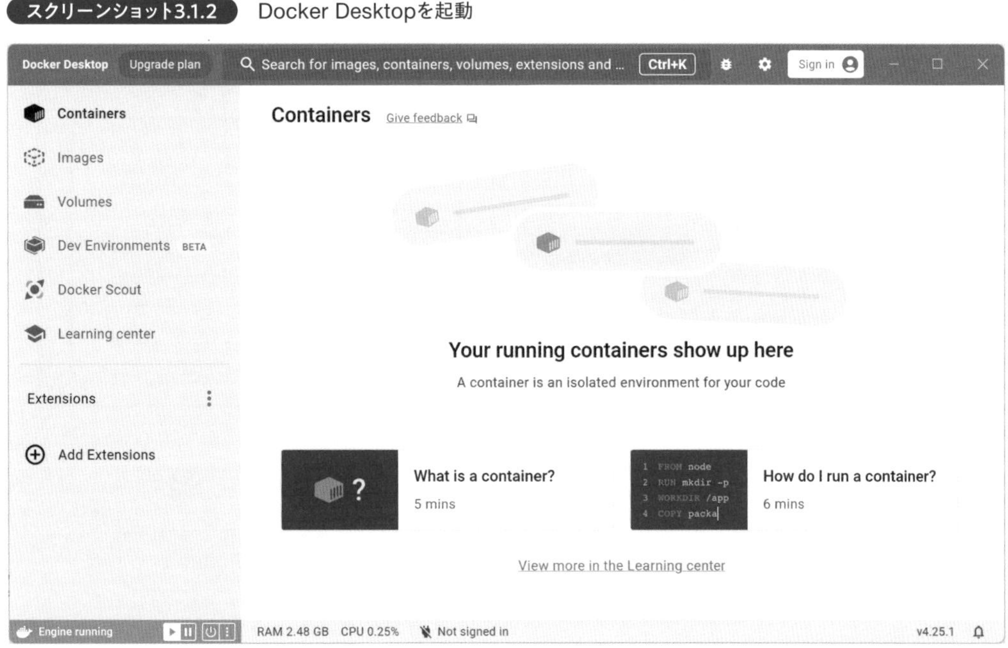

また、PowerShell や GitBash などのシェルで docker コマンドが実行できるようになります。

ターミナル3.1.1 dockerコマンドを確認（PowerShell）

```
PS C:\Users\suzuki> docker --version
Docker version 24.0.6, build ed223bc
```

docker コマンドが実行できれば、インストール成功です。

Windows Subsystem for Linux とは

Windows Subsystem for Linux（WSL）とは、Microsoft の提供する Linux 仮想マシンを起動する機能です。2017 年に WSL 1 が公開され、2019 年に WSL 2 が公開されました。WSL 2 は Microsoft の提供する Linux カーネルを動作させており、Linux との完全な互換があると Microsoft のサイトで解説されています。WSL は Windows 11 と Windows 10（2019 年配布のバージョン 1903 以降）のすべてのエディションで利用可能です。

Docker コンテナの起動には Linux マシンが必要ですので、Hyper-V か WSL 2 どちらかの方法で Linux 仮想マシンを起動する必要があります。Docker for Windows は起動すると裏で Linux 仮想マシンを起動してくれるので、ユーザーが意識して Linux 仮想マシンを管理する必要はありません。

図3.1.1 Hyper-Vを使用したDockerの構成

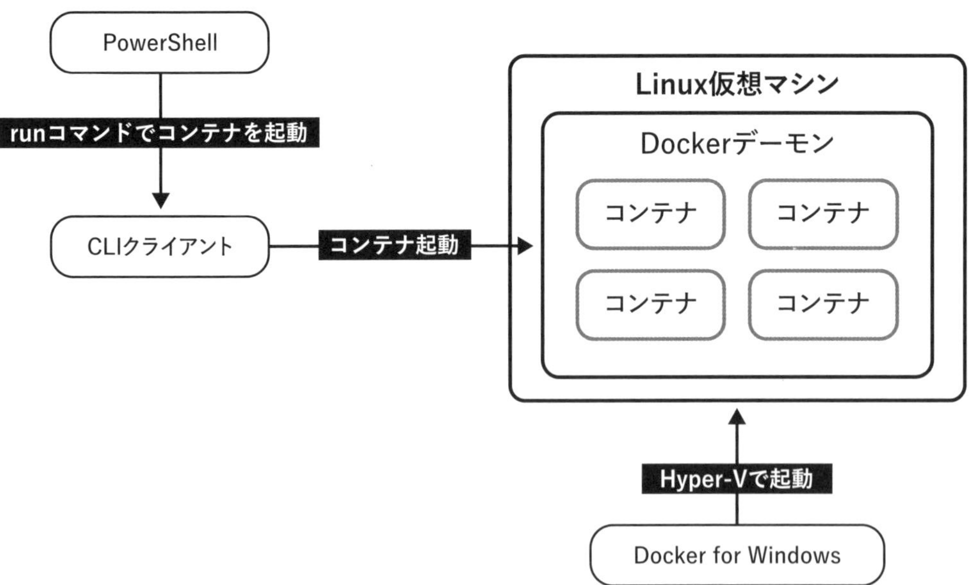

図3.1.2 WSL 2を使用したDockerの構成

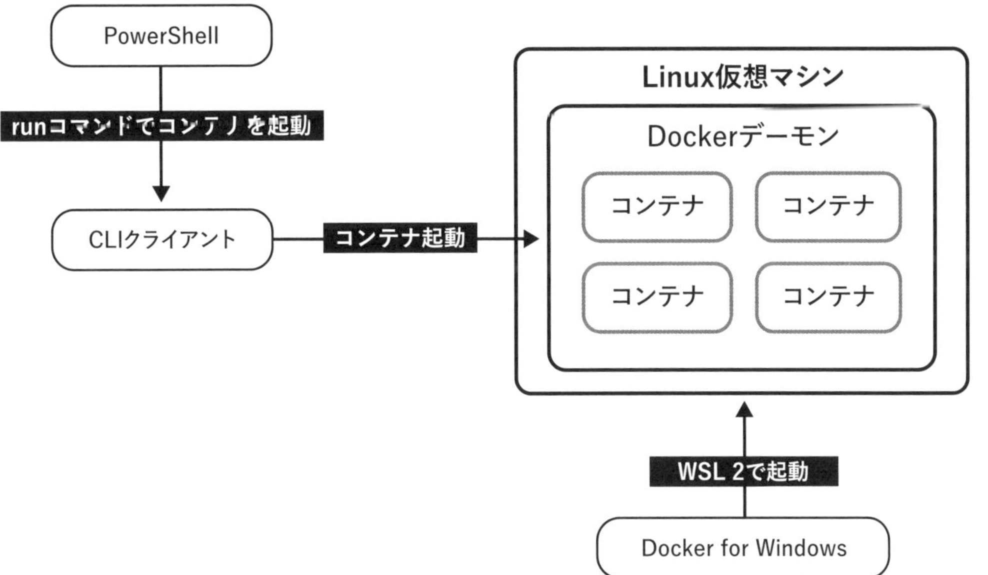

CLI クライアントを使う我々から見れば、違いはほとんどありませんね。

Docker for Windows の WSL 2 設定を確認する

Hyper-V と WSL 2 どちらを利用して Linux 仮想マシンを起動するかは、Docker for Windows の GUI アプリケーションで設定できます。アプリ上部の歯車アイコンで設定画面を開き、General 画面の `Use the WSL 2 based engine` がチェックされていることを確認してください。

スクリーンショット3.1.3　WSL 2の利用を確認

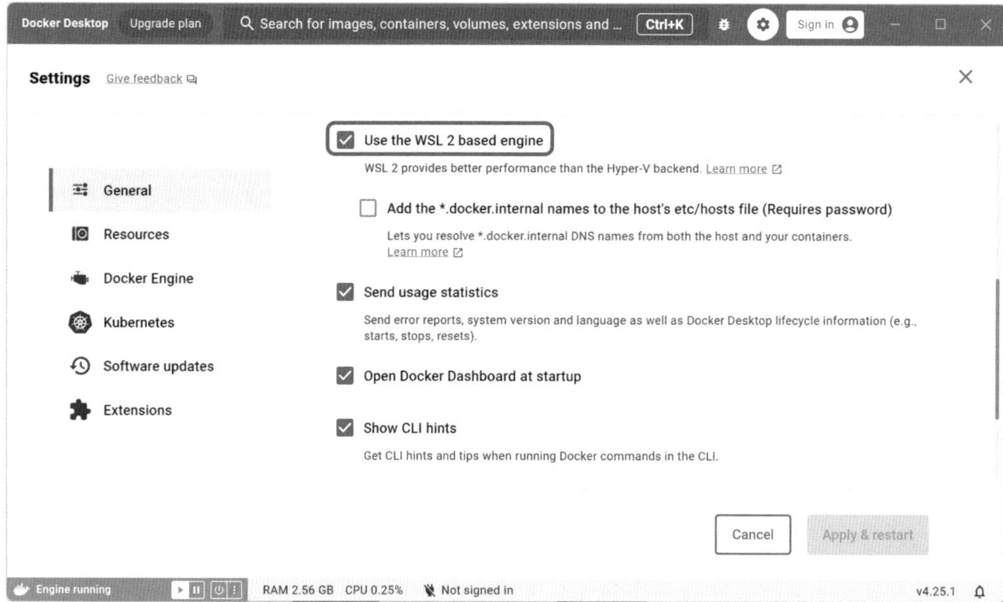

続けてResources>WSL integration画面の`Enable integration with my default WSL distro`がチェックされていることを確認してください。

スクリーンショット3.1.4　WSL integrationの有効化を確認

WSL 2 で Ubuntu を起動し Bash で Docker を操作する

`docker --version` コマンドが成功した時点で Docker を使う最低限の準備は整っていますが、PowerShell や GitBash では少し操作に不自由するかもしれません。PowerShell は find や `grep` などの Linux コマンドを扱えず、GitBash は本書に掲載する一部のコマンドをそのまま実行できません。対策として WSL 2 の Ubuntu で Bash を利用する方法を紹介します。

PowerShell や GitBash などのシェルで `wsl --list --verbose` と実行すると、接続できる Linux のディストリビューションを確認できます。* マークの付いているディストリビューションが、デフォルトのディストリビューションです。特に変更していなければ Ubuntu になっているはずです。

ターミナル3.1.2 PowerShellでディストリビューションを確認

```
PS C:\Users\suzuki> wsl --list --verbose
  NAME                    STATE           VERSION
* Ubuntu-20.04            Running         2
  docker-desktop-data     Running         2
  docker-desktop          Running         2
```

* マークが Ubuntu に付いていることを確認できたら、`wsl` コマンドを実行してください。Ubuntu の仮想マシンに接続して、Bash を利用できます。この Ubuntu の Bash でも `docker` コマンドが使用できることを確認します。

ターミナル3.1.3 PowerShellからUbuntuに接続し、dockerコマンドを確認

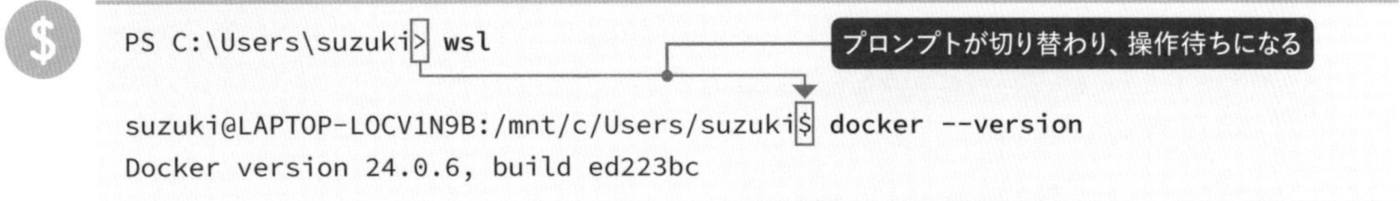
PS C:\Users\suzuki> wsl
プロンプトが切り替わり、操作待ちになる
suzuki@LAPTOP-LOCV1N9B:/mnt/c/Users/suzuki$ docker --version
Docker version 24.0.6, build ed223bc

少し複雑になってしまったので、Ubuntu を 図 3.1.2 に書き足します。

図3.1.3　WSL 2を使用したDockerの構成（Ubuntuの利用）

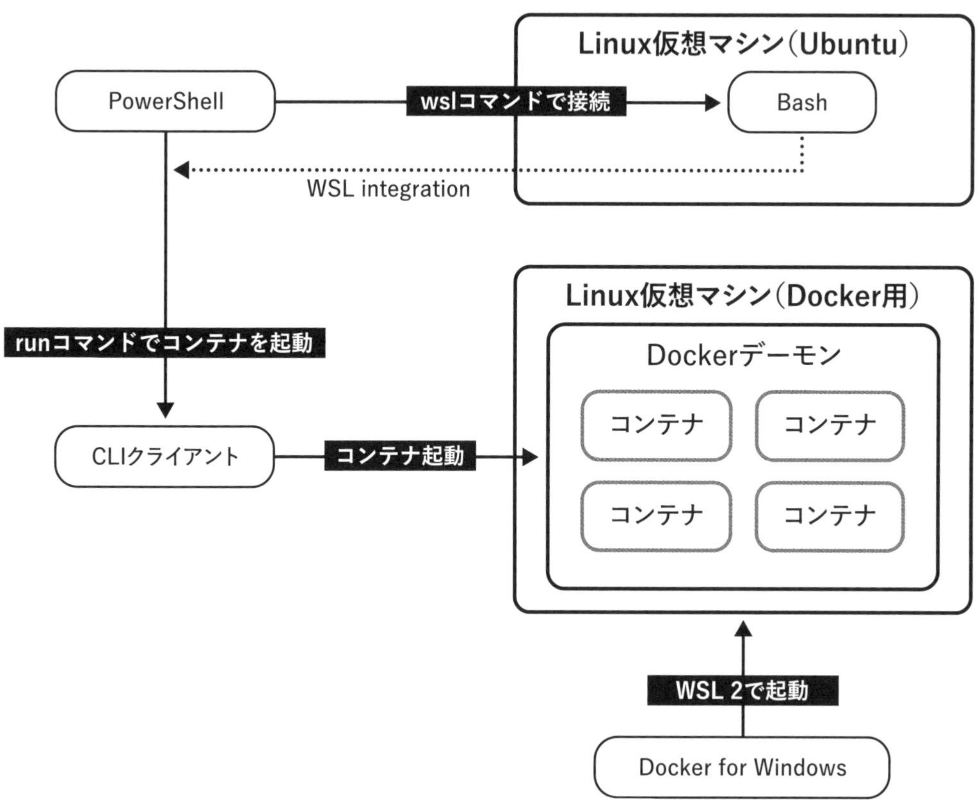

Docker for Windows が起動した Docker コンテナを動かすための Linux 仮想マシンと wsl コマンドで接続した Ubuntu は別の仮想マシンです。別の仮想マシンなのに Ubuntu で Docker コマンドが使えるのは、スクリーンショット 3.1.4 で設定した WSL integration の設定によるものです。

どのシェルを使うか

PowerShell と GitBash と Ubuntu の Bash を簡単に整理します。

PowerShell は本書で紹介するコマンドはいずれも問題なく動きます。ただし複数行コマンドの改行にバックスラッシュ（\）が使えないため、バッククォート（`）に読み替える必要があります。また grep などの Linux コマンドは使用できません。

GitBash は多くの Linux コマンドが動きますが、docker コマンドの対話操作と / を含むコマンドでのコンテナ起動などを実行できません。対話操作を行うコマンドの先頭に必ず winpty というコマンドを指定するか、自動で winpty を実行する設定などが必要になります。

WSL 2 の Ubuntu で Bash を使えば完全な Linux 互換が得られるので筆者はこれをお勧めしますが、構成が少し複雑になってしまいます。

ご自身の好みに応じて選択してください。

3.2 macOSでDockerを使う

Docker for Macを用いたDockerのインストールを簡単に解説します。
本書の動作確認は、次の構成で確認しています。

- Docker for Mac（Intel chip）
- Docker for Mac（Apple Silicon）

Docker for Mac（Docker Desktop）をインストールする

Docker for MacはDockerの公式サイト（https://docs.docker.com/desktop/install/mac-install/）でダウンロードできます。Googleなどの検索エンジンで`install docker for mac`と検索すると、結果の上位に表示されるはずです。ご自身のCPUアーキテクチャに応じて`Apple Silicon`か`Intel chip`を選択して、DMGファイルをダウンロードしてください。

スクリーンショット3.2.1 Docker for Macをダウンロード

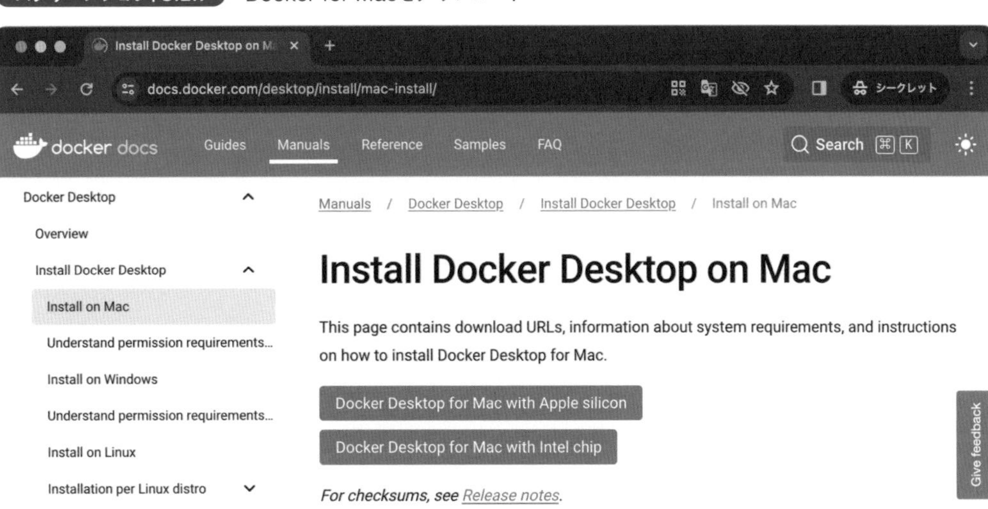

スクリーンショット3.2.2　Dockerアプリケーションを Applicationsディレクトリにコピー

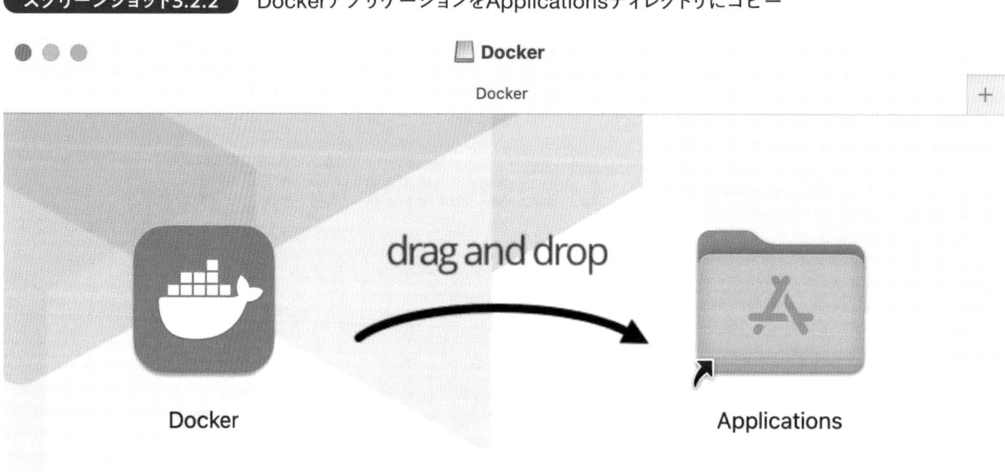

ガイドに従いインストールを成功させると、Docker という名前の GUI アプリケーション（Docker Desktop）が起動できます。

スクリーンショット3.2.3　Docker for Macを起動

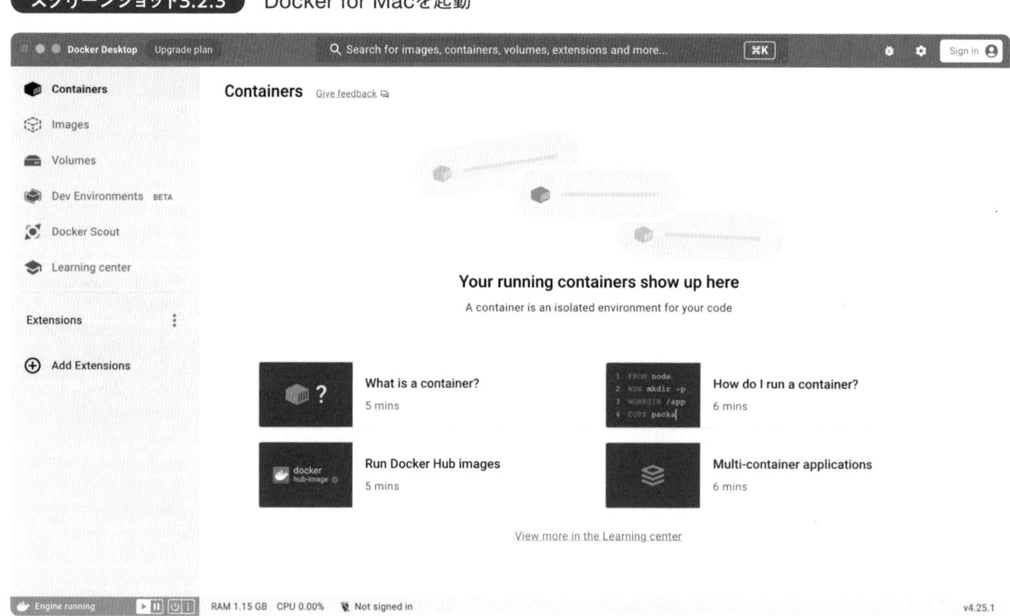

また、ターミナルからdockerコマンドが実行できるようになります。

ターミナル3.2.1 dockerコマンドを確認

```
$ docker --version
Docker version 24.0.6, build ed223bc
```

dockerコマンドが実行できれば、インストール成功です。

Apple Silicon MacのDocker問題

本書ではIntel chipのmacOSをIntel Mac、Apple SiliconのmacOSをApple Silicon Macと記述します。

第1章でホストOSのCPUアーキテクチャが起動するコンテナに影響するという話をしました。

図3.2.1 コンテナのアーキテクチャはLinux仮想マシンのアーキテクチャに連動する(再掲)

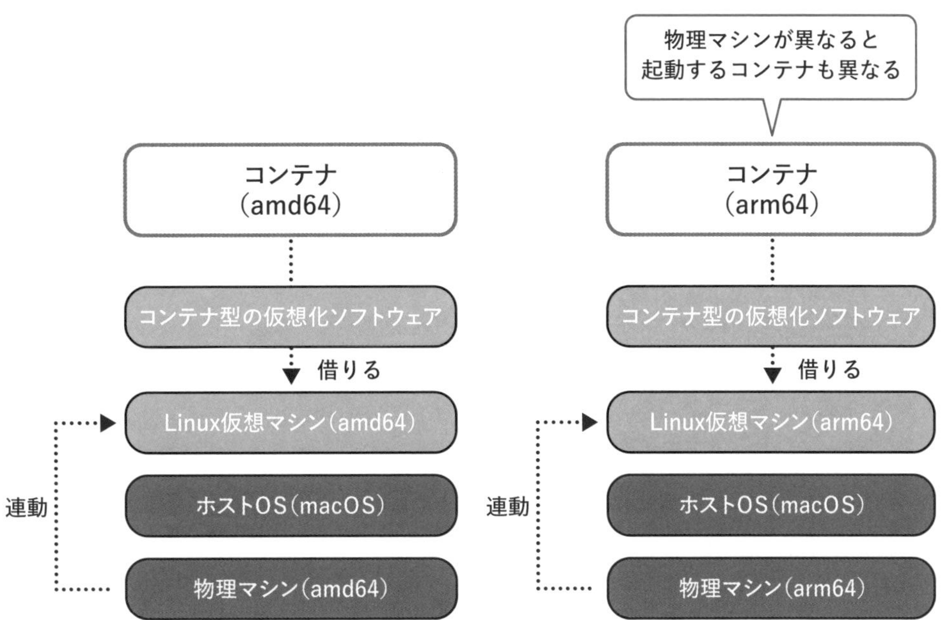

Docker for MacはインストールU時にIntel Mac用とApple Silicon Mac用のどちらかを選びます。その選択で同梱されるLinuxカーネルのアーキテクチャも決まります。しかしDocker Hubなどで配布されるすべてのイメージが両アーキテクチャを想定して作られているわけではないため、イメージによってはコンテナが起動できないという問題が発生します。この問題はエラー内容と対応方法がイメージによってケースバイケースなので、詳細な対応方法の解説は本書の範囲外とさせていただきます。

Point 両アーキテクチャが混在するチームはどうするべきかを第 31 章で、コンテナが起動できない場合の基本的な対応方針を第 32 章で、それぞれ紹介します。

本書のコマンドはすべて Intel Mac と Apple Silicon Mac の両方で動作確認しているので安心してください。

COLUMN

Mac が Intel Mac と Apple Silicon Mac のどちらか確認する

自分のMacのCPUアーキテクチャは、画面左上のリンゴマークから「このMacについて」を選択すると確認できます。

スクリーンショット3.2.4 このMacについて

Apple Silicon Mac の場合はチップの欄に `Apple M2` のような表記が確認できます。Intel Mac の場合はプロセッサという欄に `Intel` という単語が確認できます。

第4章

Dockerの基本と大原則

Dockerを理解するコツは、プロセスに注目することと、コンテナとイメージとDockerfileという3要素を軸に整理することです。これらの要素を常に徹底して意識することで、理解の速さと正確さが飛躍的に向上します。

この章ではそれら要素の概要を解説し、さらにコマンド構成を俯瞰で把握できるコマンドチートシートを掲載します。

この先の章で混乱したときや迷ってしまったときは、いつでも戻ってきて確認してください。

4.1 コマンドとプロセスとは

コマンドとオプション

本書でコマンドと表記する場合は、Linuxコマンドを指すものとします。Linuxコマンドとはキーボードで入力してLinuxを操作する命令のことで、次のようなものがあります。

コマンド名	動作
ls	ファイルの一覧を表示する
mkdir	ディレクトリを作成する
cp	ファイルをコピーする
mv	ファイルを移動する

コマンドにはそれぞれオプションが用意されており、オプションを使い分けることでコマンドの挙動を細かく調整できます。たとえばlsコマンドは-lオプションで詳細情報を追加表示でき、-rオプションで逆順表示できます。オプションは同時に指定可能で、-l -rもしくは-lrと指定した場合は詳細情報を追加して逆順で表示できます。

cpコマンドにも-rオプションがありますが、これはlsの-rとは違いディレクトリごとコピーするためのオプションです。

このようにLinuxにはコマンドがたくさんあり、コマンドごとにまたオプションがたくさんあります。

プロセス

本書でプロセスと表記する場合は、Linuxのプロセスを指すものとします。Linuxのプロセスとは Linuxで動作中のプログラムのことで、OSに管理されています。

コマンドを実行するとプロセスが生成され、役目を果たすとプロセスは終了してなくなります。たとえばlsコマンドを実行すると、ファイルの一覧を表示するためのプログラムが起動し、プロセスとしてOSに管理されます。

図4.1.1 コマンドとプロセス

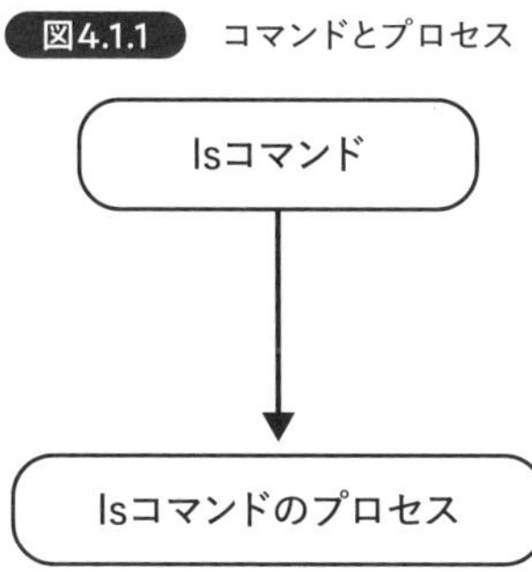

ls コマンドはファイルの一覧を表示するためのコマンドなので、表示をするとプロセスは役目を果たし終了します。ls コマンドの起動から完了までは一瞬なので ls のプロセスを目で確認することは難しいですが、このようにすべてのコマンド操作でプロセスが生成されては消えています。

コマンドは勝手に即時完了するものだけではなく、bash コマンドや top コマンドなど明示的に停止するまで終了しないものもあります。bash コマンドはシェルを起動するコマンドで、exit を入力するまで自由に操作し続けられます。top コマンドはプロセスを表示するコマンドで、Ctrl + C で停止するまで一定間隔でプロセスをリアルタイムに表示し続けます。これらのコマンド実行により生成されたプロセスは、コマンドを終了するまで存在し続けます。

図4.1.2 プロセスの終了

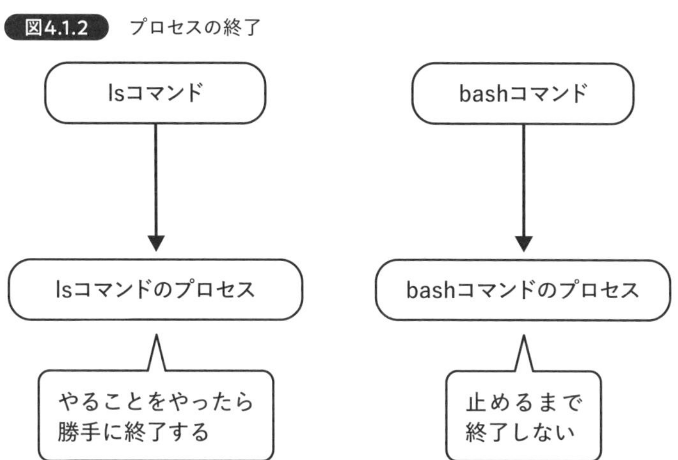

データベースサーバのひとつである MySQL サーバやウェブサーバのひとつである Nginx サーバも同じです。mysqld コマンドや nginx コマンドでサーバが起動し、プロセスが生成され停止されるまで存在し続けます。

図4.1.3　MySQLとNginxのプロセス

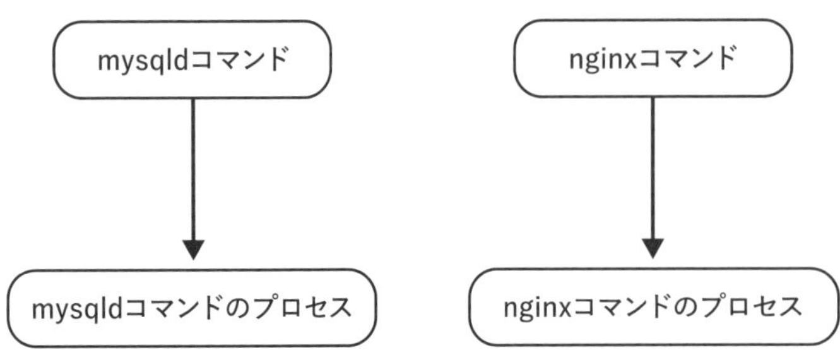

Dockerを学ぶには、コマンドとプロセスに注目することがとても大切です。初出のコマンドは個別に解説しますので、本書を読む間はプロセスのことをいつもより少しだけ意識してみましょう。

プロセスの親子関係

プロセスは、プロセスを生成し親子関係を作ることがあります。たとえばbashでtopを実行した場合は、bashプロセスから子供のtopプロセスが生成されます。逆にbashもそれより上位のなんらかのプロセスの子供です。ほとんどのプロセスはなんらかのプロセスの子として存在します。

ただしOS起動時に生成される最初のプロセスには、親プロセスが存在しません。最初のプロセスは他すべてのプロセスを起動するのが役目です。OSにより異なりますが、initやsystemdやlaunchdというコマンドにより生成されます。

図4.1.4　プロセスの親子関係

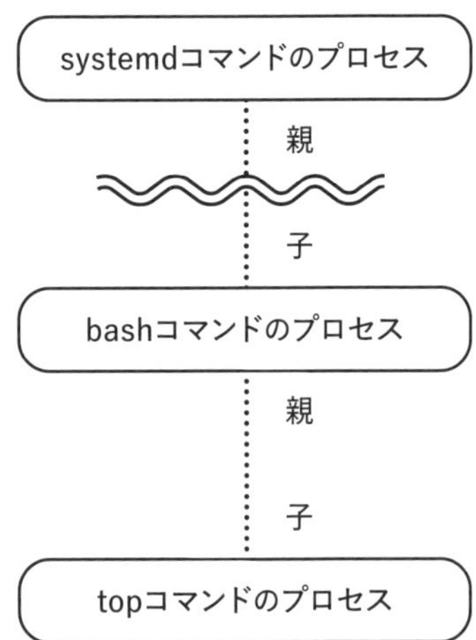

●プロセスID

OSはプロセスを管理するためにプロセスIDという一意の識別番号をプロセスに割り当てます。psコマンドを使うと、現在実行中のプロセスを表示できます。

試しにWindowsやmacOSのターミナルアプリケーション（以後ホストマシンのターミナル）でpsコマンドを実行してみましょう。オプションは一切指定せず、最低限の簡単な一覧を表示します。

ターミナル4.1.1 ホストマシンでプロセスを確認

```
$ ps
  PID  TTY          TIME   CMD
17981  ttys000   0:00.10   -bash
 4495  ttys001   0:00.89   -bash
```

この列がプロセスID

筆者のホストマシンではbashを2つ起動していたため、2つのプロセスが表示されました。PID列に表示されている17981と4495が、bashプロセスのプロセスIDです。プロセスIDは重複しないように払い出されるため、同じコマンドを実行しても同じ値にはなりません。

ただし先ほど紹介したすべてのプロセスの親になるsystemdなどのプロセスIDは、必ず1になります。本書ではプロセスID1のことを特別にPID1と表記します。すべてのプロセスは親をたどると必ずPID1に到達するということになります。

DockerコンテナではこのPID1に注目すると理解がスムーズになります。

4.2 コンテナとは

コンテナはコマンドを実行するための領域

Docker のコンテナは、あるコマンド 1 つを実行するため**ホストマシンに作られる領域**です。領域とはプロセスやファイルなどをホストマシンや他のコンテナと影響しあわないようにするための独立した範囲のことで、1 つのコマンドを実行するために 1 つ作成します。

図4.2.1 コンテナはホストマシン上で作られる独立した領域

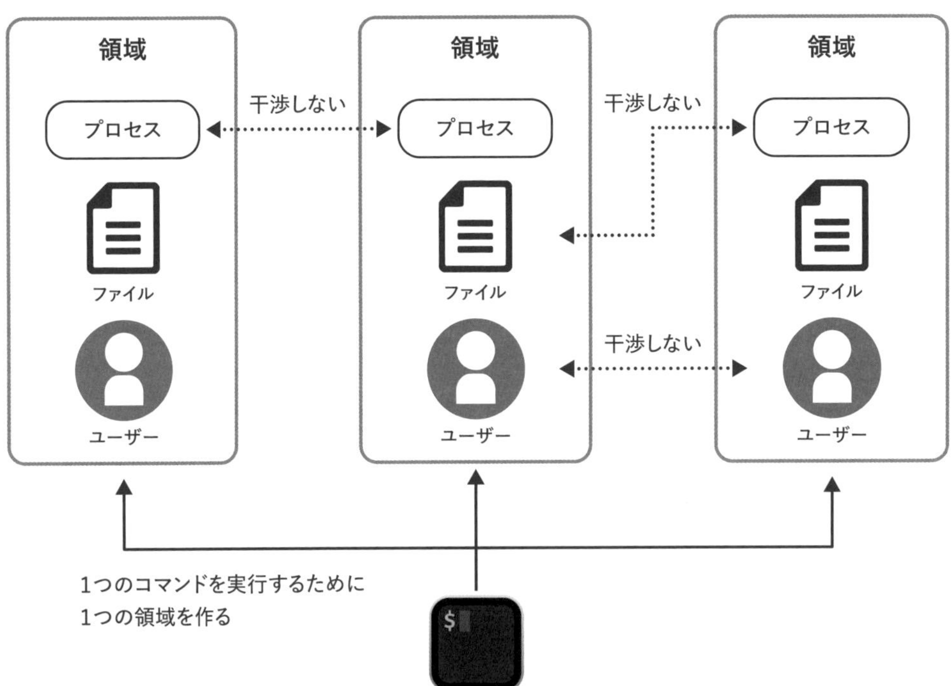

それぞれのコンテナ内のプロセスやファイルは、ホストマシンや別のコンテナには影響しません。そのおかげで安心してコンテナを実行できます。また第 1 章で学んだとおりコンテナにはゲスト OS を含まないため軽量で、非常に素早く起動できます。

Dockerはコンテナを作るためにLinuxのNamespaceやcgroupsやchrootという仕組みを利用しています。それらの仕組みはDockerの登場以前から存在するものであり、特別新しい技術というわけではありません。コンテナやイメージという形でそれらの仕組みを扱いやすくした技術がDockerなのです。

本書ではNamespaceやcgroupsやchrootの詳細は解説しません。Dockerが既存の仕組みを応用した領域を作る技術なんだと知ってさえいれば、十分本書を読み進められます。

●コンテナとコマンドとPID1

コンテナはコマンドを実行するためのものですので、`ls`コマンドを実行するためだけにでもコンテナを作れます。Dockerと聞くと難しそうですが、`ls`コマンドと聞けば簡単な気がしませんか。

図4.2.2 lsコマンドを実行するコンテナ

ホストマシンで`ls`コマンドを実行すると、`systemd`コマンドによるPID1の遠い子プロセスとしてプロセスが生成されます。しかしコンテナで`ls`コマンドを実行すると、コンテナ内の`ls`コマンドのプロセスそれ自体がPID1となります。同じようにコンテナで`top`コマンドを実行すると、コンテナ内の`top`コマンドのプロセスがPID1として存在し続けます。これでは1台のホストマシンにPID1がいくつも存在してしまいますが、衝突を避け複数のPID1が共存できるようにしてくれるのがDockerなのです。

図4.2.3 コンテナとPID1

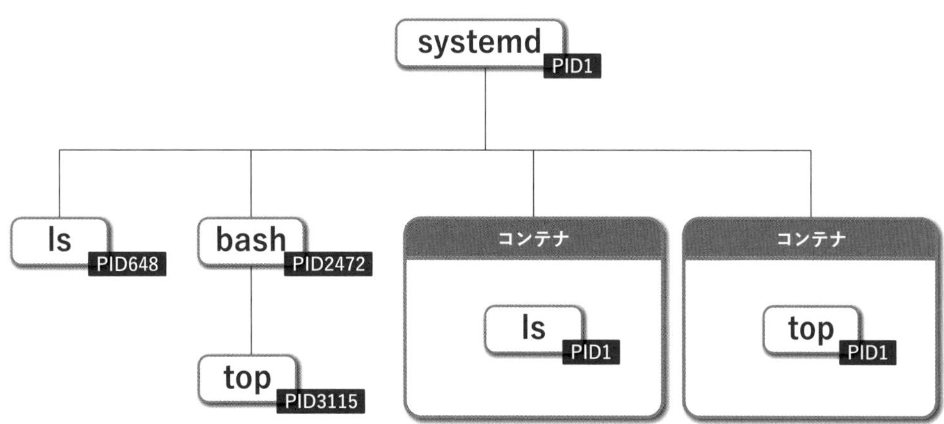

PID1 と同様に、それぞれのコンテナのファイルやユーザーなどもそれぞれのコンテナ内でのみ有効で、同名のファイルやユーザーが他のコンテナに存在しても互いに影響はしません。

コンテナの特徴

コンテナの特徴を 3 つ紹介します。ここで紹介するコンテナの特徴は、Docker コンテナに限らず第 2 章で解説した OCI コンテナの特徴です。イメージについても同様に OCI イメージを指すものとします。

1. コンテナはイメージから作る
2. 個々のコンテナは互いに独立している
3. コンテナはコンテナランタイムがあればどこでも動く

1 つめのコンテナはイメージから作るという特徴は、OCI コンテナの大原則です。いくつコンテナを起動しても、どこでコンテナを起動しても、必ずコンテナはイメージから作られています。

図4.2.4 特徴1「コンテナはイメージから作る」

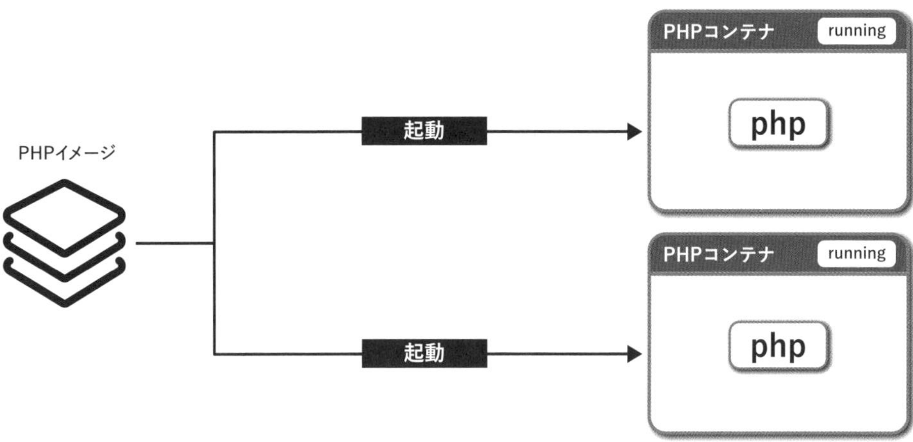

2 つめの個々のコンテナは互いに独立しているという特徴は、コンテナを起動するときの心配ごとを減らしてくれます。1 台のホストマシンにバージョンの異なる MySQL コンテナを同時に実行しても問題になりませんし、あるコンテナで誤ってファイルを削除してしまっても他のコンテナに損害を与えることはありません。

図4.2.5　特徴2「個々のコンテナは互いに独立している」

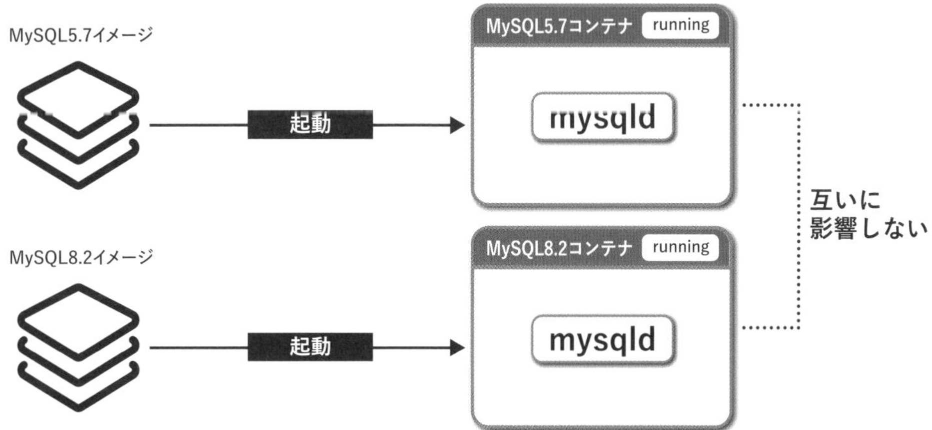

3つめのコンテナはコンテナランタイムがあればどこでも動くという特徴は、チーム開発やデプロイの際に特に恩恵を感じるでしょう。コンテナランタイムをセットアップしていれば、Windows と macOS どちらでもコンテナを動かせます。Amazon Web Service や Google Cloud Platform などのクラウドサービスでも、同じようにコンテナランタイム上でコンテナを実行できます。

図4.2.6　特徴3「コンテナはコンテナランタイムがあればどこでも動く」

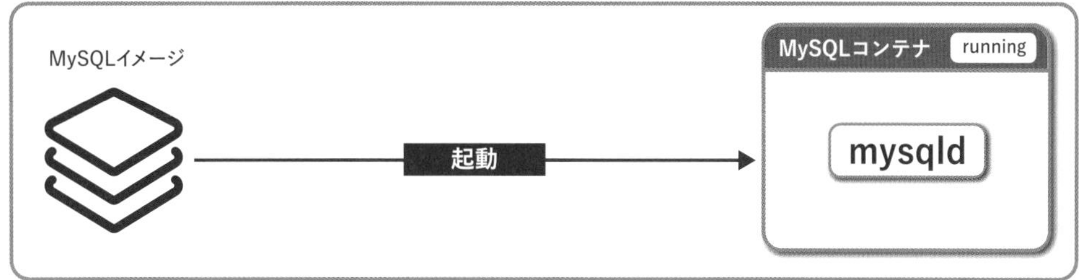

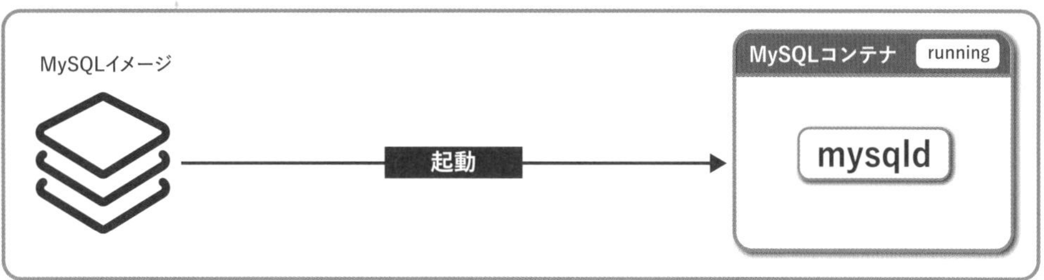

本書では第2部と第5部でコンテナの具体的な操作を学び、第6部で複数コンテナを用いたローカル開発環境構築のチュートリアルを解説します。

4.3 イメージとは

●イメージの特徴

イメージは**コンテナの実行に必要なパッケージ**で、複数のレイヤと呼ばれる tar アーカイブファイルから成り立ちます。次に示すのは簡易化した PHP イメージのレイヤ構成です。

図4.3.1 イメージの特徴

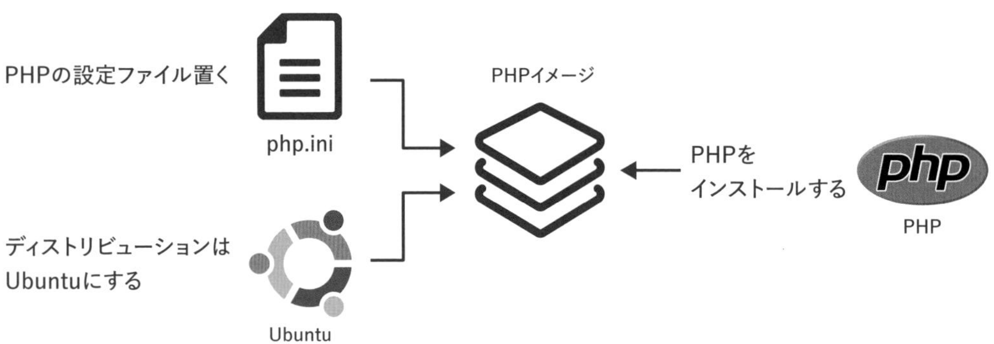

レイヤ 1 つずつが Linux ディストリビューション、PHP をインストールしたこと、PHP の設定ファイルを持っていることを示し、それらを積み上げてイメージを構成します。

レイヤはそれぞれが tar アーカイブファイルであり、Linux の /etc や /var などのディレクトリを含むもの、PHP コマンドを含むもの、PHP の設定ファイルだけを含むものなどが存在します。イメージはこれら個々のファイルを重ね合わせ、1 つのファイルシステムとして扱えるようにします（図 4.3.2参照）。

レイヤは複数のイメージで共有できます。たとえば Ubuntu レイヤと PHP レイヤに異なる設定ファイルレイヤを重ね合わせれば、設定ファイルだけが異なるイメージを作成できます。Ubuntu レイヤに Ruby レイヤを重ね合わせれば、同じ Linux ディストリビューションで異なる言語の実行環境を作成できます。レイヤを共有できることにより、多くのイメージを保持しても容量の増加が抑えられます。また、実績のあるレイヤを土台にできることで、イメージの拡張を簡単に行えるようになっています（図 4.3.3参照）。

図4.3.2 レイヤとファイルシステム

レイヤ
usr
local
etc
php.ini
レイヤ
usr
local
bin
php
php
レイヤ
home
usr
local
etc
bin
イメージ
home
usr
local
bin
php
etc
php.ini
php
重ね合わせる
ひとつのファイルシステムを再現

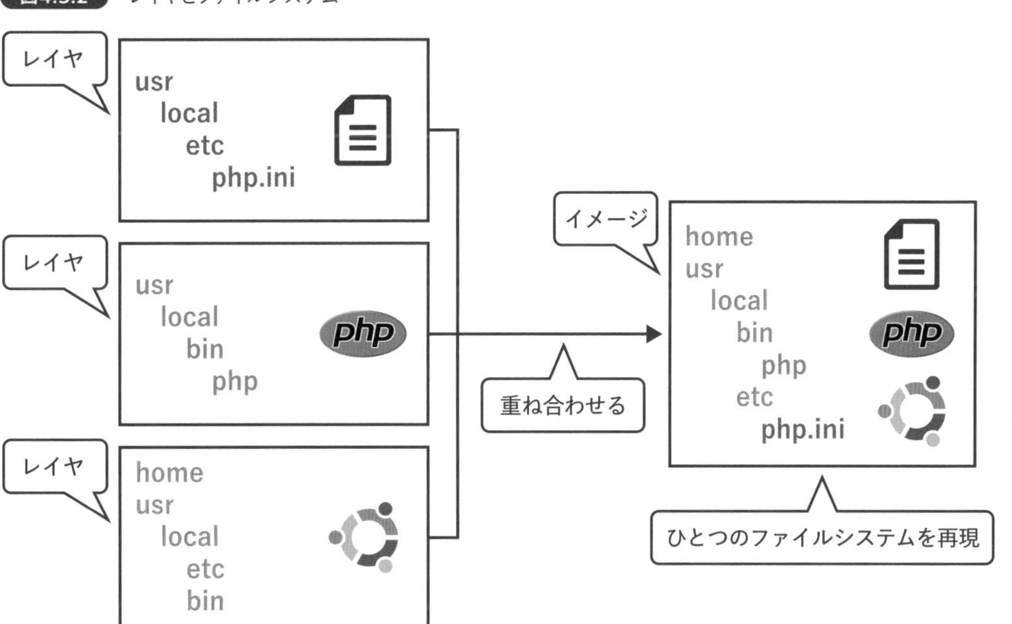

図4.3.3 レイヤの共有

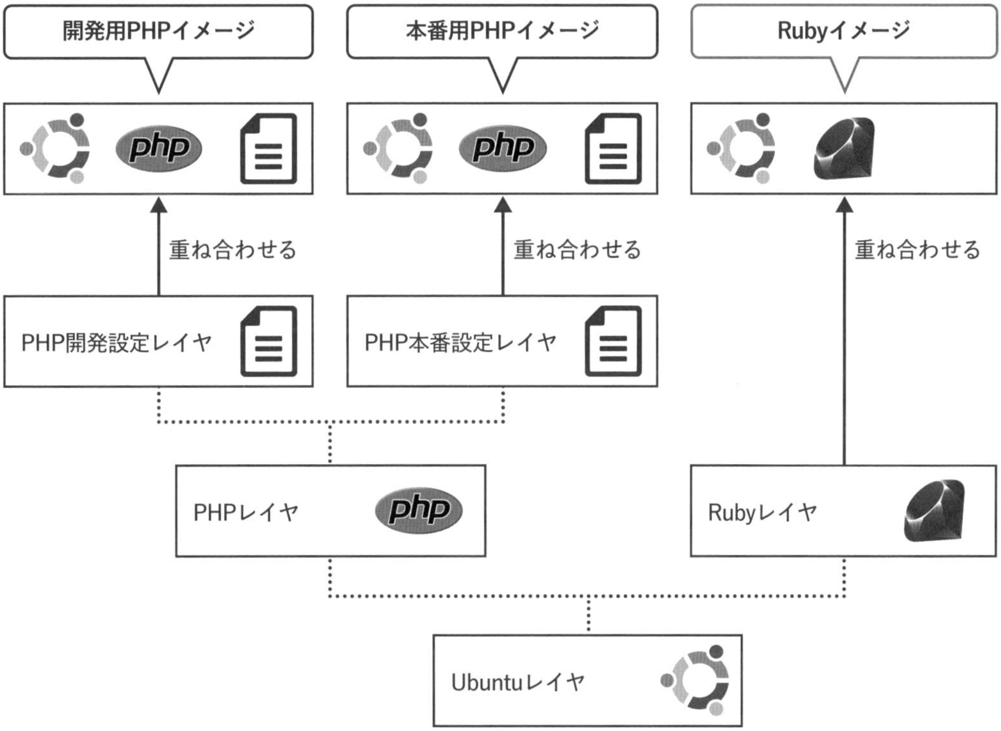

開発用PHPイメージ
本番用PHPイメージ
Rubyイメージ
php
php
重ね合わせる
重ね合わせる
重ね合わせる
PHP開発設定レイヤ
PHP本番設定レイヤ
PHPレイヤ
php
Rubyレイヤ
Ubuntuレイヤ

本書では第 3 部でイメージの詳細と具体的な操作を学びます。

●イメージを共有する

コンテナはイメージから作るという大前提のもと考えると、同じコンテナを起動したければイメージを共有すればいいとわかります。

イメージは Docker Hub などのレジストリサービスで公開されており、利用する際はホストマシンにダウンロードして使います。

図4.3.4　イメージを共有して同じコンテナを起動する

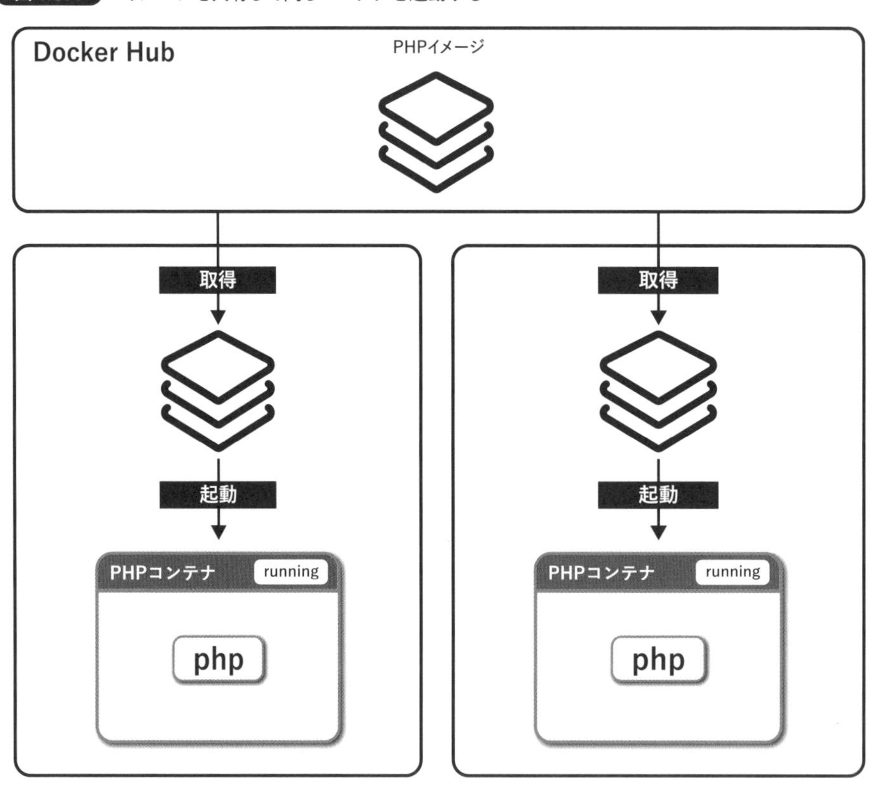

使うイメージを統一すれば、容易に同じ開発環境を構築できます。

4.4 Dockerfileとは

Dockerfile の特徴

Dockerfile は**イメージにレイヤを追加する設定ファイル**です。Dockerfile は一般には拡張子を持たない `Dockerfile` というファイル名の単一ファイルです。

レジストリサービスで公開されているイメージでは用途に合致しないといった場合に、Dockerfile を使うと簡単に独自イメージを作成できます。

図4.4.1 Dockerfileでベースイメージを拡張し独自イメージを作成する

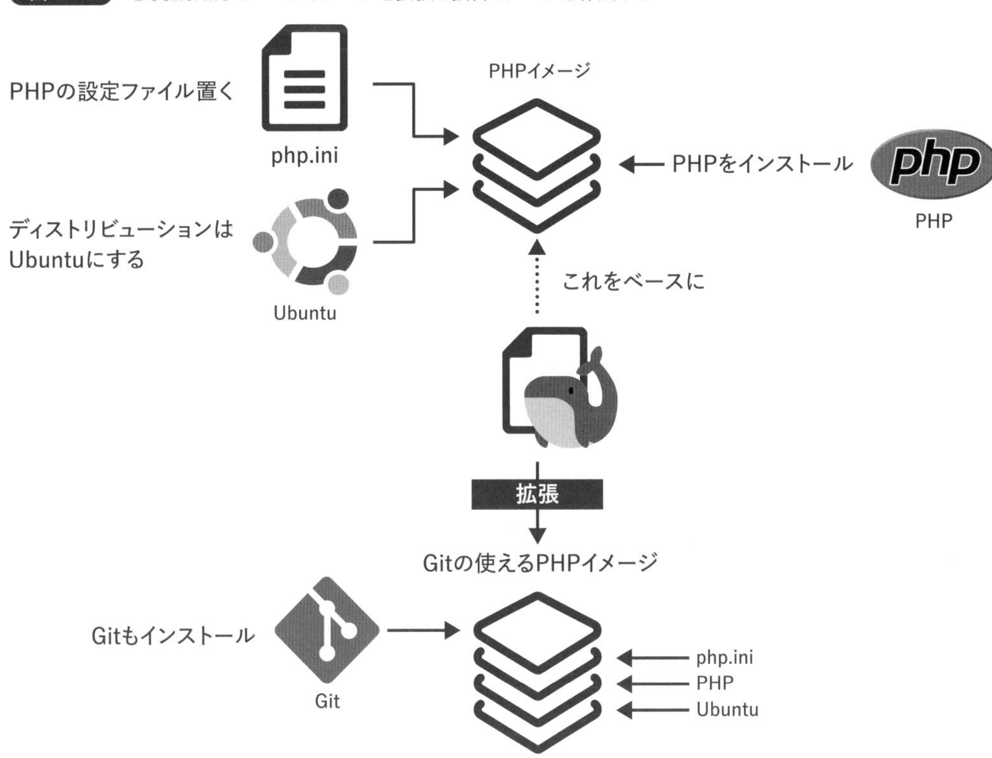

Dockerfile そのものはただのテキストファイルなので、Git を用いて通常のテキストファイルと同じ方法で共有できます。ベースイメージを Docker Hub から取得し、Dockerfile を GitHub などから取得すれば、異なるマシンで独自イメージを使用した環境を構築できます。

図4.4.2 イメージとDockerfileを共有して同じコンテナを起動する

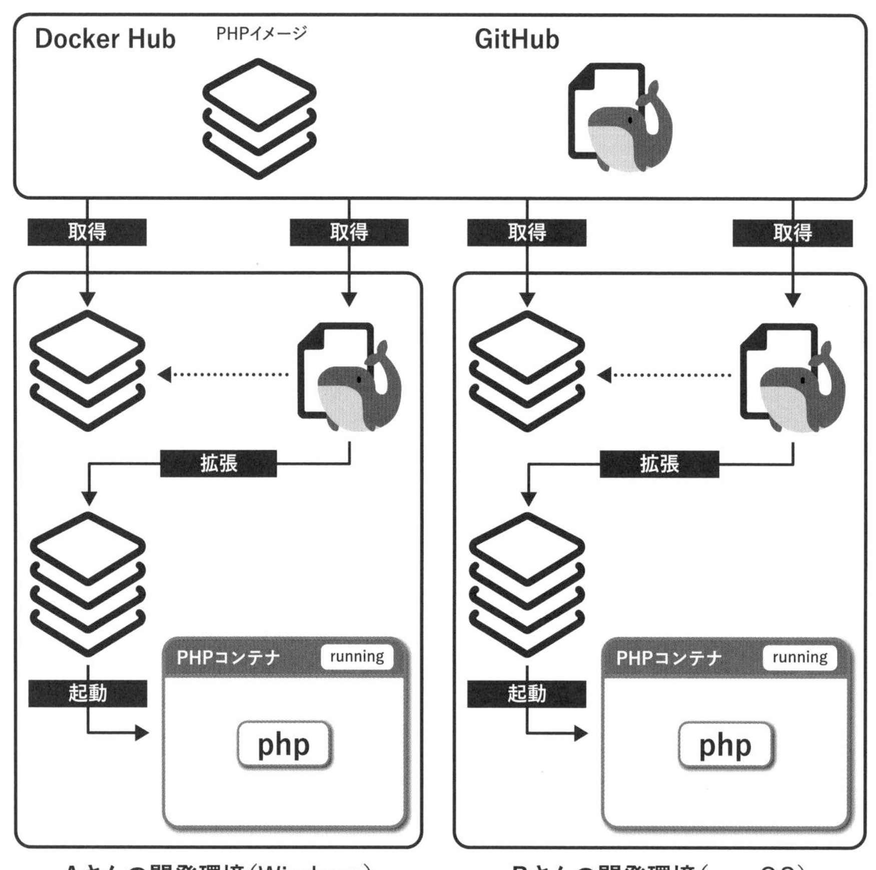

本書では第 4 部で Dockerfile の具体的な書き方を学びます。

4.5 コマンドの基礎

Dockerのコマンドは`docker version`のようにdockerに続くコマンドと、`docker container run`のように操作対象を示すサブコマンドに続くコマンドがあります。

`docker container`のようなサブコマンドは2017年にリリースされたv1.13で登場しました。それまでは多くのコマンドがdocker直下に作られており`docker run`のようなコマンド体系でしたが、docker直下のコマンドが増え過ぎてしまったために再整理されました。たとえば`docker run`は`docker container run`のように`docker container`配下に再配置されています。`docker run`と`docker build`よりも、`docker container run`と`docker image build`の方が明瞭でわかりやすいですね。

旧コマンドも引き続き使用できますが、本書では操作対象が明確な新コマンドを用いて解説します。

Dockerのコマンドは非常に多く、慣れないうちはマニュアルやコマンド一覧を見ても眺めるだけになってしまいがちです。各章でコマンド詳細の解説をする前に、代表的な3つのコマンドを例にコマンド文法の読み方と図を用いた整理の仕方を紹介します。

本書に掲載するコマンド文法は、すべてDocker公式ドキュメント（https://docs.docker.com/engine/reference/commandline/cli/）から引用しています。

●コンテナを起動する

`docker container run [OPTIONS] IMAGE [COMMAND] [ARG...]`でイメージからコンテナを起動します。

`IMAGE`のように大文字単体の項目は必須項目です。一方で`[COMMAND]`のように角括弧で大文字を囲んでいる項目は任意項目になります。また`[ARG...]`のように`...`が続いている項目は、スペースで区切っていくつ並べて指定してもよいということを意味しています。

初出のDockerコマンドは各節でちゃんと解説しますので、ここでの詳細説明や実行例は割愛します。

`run`は`docker container`配下のコマンドであることから操作対象がコンテナであると読み取れ、引数が`IMAGE`であることからイメージを元に起動すると読み取れます。このコマンドを図で表現すると図 4.5.1のように表せます。

図4.5.1　イメージからコンテナを起動するコマンド

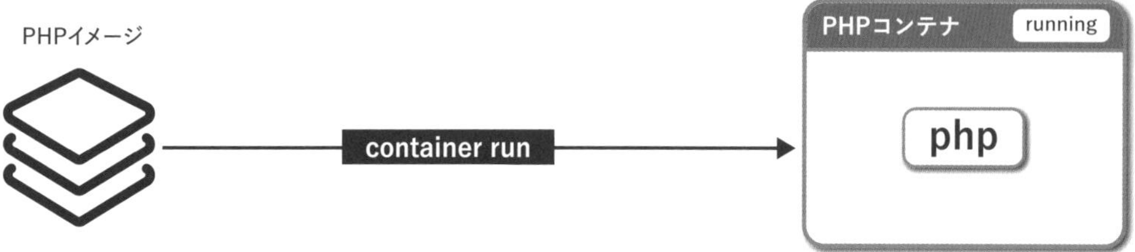

本書では第２部と第５部のすべてを使い container run とよく使う [OPTIONS] および [COMMAND] [ARG...] を解説します。

起動中のコンテナに命令する

docker container exec [OPTIONS] CONTAINER COMMAND [ARG...] で起動中のコンテナに命令を送ります。

container run と同じく docker container 配下のコマンドですが、引数は CONTAINER なのでコンテナを指定する必要があると読み取れます。このコマンドを図で表現すると図 4.5.2のように表せます。

図4.5.2　コンテナを指定してコンテナに命令するコマンド

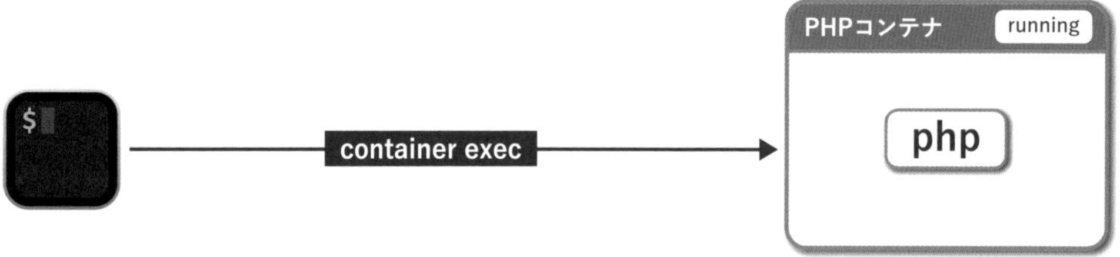

本書では第 11 章で引数に CONTAINER をとる２つのコマンド container exec と container logs を解説します。

イメージを作成する

docker image build [OPTIONS] PATH | URL | - で Dockerfile などからイメージを作成します。

| は or を示しており、PATH と URL と - のいずれかを必ず指定せよと示しています。このコマンドは docker image 配下のコマンドなので、操作対象はイメージであることが読み取れます。

このコマンドを図で表現すると図 4.5.3のように表せます。

図4.5.3 Dockerfileからイメージを作成するコマンド

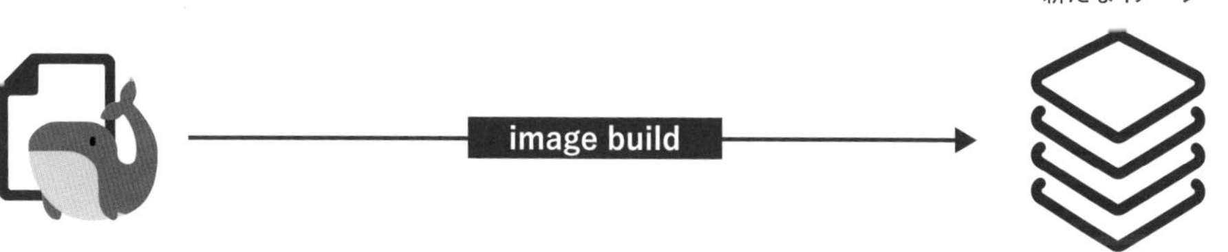

本書では第３部で代表的なイメージ配下のコマンドについて解説し、第４部で image build と Dockerfile について解説します。

●他のコマンド

本書では、次の左側の表にまとめた４つのサブコマンドを扱います。その４つのサブコマンドには４つのコマンドが存在します。

サブコマンド	解説
container	第２部 , 第５部
image	第３部
volume	第５部
network	第５部

コマンド	説明
ls	一覧を表示する
inspect	詳細を表示する
rm	対象を削除する
prune	未使用の対象をすべて削除する

いずれの要素も困ったら ls で確認でき、使い終わったら prune で掃除できるなど、統一的な操作方法が提供されています。

まとめ

- コンテナはコマンドを実行するために作る
- コンテナはイメージから作る
- コンテナで起動したコマンドのプロセスは、コンテナ内で PID1 になる
- コンテナ内のプロセスやファイルはコンテナ外に影響しない
- イメージは単一ファイルではなくレイヤという tar アーカイブファイルの集合体
- Dockerfile はイメージにレイヤを追加する設定ファイル

コマンドチートシート

4つのサブコマンド配下の全コマンドと、docker 直下の代表的なコマンドを 図4.6.1 にまとめます。

図4.6.1 コマンド一覧

Docker

version login
info logout
init search

Image

ls inspect
rm prune
build tag
push pull
history import
save load

Container

コンテナを確認をするコマンド

ls inspect port top
stats diff

コンテナの状態を変えるコマンド

create start pause unpause restart
stop kill rm prune run

コンテナに命令するコマンド

logs exec attach commit cp
export rename update wait

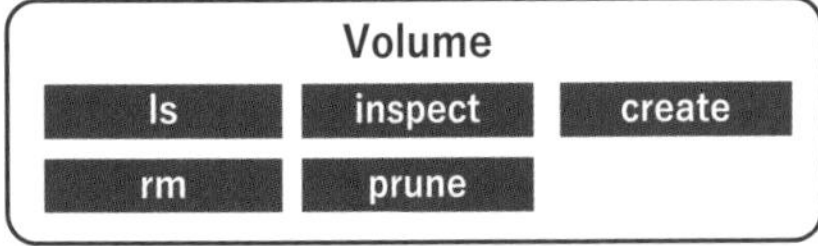

Network

ls inspect create connect
rm prune disconnect

同じ色のコマンドが同じサブコマンドに属することを示しています。コンテナ配下のコマンドのみ、多いため便宜的に3種に分類しています。

4つのサブコマンド配下のコマンド概要はそれぞれの部最初の章で簡単に解説しますが、本書ではこれらすべてのコマンドは解説しません。こんなにたくさん覚えなくても Docker は十分活用できます。安心してください。

次の 図4.6.2 は、コマンドの操作対象や引数に注目して整理したコマンドチートシートです。

図4.6.2 コマンドチートシート

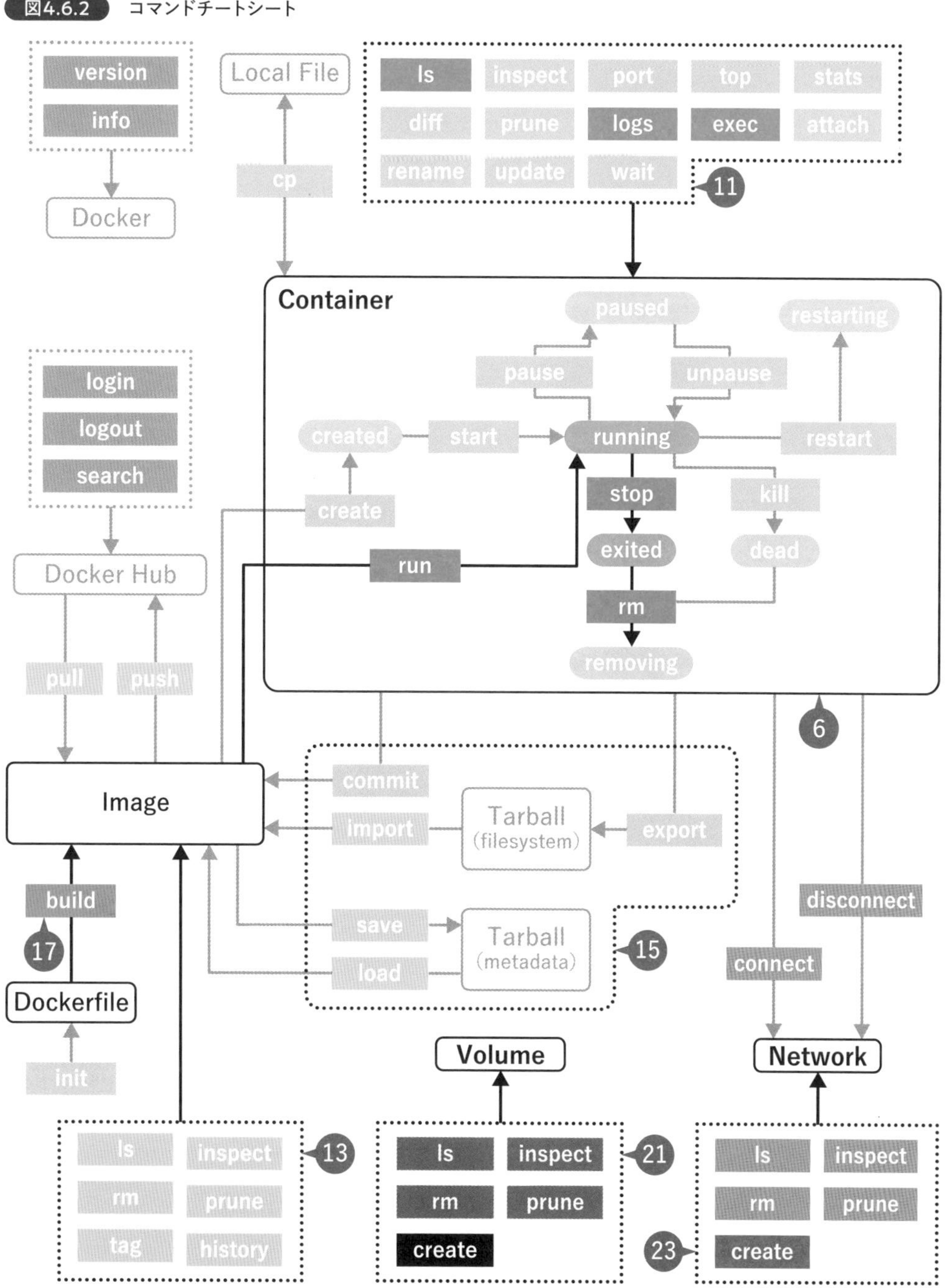

Dockerを利用する中であまり多用しないコマンドは薄い要素で表現し、吹き出しの数字は解説する章を表現しています。

コンテナのみ、角丸の水色でステータスを表し状態遷移を俯瞰できるようにしています。コンテナのステータスはこの7つですべてですが、状態遷移は主要ケースのみに簡略化してあります。

第2部

Dockerコンテナの活用例

コンテナの基礎について学び、ケーススタディを見ながらコンテナの扱いを学びましょう。コマンドの意味を図で整理することで、自分の操作をより正確に把握できるようになることを目指します。

この部をしっかり理解できれば、Dockerに対する解像度が段違いに向上し「Dockerよくわからない」という感覚がほとんど払拭できるはずです。

この部の章はそれぞれ独立しています。自分のやりたいことを実現する方法がわからなくなってしまったときは、いつでも戻ってきて確認してください。

第5章

コンテナの基礎

第2部ではたくさんのコンテナを起動して使い捨てます。
「コンテナを起動してみたけどちゃんと起動できたかわからない」「なぜ勝手に終了済になってしまうかわからない」という状態のままコマンドだけ真似ても理解は進みません。はじめに少しだけDockerの基礎を学びましょう。
プロセスを軸にコンテナのステータスを認識できるようになると、段違いにDockerが簡単に思えるはずです。

5.1 コンテナとプロセスとステータス

コンテナの停止と PID1 の終了は連動する

第 4 章で解説したとおり、コンテナはコマンドを実行するためのものなので、コンテナ起動時に必ずなんらかのコマンドを実行します。コンテナ内で実行されるそのコマンドのプロセスは、コンテナ内で PID1 として扱われます。

この PID1 は、コンテナと一蓮托生です。**コンテナを停止すると PID1 は終了しますし、PID1 が終了するとコンテナは停止します。**

PID1 に着目すると、コンテナのステータスを的確に把握できるようになります。

コンテナのステータス

コンテナには次の 7 つのステータスが存在します。

ステータス	説明	説明
created	コンテナが作成された	PID1 はまだ存在しない 本書では作成済と訳す
running	コンテナが起動している	PID1 は実行中 本書では起動中と訳す
paused	コンテナが一時停止された	PID1 は停止している 本書では停止中と訳す
restarting	コンテナが再起動している	完了後に自動で running に戻る
exited	コンテナが終了された	PID1 は存在しない 本書では終了済と訳す
dead	コンテナが終了に失敗した	PID1 は存在しない running には戻れない
removing	コンテナが削除されている	完了後に自動で完全に消滅する

restarting と removing は操作の過程で一瞬だけ経由するステータスであり、通常のターミナル操作で意識することはほぼありません。dead は終了に失敗した場合のみ発生し、完全に削除する以外できることはありません。本節では起動中を中心に、残る 4 つのステータスを PID1 と合わせて解説します。

図5.1.1 コンテナのステータスとプロセス

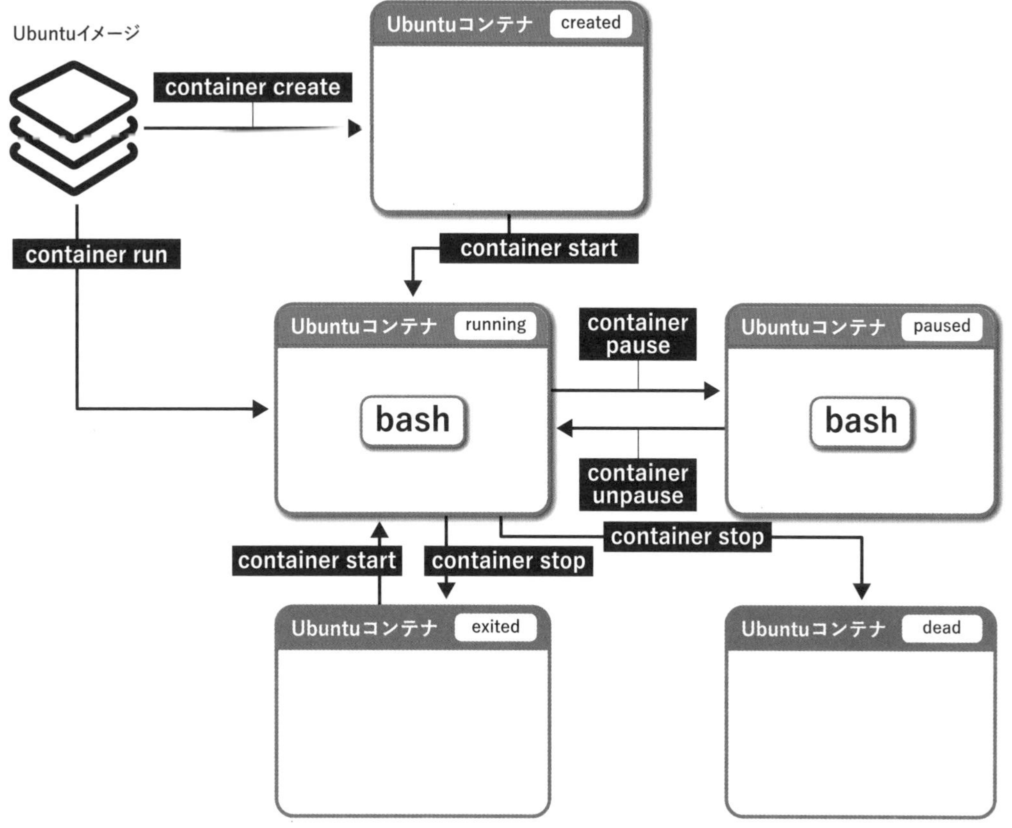

本書のコンテナ図の中にある文字列は、そのコンテナで実行したコマンドのPID1を表しています。図5.1.1では、Ubuntuコンテナを起動するとコンテナ内のPID1はbashのプロセスになることを示しています。

作成済（created）の時点ではPID1はまだ存在せず、起動中（running）になるとコマンド実行によりPID1が生成され、終了済（exited）になるとPID1も終了します。ほとんどの場合PID1が実行されてない作成済に用はないため、基本的にコンテナの作成には一気に起動中まで進めてくれる`container run`を使うことになります。

終了済を`container start`で起動中に戻す操作と停止中（paused）を`container unpause`で起動中に戻す操作は似ていますが、PID1の扱いが異なります。停止中からの復帰ではPID1は再開されるのに対し、終了済からの復帰ではPID1は再起動されます。

コンテナの使い方はいろいろですが、筆者は停止中にしたり終了済から起動中に戻すような使い方はしていません。「コンテナの起動なんて軽いんだから、使うときに作って終わったら消せばいいじゃん」というスタンスで、ほぼ起動中のみで運用しています。

まず起動中と終了済を理解して認識すればDockerは十分活用できるので、本書ではその2ステータスに絞って解説します。

5.2 コンテナのコマンド

docker container 配下の全コマンドを掲載します。

コマンド	説明	解説	備考
ls	一覧を表示する	第 6 章	旧コマンドは ps
inspect	詳細情報を表示する	−	−
port	コンテナのポートの割り当て状況を表示する	−	ls でも大まかに確認可能
top	コンテナで実行中のプロセスを表示する	−	−
stats	コンテナのリソース情報を表示する	−	−
diff	コンテナ内で変更されたファイルを一覧表示する	−	−
create	コンテナを作成する	−	ステータスが created になる
start	コンテナを起動する	−	ステータスが running になる
pause	コンテナ内のプロセスをすべて一時停止する	−	ステータスが paused になる
unpause	コンテナの一時停止を解除する	−	ステータスが running になる
restart	コンテナを再起動する	−	ステータスが restarting になる
stop	コンテナを停止する	第 6 章	ステータスが exited になる 終了に失敗するとステータスが dead になる
kill	コンテナを強制停止する	−	stop と違い強制終了する
rm	コンテナを削除する	第 6 章	ステータスが removing になる
prune	全停止中コンテナを削除する	−	ステータスが removing になる
run	新たなコンテナでコマンドを実行する	第 6 章、第 7 章、第 8 章、第 9 章、第 10 章、第 21 章、第 22 章、第 23 章	ステータスが running になる create + start + attach に相当する
logs	コンテナのログを表示する	第 11 章	−
exec	起動中のコンテナでコマンドを実行する	第 11 章	コンテナ内で新たにコマンドを実行する このコマンドのプロセスは PID1 ではなく、exec の終了と PID1 の終了は関係しない

コマンド	説明	解説	備考
attach	ターミナルの入出力をコンテナのプロセスに対応づける	−	PID1 に接続する
commit	コンテナからイメージを作る	第 15 章	基本的に Dockerfile の利用を推奨
cp	ホストマシンとコンテナ間でファイルコピーをする	−	−
export	コンテナを tar として出力する	第 15 章	ファイルを含めてコンテナを tar にできる 基本的に Dockerfile の利用を推奨
rename	コンテナの名前を変更する	−	run --name で起動時に指定可能
update	コンテナの設定を更新する	−	−
wait	コンテナが停止するまで待ち、終了コードを表示する	−	stop と違い停止させるわけではない

まとめ

- コンテナを起動すると実行したコマンドのプロセスがコンテナ内で PID1 になる
- コンテナを停止すると PID1 は終了する
- PID1 が終了するとコンテナも終了する
- コンテナのステータスは 7 つもあるが、起動中を中心にいくつか理解すれば十分
- コンテナのステータスは PID1 の状態とセットで理解する

COLUMN

リファレンスをみよう１ー Docker Docs

Google などの検索エンジンで docker　docs と検索すると Docker Docs というサイトにアクセスできます。Docker Docs の Reference では、各種コマンドや各種ファイルの詳細なリファレンスが閲覧できます。

スクリーンショット5.2.1　Docker Docsのトップページ

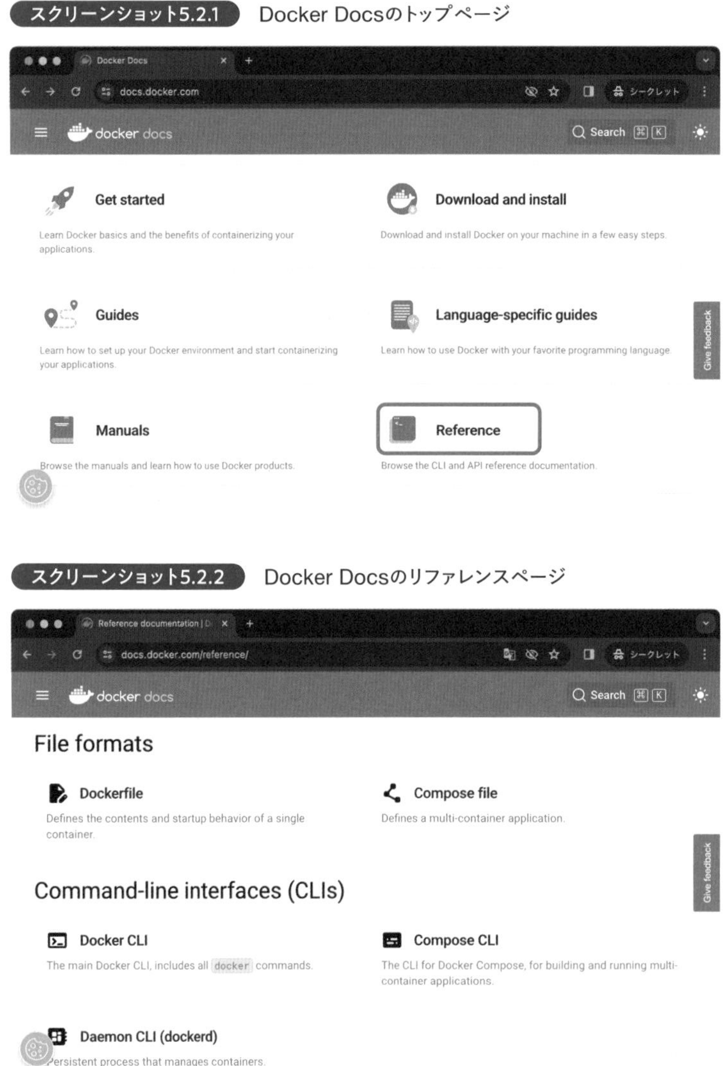

スクリーンショット5.2.2　Docker Docsのリファレンスページ

本書ではいくつかのコラムに分けてリファレンスの見方を紹介します。ぜひ活用してください。

第章

コンテナの基本操作

この章では、コンテナの起動と一覧確認、そして停止と削除について学びます。

コンテナの起動はとても簡単だと知ると、きっといろいろ試してみたくなるでしょう。

6.1 コンテナを起動する
container run

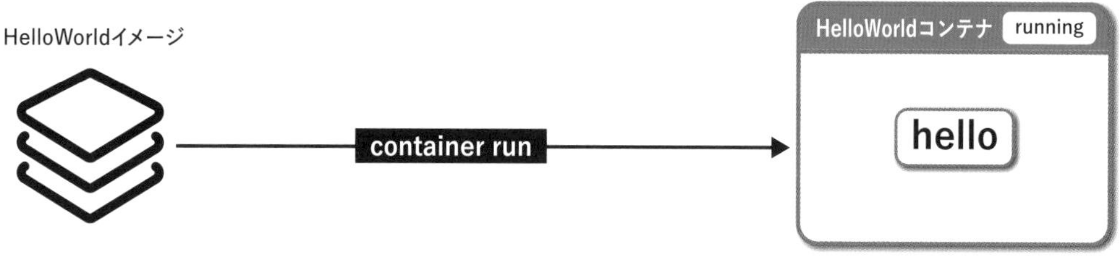

コマンド説明

コンテナの起動はcontainer runで行います。

```
$ docker container run [OPTIONS] IMAGE [COMMAND] [ARG...]
```

この章では[OPTIONS]と[COMMAND] [ARG...]は解説しません。

HelloWorldコンテナを起動する

Dockerにもプログラマのお約束Hello Worldがあります。はじめて起動するコンテナはHelloWorldコンテナにしてみましょう。

container runのIMAGE引数でコンテナのもととなるイメージを指定します。今回使うイメージはHelloWorldイメージで、コマンドではhello-worldと指定します。HelloWorldイメージはコンテナ起動時にhelloというコマンドを実行するように作られており、コンテナ起動時にテキストを表示します。

初出のDockerコマンドや複雑なDockerコマンドでは、文法と入力を見比べてそれぞれの引数がなにを指しているか整理します。

文 法	`$ docker container run [OPTIONS] IMAGE [COMMAND] [ARG...]`
	↓
入 力	`$ docker container run hello-world`

コマンドが整理できたら、ホストマシンでターミナルを開いて ターミナル6.1.1 のコマンドを実行してみましょう。

ターミナル6.1.1 ホストマシンでコンテナを起動

```
$ docker container run hello-world

Hello from Docker!
This message shows that your installation appears to be working correctly.

To generate this message, Docker took the following steps:
 1. The Docker client contacted the Docker daemon.
 2. The Docker daemon pulled the "hello-world" image from the Docker Hub.
    (arm64v8)
 3. The Docker daemon created a new container from that image which runs the
    executable that produces the output you are currently reading.
 4. The Docker daemon streamed that output to the Docker client, which sent it
    to your terminal.

To try something more ambitious, you can run an Ubuntu container with:
 $ docker run -it ubuntu bash

Share images, automate workflows, and more with a free Docker ID:
 https://hub.docker.com/

For more examples and ideas, visit:
 https://docs.docker.com/get-started/
```

この表示を確認（Hello from Docker!）

興味がある人はdocker run -it ubuntu bashもやってみてね

`Hello from Docker!`と表示されていれば、HelloWorldコンテナの起動に成功しています。

第4章で解説した大原則のとおり、コンテナは必ずイメージから作られます。ターミナル6.1.1 のコマンドではHelloWorldイメージからHelloWorldコンテナを起動しました。

この先どんなに複雑な`container run`が出てきても、コンテナはイメージから作るというDockerの大原則は絶対に変わりません。

Ubuntu コンテナを起動する

ターミナル 6.1.1 に「興味がある人は docker run -it ubuntu bash もやってみてね」と出力されていたので、これも整理して実行してみましょう。

まず docker run ですが、これは旧コマンドです。オプションや挙動は新コマンドの docker container run とまったく同じです。

run 以降を文法と照らし合わせると、IMAGE 引数に ubuntu を指定する他に [OPTIONS] と [COMMAND] も指定していることが把握できます。

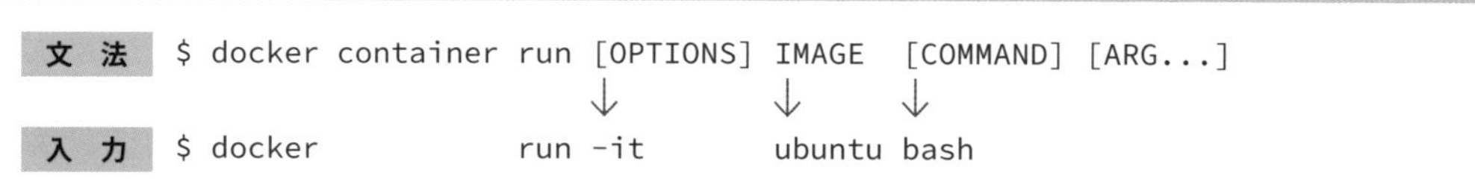

文 法 $ docker container run [OPTIONS] IMAGE [COMMAND] [ARG...]
入 力 $ docker run -it ubuntu bash

Point [OPTIONS] の -it は第 8 章で、[COMMAND] は第 7 章で、それぞれ解説します。ここではガイドのとおり実行してみましょう。

ターミナル6.1.2 ホストマシンでコンテナを起動

$ docker run -it ubuntu bash
プロンプトが切り替わり、操作待ちになる
root@8db035b23afb:/#

HelloWorld コンテナと異なり、プロンプトが切り替わり操作待ちになっているはずです。

プロンプトが # の間はターミナルで Ubuntu コンテナを操作できます。Ubuntu でいくつかの Linux コマンドを実行してみましょう。

whoami は現在のユーザー名を確認するコマンドです。

head はファイルの最初の数行を表示するコマンドで、-n 4 は表示する行数を指定するオプションです。/etc/os-release は OS 情報が記載されているファイルです。

echo は文字列や変数の値を表示するコマンドで、$SHELL は現在使用しているシェルを示す変数です。

ターミナル6.1.3 Ubuntuコンテナを起動したターミナルでLinuxコマンドを実行

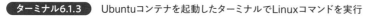

```
root@8db035b23afb:/# whoami
```

root
現在のユーザー名はroot

```
root@8db035b23afb:/# head -n 4 /etc/os-release
PRETTY_NAME="Ubuntu 22.04.3 LTS"
```

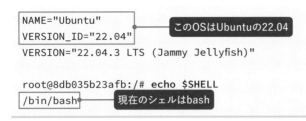

```
NAME="Ubuntu"
VERSION_ID="22.04"
VERSION="22.04.3 LTS (Jammy Jellyfish)"

root@8db035b23afb:/# echo $SHELL
/bin/bash
```

このOSはUbuntuの22.04

現在のシェルはbash

コンテナはただコマンドを実行するためのホストマシン上の領域ですが、Docker が Ubuntu イメージを使って OS に見せかけてくれています。Ubuntu イメージから起動した Ubuntu コンテナを、まるで Ubuntu のように操作できましたね。

Ubuntu コンテナにはまだ起動していてほしいので、ターミナルはそのまま（Ctrl + C などせず）にして、次へ進みます。コンテナは各章の終わりでちゃんと掃除するので、安心してください。

6.2 コンテナ一覧を確認する container ls

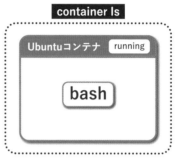

コマンド説明

コンテナ一覧の確認は container ls で行います。

```
$ docker container ls [OPTIONS]
```

この章で扱う [OPTIONS] は次のとおりです。

ショート	ロング	意味	用途
-a	--all	すべてのコンテナを表示する	起動中以外のコンテナを確認する

起動中のコンテナ一覧を確認する

Ubuntu コンテナを操作していたターミナルを開いたまま、別のターミナルを開いてコンテナ一覧を確認してみましょう。

ターミナル6.2.1　ホストマシンの新しいターミナルでコンテナ一覧を確認

```
$ docker container ls
CONTAINER ID   IMAGE    COMMAND   CREATED          STATUS         PORTS   NAMES
8db035b23afb   ubuntu   "bash"    3 minutes ago    Up 3 minutes           goofy_hugle
```

Ubuntuイメージ　起動中

表示されている情報は次のとおりです。

列名	説明
CONTAINER ID	コンテナの ID（ランダム）
IMAGE	イメージ
COMMAND	PID1 のコマンド
CREATED	作成時間
STATUS	ステータス
PORTS	公開ポート（第 9 章で解説）
NAMES	コンテナ名（ランダム）

CONTAINER ID と NAMES は起動するたびに変わるランダム値です。

IMAGE と STATUS の列を見て、Ubuntu コンテナが起動中であることを確認しましょう。

すべてのコンテナ一覧を確認する

container ls に --all オプションを指定すると、起動中以外のコンテナも確認できます。

ターミナル6.2.2　すべてのコンテナ一覧を確認

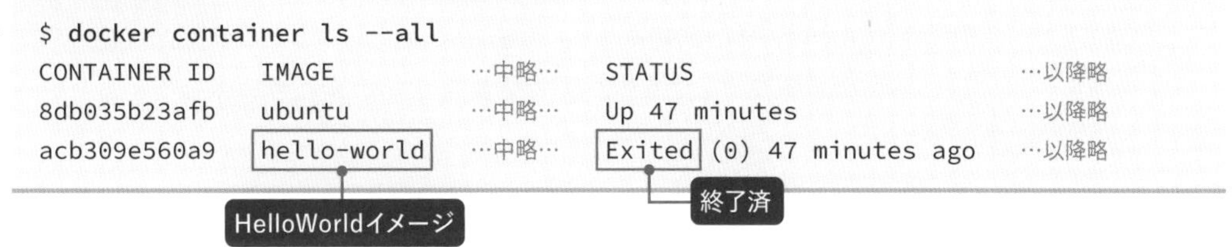

$ docker container ls --all
CONTAINER ID　IMAGE　…中略…　STATUS　…以降略
8db035b23afb　ubuntu　…中略…　Up 47 minutes　…以降略
acb309e560a9　hello-world　…中略…　Exited (0) 47 minutes ago　…以降略
HelloWorldイメージ
終了済

起動中の Ubuntu コンテナの他に終了済の HelloWorld コンテナが確認できるはずです。

第 5 章で解説したとおり、コンテナのステータスと PID1 の状態は連動しています。HelloWorld コンテナが PID1 で実行した hello コマンドは、メッセージを出力したあとそのまま終了します。HelloWorld コンテナは、PID1 が ls のように一瞬で終了するコマンドだったため Ubuntu コンテナと異なり自動で終了済となり、一覧で確認するには --all が必要になったのです。

Point　コンテナで任意のコマンドを実行する方法は第 7 章で、コンテナを起動すると実行されるコマンドを調べる方法は第 13 章で、それぞれ解説します。

6.3 コンテナを停止する

container stop

コマンド説明

コンテナの停止は container stop で行います。

```
$ docker container stop [OPTIONS] CONTAINER [CONTAINER...]
```

この章で扱う [OPTIONS] はありません。[CONTAINER...] は複数コンテナの指定が任意だという意味で、CONTAINER [CONTAINER...] の部分は必ず1つのコンテナと任意数のコンテナを指定せよと示しています。コンテナを並べて複数指定するとまとめて停止できるということを表しています。

起動中の Ubuntu コンテナを停止する

container stop は container run と異なり CONTAINER 引数でコンテナを指定します。コンテナを指定するにはコンテナ ID かコンテナ名が必要です。どちらも container ls で確認できるので、まずは Ubuntu コンテナの値を確認しましょう。

ターミナル6.3.1 Ubuntuコンテナのコンテナ情報を確認

```
$ docker container ls
CONTAINER ID   IMAGE    …中略…   Names
8db035b23afb   ubuntu   …中略…   goofy_hugle
```

コンテナIDを控える

コンテナIDは8db035b23afbでコンテナ名はgoofy_hugleです（ランダム値なのでみなさんの手元では違う値ですよ）。CONTAINERの指定はコンテナIDとコンテナ名どちらを指定しても構いませんが、コンテナIDを使って停止してみることにします。

ターミナル6.3.2　Ubuntuコンテナを停止（コンテナIDによる指定）

```
$ docker container stop 8db035b23afb  # 完了まで10秒ほどかかります
```


container stopが完了すると、Ubuntuコンテナでbashを操作していたプロンプトがホストマシンのプロンプトに戻っているはずです。

すべてのコンテナ一覧を確認して、UbuntuコンテナのExitedが確認できれば大丈夫です。

ターミナル6.3.3　コンテナ一覧を確認

```
$ docker container ls --all
CONTAINER ID   IMAGE         …中略…  STATUS                       …以降略
8db035b23afb   ubuntu        …中略…  Exited (137) 11 seconds ago  …以降略
acb309e560a9   hello-world   …中略…  Exited (0)   51 minutes ago  …以降略
```

終了済

COLUMN

新旧コマンドの不一致

docker container lsの旧コマンドはdocker lsではなくdocker psです。

新旧で操作名が一致しないコマンドはいくつかありますが、次の３つくらいを見かけたときに思い出せれば大丈夫です。

新コマンド	旧コマンド
docker container ls	docker ps
docker image ls	docker images
docker image rm	docker rmi

6.4 コンテナを削除する

container rm

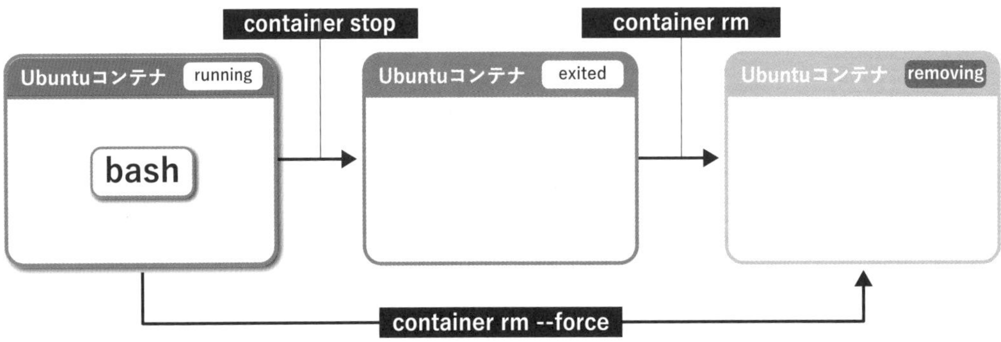

コマンド説明

コンテナの削除はcontainer rmで行います。

```
$ docker container rm [OPTIONS] CONTAINER [CONTAINER...]
```

この章で扱う[OPTIONS]は次のとおりです。

ショート	ロング	意味	用途
-f	--force	起動中のコンテナを強制削除する	停止と削除をまとめて行う

CONTAINER [CONTAINER...]は、container stopと同じようにコンテナを1つ以上ならいくつ指定してもよいことを表しています。

停止済みのコンテナを削除する

コンテナを停止しても終了済ステータスのまま存在し続けることはcontainer lsで確認しましたね。これらのコンテナを削除するにはcontainer rmを使います。

container stopと同様にcontainer rmもCONTAINER引数でコンテナを指定します。終了済のまま残っているHelloWorldコンテナとUbuntuコンテナの2つを削除します。都合よく２つコンテナがあるので、片方をコンテナ ID 指定で削除し、もう片方をコンテナ名指定で削除することにします。

ターミナル6.4.1　コンテナ情報を確認しコンテナを停止

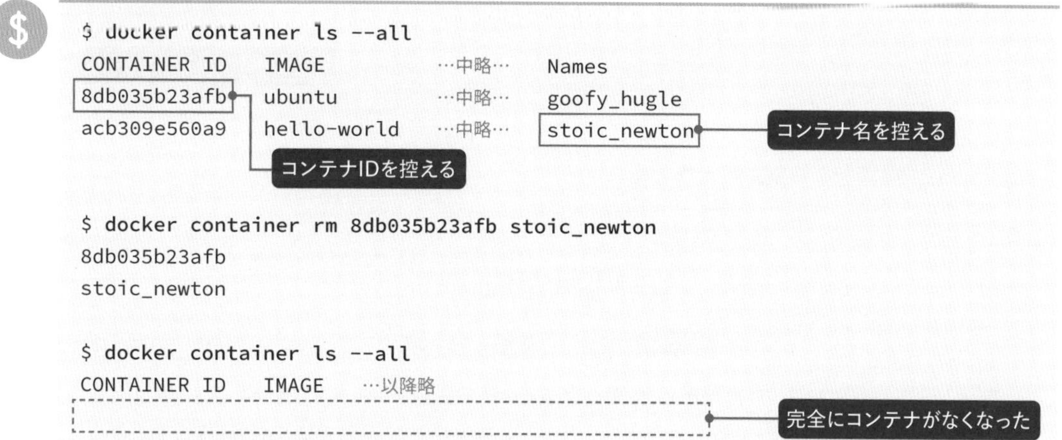

$ docker container ls --all
CONTAINER ID　IMAGE　…中略…　Names
8db035b23afb　ubuntu　…中略…　goofy_hugle
acb309e560a9　hello-world　…中略…　stoic_newton
コンテナ名を控える
コンテナIDを控える
$ docker container rm 8db035b23afb stoic_newton
8db035b23afb
stoic_newton
$ docker container ls --all
CONTAINER ID　IMAGE　…以降略
完全にコンテナがなくなった

これにて完全にコンテナの利用を終えました。

●起動中のコンテナを強制削除する

ところで読者の中には「終了済ってどうせ消すなら経由する必要ないのでは」と考えた方もいるでしょう。実際に筆者は終了済から起動中に戻すことはほとんどありません。再度起動中にしたければまたコンテナを作ればいいからです。そのような使い方をする場合は、container stop ＋ container rm にほぼ相当する container rm --force を覚えておくとよいでしょう。起動中のコンテナを一発で削除できます。

実験のために、もう一度 Ubuntu コンテナを起動してそのターミナルを放置します。

ターミナル6.4.2　Ubuntuコンテナを起動

```
$ docker run -it ubuntu bash
```

別のターミナルを開き、コンテナ ID を確認してから、コンテナを強制削除します。

ターミナル6.4.3　起動中のコンテナを強制削除

```
$ docker container ls --all
CONTAINER ID   IMAGE    …中略…   Names
00d68cce3158   ubuntu   …中略…   wizardly_driscoll
```

コンテナIDを控える

```
$ docker container rm --force 00d68cce3158
00d68cce3158

$ docker container ls --all
CONTAINER ID   IMAGE   …以降略
```

完全にコンテナがなくなった

起動中から削除までを一気に行えました。

COLUMN

新旧コマンドの使い分け

本書ではわかりやすさを優先してすべての操作は新コマンドに統一していますが、container lsやcontainer rm --fouceをたびたび入力するのは面倒ですよね。

筆者も普段の操作はpsやrm -fのように旧コマンド+ショートオプションで済ませています。筆者は手順書やスクリプトなど残るものや他人の目に触れるものでは新コマンド+ロングオプションで記述し、自分がただ操作をするときは旧コマンド+ショートオプションを使っています。

Rubyコンテナで
インライン実行をする

この章では、コンテナに実行させるコマンドを指定する方法を学びます。コンテナを自由に動かすための第一歩です。

また、起動や停止を繰り返す際に便利なオプションをいくつか紹介します。少しずつコンテナ操作に慣れていきましょう。

7.1 コンテナ起動時に任意の処理を実行する container run [COMMAND]

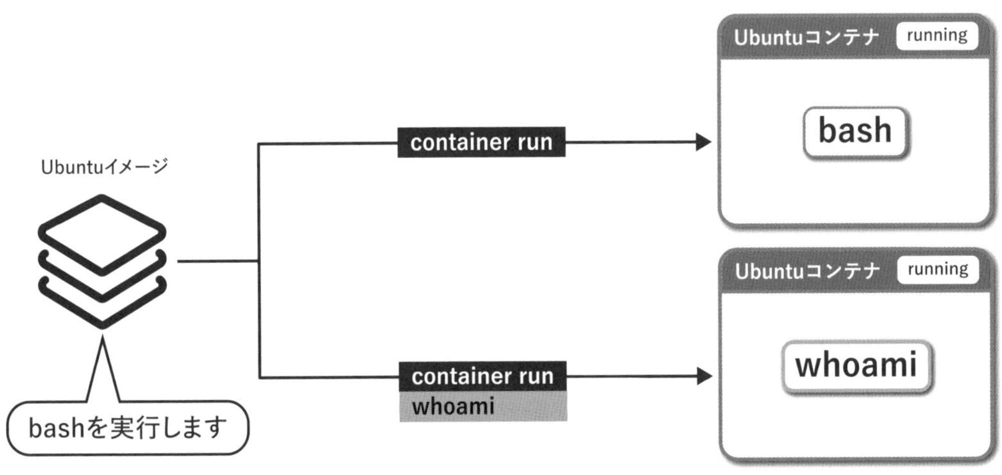

コマンド説明

コンテナに実行させるコマンドを指定するにはcontainer runの[COMMAND] [ARG...]を指定します。

```
$ docker container run [OPTIONS] IMAGE [COMMAND] [ARG...]
```

[ARG...]は複数引数の指定が任意だという意味で、[COMMAND] [ARG...]の部分は1つのコマンドと任意数の引数の指定が任意だと示しています。

コンテナ起動時のコマンドはイメージによって決まっている

container runの[COMMAND]を指定せずコンテナを起動した場合は、イメージごとにあらかじめ決められたコマンドが実行されます。

Ubuntuコンテナではbashと決まっているため、実は第6章で実行した次のコマンドはbashを指定しなくても同じ結果になります。

ターミナル7.1.1　Ubuntuコンテナを起動（bash指定あり）

```
$ docker run -it ubuntu bash
```

ターミナル7.1.2　Ubuntuコンテナを起動（bash指定なし）

```
$ docker run -it ubuntu
```

Point　イメージによって決まっているコマンドを調べる方法は第13章で解説します。

container run の [COMMAND] を指定すると、同じ Ubuntu イメージでも違うコマンドを実行するコンテナを起動できます。

第6章の Ubuntu コンテナ内で実行した whoami と head コマンドを、コンテナ起動時に実行してみましょう。IMAGE 引数以降の値は1つめが [COMMAND] として解釈され、それ以降はすべて [ARG...] として解釈されます。

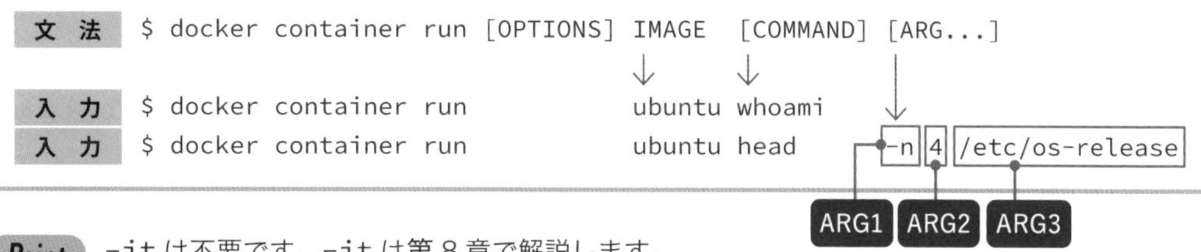
文 法　$ docker container run [OPTIONS] IMAGE [COMMAND] [ARG...]
入 力　$ docker container run ubuntu whoami
入 力　$ docker container run ubuntu head -n 4 /etc/os-release
ARG1
ARG2
ARG3

Point　-it は不要です。-it は第8章で解説します。

ターミナル7.1.3　Ubuntuコンテナにコマンドを指定して起動

```
$ docker container run ubuntu whoami
root
```

ターミナル7.1.4　Ubuntuコンテナにコマンドを指定して起動

```
$ docker container run ubuntu head -n 4 /etc/os-release
PRETTY_NAME="Ubuntu 22.04.3 LTS"
NAME="Ubuntu"
VERSION_ID="22.04"
VERSION="22.04.3 LTS (Jammy Jellyfish)"
```

Ubuntu コンテナに任意の処理を実行させられました。コンテナ内での操作と同じように、-n 以降のオプションも期待どおり動いています。

Ruby コンテナでインライン実行をする

bash が起動できる Ubuntu コンテナでわざわざ whoami などのコマンドを指定するメリットはあまりありませんが、同じイメージに違うことをさせられるという点はとても重要です。

たとえば Ruby イメージは、起動時に irb というコマンドが実行されるように作られています。irb コマンドは Ruby の対話的な環境を起動するコマンドで、irb で起動した環境は Ruby のコードを入力するとその場で実行して結果を表示してくれます。他の言語にも irb のような仕組みがあります。本書ではこの実行環境のことを対話シェルと呼びます。

Ruby には irb とは別に ruby コマンドもあり、ruby main.rb のように Ruby ファイルを実行します。また ruby コマンドはファイルを実行する機能以外にも、-e オプションに続けてテキストを指定するとそのテキストを Ruby コードとして実行する機能があります。たとえば ruby -e 'print 40 + 2' を実行すると 42 と表示されます。本書ではこのようにテキストを直接実行する方式をインライン実行と呼ぶことにします。

Point 対話シェルを操作するには [OPTIONS] の指定も必要になります。第 8 章で細かく解説しますね。
Ruby ファイルを実行するにはコンテナ内に Ruby ファイルを用意しなければいけません、その方法は第 22 章で細かく解説します。
お楽しみに。

前置きが長くなりましたね、そろそろ Ruby イメージに Ruby のインライン実行をさせましょう。

Ruby イメージは ruby です。このイメージはデフォルトでは irb が実行されるようになっているため、インライン実行をさせるため [COMMAND] に ruby を指定します。インライン実行したいこととその内容を ruby コマンドに伝えるため、-e 'print 40 + 2' を [COMMAND] に続く [ARG...] で指定します。

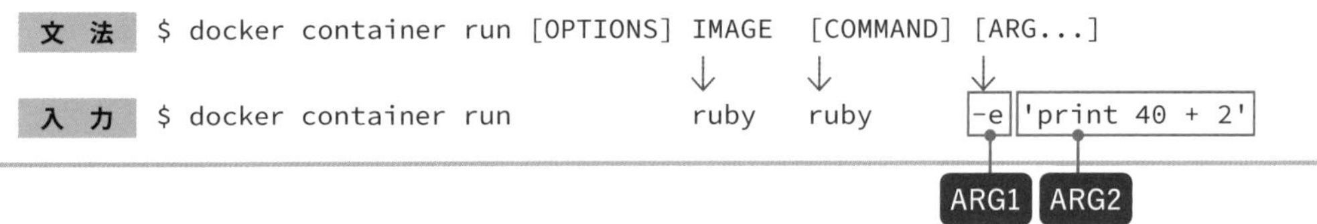

文法 $ docker container run [OPTIONS] IMAGE [COMMAND] [ARG...]
入力 $ docker container run ruby ruby -e 'print 40 + 2'
ARG1
ARG2

ターミナル7.1.5 Rubyコンテナを起動してRubyをインライン実行

```
$ docker container run ruby ruby -e 'print 40 + 2'
42
```

ホストマシンに Ruby をインストールしていないのに、任意の Ruby コードを実行できるようになりました。少しずつ Docker でできることが増えてきましたね。

次の章へ進む前に、コンテナを使いやすくする 2 つの便利なオプションを紹介をします。

コンテナに名前をつける
container run --name

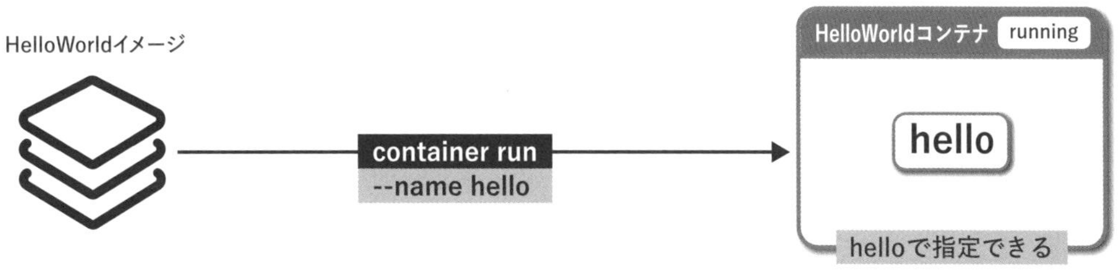

オプション説明

この章で扱う container run の [OPTIONS] は次のとおりです。

ショート	ロング	意味	用途
—	--name	コンテナ名を指定する	ランダム値を避ける

コンテナの名前を自分で決める

コンテナを削除するにはコンテナ ID かコンテナ名による指定が必要ですが、どちらもランダム値なため使うときに確認しなければなりません。

それではなにかと面倒なので、コンテナには自分で名前をつけられるようになっています。

container run の --name オプションを使い、HelloWorld コンテナに hello という名前をつけてみましょう。

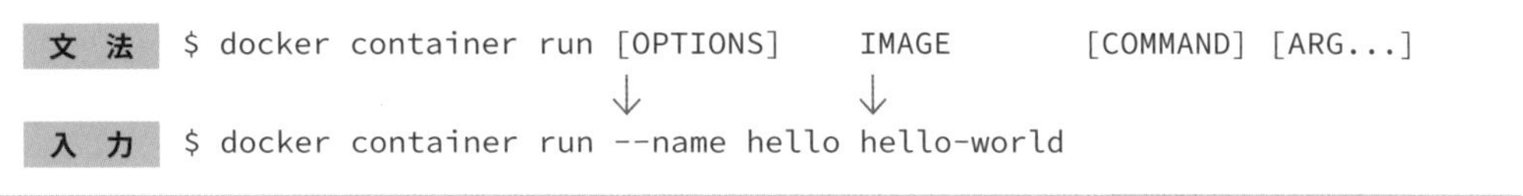

```
文 法 $ docker container run [OPTIONS]    IMAGE       [COMMAND] [ARG...]
                                  ↓            ↓
入 力 $ docker container run --name hello hello-world
```

ターミナル7.2.1　コンテナ名を指定してコンテナを起動

```
$ docker container run --name hello hello-world
出力略

$ docker container ls --all
CONTAINER ID   IMAGE         …中略…   NAMES
0a2a92f9ffc8   hello-world   …中略…   hello
```

名前がhelloになっている

コンテナ一覧を確認すると NAMES がちゃんと hello になっているはずです。

当然この hello というコンテナ名を使ってコンテナを削除できます。

ターミナル7.2.2　コンテナ名を使いコンテナを削除

```
$ docker container rm hello
hello
```

--name オプションを指定すればいちいちランダム値を確認しなくてもコンテナが指定できます。これ以降、本書では基本的に --name オプションを指定します。

7.3 コンテナ停止時に自動で削除する container run --rm

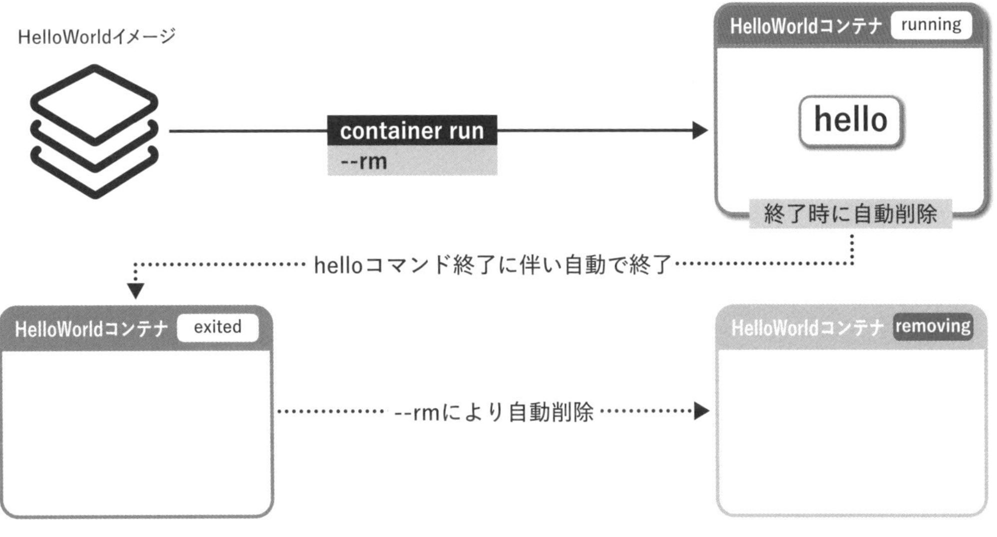

オプション説明

この章で扱う `container run` の `[OPTIONS]` は次のとおりです。

ショート	ロング	意味	用途
–	--rm	終了済になったコンテナを自動で削除する	コンテナを残さない

コンテナの名前重複と終了済コンテナの自動削除

`--name` に `hello` を指定して HelloWorld コンテナを起動する先ほどのコマンドを、もう一度実行してみてください。エラーになるはずです。

ターミナル7.3.1　コンテナ名を指定してコンテナを起動

```
$ docker container run --name hello hello-world
docker: Error response from daemon: Conflict.
The container name "/hello" is already in use by container
"0a2a92f9ffc806200e69a61983a1563f6c5b89753494ffaa7672a1a2ae8a7e10".
You have to remove (or rename) that container to be able to reuse that name.
See 'docker run --help'.
```

helloというコンテナ名は使用中だよ

2回目の実行は「hello というコンテナ名は使用中だよ」というエラー表示とともに失敗してしまいます。

1回目に実行したhelloコンテナはhelloコマンドの終了に伴い自動で終了済になっていますが、まだ削除されていません。このhelloコンテナはまだ使われる可能性があるため、Dockerは新たなhelloという名前のコンテナを作れないと報告しているわけです。

再利用するつもりのない自分で名付けたコンテナが溜まり続けると邪魔になってしまうので、container runの--rmオプションを使って終了済コンテナが自動で削除されるようにしてみます。

helloコンテナはいったん放置して、新たにコンテナを起動します。コンテナ名はhello2にして、さらに--rmオプションを指定します。

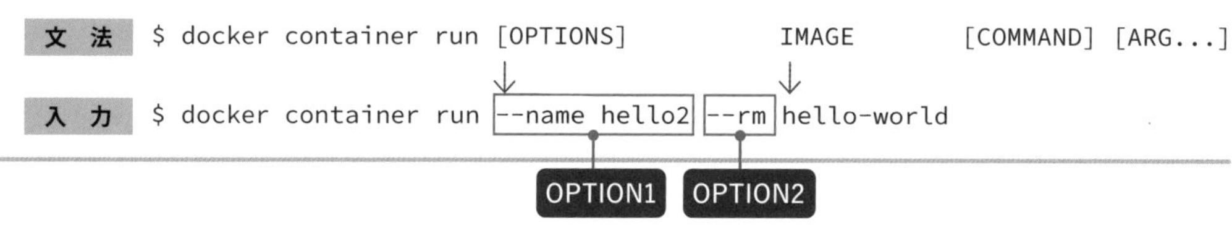

文 法　$ docker container run [OPTIONS] IMAGE [COMMAND] [ARG...]
入 力　$ docker container run --name hello2 --rm hello-world
OPTION1
OPTION2

ターミナル7.3.2　コンテナ名と自動削除を指定してコンテナを起動

```
$ docker container run --name hello2 --rm hello-world
出力略
```

HelloWorldイメージの実行するhelloコマンドは、lsなどと同様にテキストを出力すると終了します。コンテナのPID1が終了したため、コンテナのステータスは終了済になります。その後--rmオプションにより、container rmをしなくても自動でコンテナが削除されます。

container ls --allを実行してもhello2は存在しませんし、ターミナル7.3.2のコマンドは何度でも繰り返し実行できます。--nameオプションを指定する場合は--rmオプションもセットで使うとよいでしょう。これ以降、本書では基本的に--rmオプションも指定します。

Point helloコンテナはまだ残っているので、container rm helloで掃除しておきましょう。

第8章

Pythonの対話シェルを起動してコンテナとやりとりする

この章では、コンテナを対話操作する方法を学びます。

コンテナを対話操作できるようになると、さっとbashを起動してコンテナ内を調べたり、さっとプログラミング言語を実行できる環境を用意したりできるようになります。

8.1 コンテナを対話操作する

container run --interactive --tty

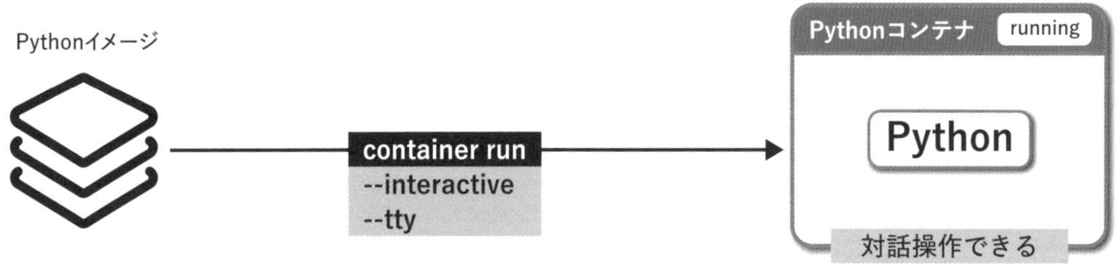

オプション説明

この章で扱う container run の [OPTIONS] は次のとおりです。

ショート	ロング	意味	用途
-i	--interactive	コンテナの標準入力に接続する	コンテナを対話操作する
-t	--tty	擬似ターミナルを割り当てる	コンテナを対話操作する

コンテナとやりとりする

今まで実行したHelloWorldコンテナやRubyをインライン実行（ruby -e）したRubyコンテナは、どれもコンテナから即時出力があるだけでした。しかしbashやRubyの対話シェル（irb）のように、入力待ちが発生してこちらが入力すると何かが出力されるという対話的な操作をコンテナで行いたいこともあります。

コンテナを対話操作するために使用するcontainer runのオプションが、--interactiveと--ttyです。--interactiveオプションはコンテナにキーボードで文字を入力するために必要です。指定しないとlsコマンドなどをコンテナに伝えられません。--ttyオプションはコンテナをターミナルで操作するために必要です。指定しないとプロンプトの#などが表示されず、Ctrl + C やカーソルキーも正しく動きません。対話操作をする場合は、--interactiveと--ttyはセットで使います。

Pythonイメージを使って、Pythonの対話シェルをコンテナで実行してみましょう。Pythonイメージはpythonです。実行したいコマンドはpython3です。[COMMAND]で指定します。

コンテナを自動削除する `--rm` オプションと、対話操作のための `--interactive` と `--tty` オプションを指定します。

コマンドを整理したら、コンテナを起動してみましょう。起動に成功するとプロンプトが `>>>` になり、Python コードを入力してエンターキーを押せば Python を実行できます。
対話シェルを終了するには `exit()` を実行します。

ターミナル8.1.1　Pythonコンテナで Pythonの対話シェルを起動

```
$ docker container run --rm --interactive --tty python python3
```

プロンプトが切り替わり、操作待ちになる

```
>>> sum([1, 2, 3, 4, 5])
15
>>> exit()
```

プロンプトが戻る

```
$
```

Python をホストマシンにインストールしていないのに、自由に対話操作できるようになりました。

COLUMN

ショートオプションとロングオプション

一般に `--interactive` のような２つのハイフンと複数文字のフォーマットをロングオプションといいます。対して `-i` のような１つのハイフンと単一文字のフォーマットをショートオプションといいます。

ロングオプションの利点は意味が明瞭なことで、ショートオプションの利点は複数まとめて指定できることです。複数のショートオプションは文字をまとめて `-it` のように指定できます。また、オプションの順番に決まりはありません。したがって、次のオプション指定はすべて同じ結果になります。

- `--interactive --tty`
- `--tty --interactive`
- `-i -t`
- `-t -i`
- `-it`
- `-ti`

これで `docker run -it ubuntu` の意味も理解できましたね。
本書では新旧コマンドの使い分けと同様に、意味が明瞭なロングオプションに統一します。

COLUMN

リファレンスをみよう 2 – Docker Docs のコマンドリファレンス

Docker Docs の Docker CLI リファレンスを開くと、Docker コマンドの一覧が確認できます。

スクリーンショット8.1.1 コマンド一覧

Use the Docker command line

docs.docker.com/engine/reference/commandline/cli/

docker docs

Use the Docker command line

docker

To list available commands, either run `docker` with no parameters or execute `docker help`:

The base command for the Docker CLI.

Subcommands

Name	Description
attach	Attach local standard input, output, and error streams to a running container
build	Build an image from a Dockerfile
builder	Manage builds
checkpoint	Manage checkpoints

各コマンドの詳細画面では、オプションの他にも詳細な解説や実行例を確認できます。

スクリーンショット8.1.2 コマンド詳細

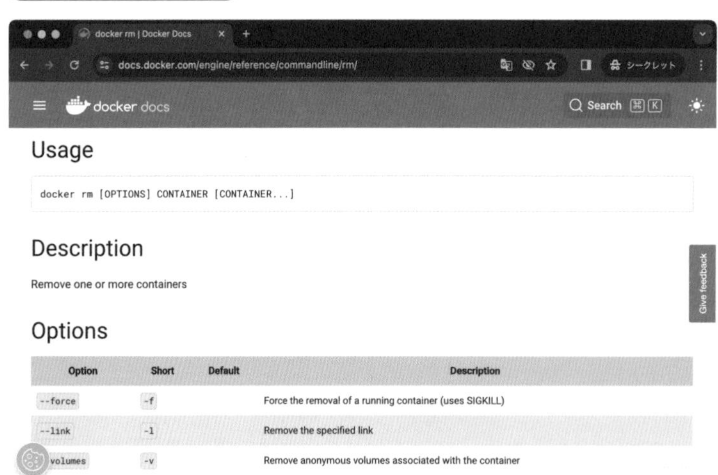

たとえば docker rm のページには終了済コンテナをすべて削除するワンライナなどが載ってたりして、読んでみると面白いですよ。

第9章

Nginxサーバを起動してブラウザからアクセスする

この章では、コンテナで起動したサーバにホストマシンからアクセスする方法を学びます。

コンテナにホストマシンからアクセスできるようにすると、ブラウザやプログラムや普段使っているツールからでもコンテナが利用できるようになります。

9.1 コンテナのポートを公開する container run --publish

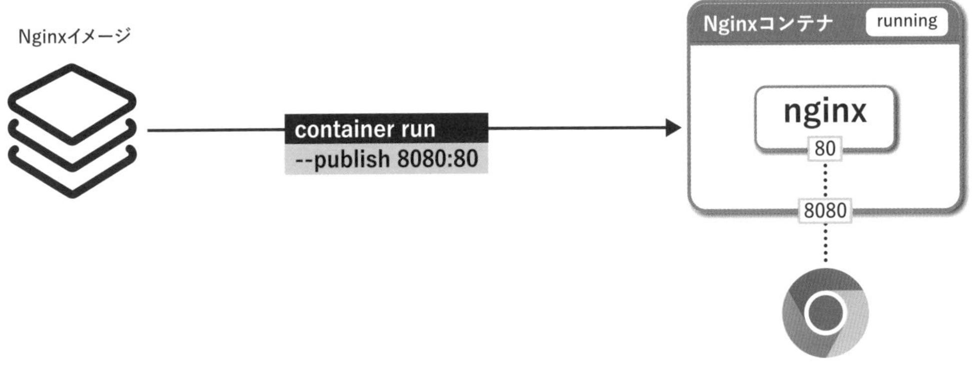

オプション説明

この章で扱う container run の [OPTIONS] は次のとおりです。

ショート	ロング	意味	用途
-p	--publish	コンテナのポートをホストマシンに公開する	コンテナ内のプロセスにアクセスする

Nginx コンテナを起動してポートを公開する

基本的にコンテナはホストマシン上で隔離されており、コンテナ内のプロセスにホストマシンからはアクセスできません。しかしそれではウェブシステムを開発するときにホストマシンのブラウザからコンテナ内で動いているサーバの動作確認ができなくなってしまいます。

そのような場合の対策として、コンテナは --publish オプションで任意のポートをホストマシンのポートにマッピングして公開できるようになっています。

Nginxイメージnginxを使い、Nginxサーバを起動してブラウザからアクセスしてみましょう。

--publishではホストマシンのポート番号：コンテナのポート番号という形式で指定します。コンテナ側のポート番号は、接続したいNginxサーバのポート番号にする必要があります。Nginxサーバは特に指定のない場合は80番ポートで起動するため、80となります。ホストマシン側のポート番号は自分で決めます。今回は8080番にしましょう。コンテナ側とホストマシン側でポート番号が同じだと、コマンドを整理するときに混乱しやすいだろうという理由でマッピングする番号をずらしました。必ず8080番にする必要はないので、もし8080番だと困るという方は1080番や8081番でも大丈夫です。この章ではポートのためのオプションは--publish 8080:80として進めます。

ターミナル9.1.1　コンテナを起動して80番ポートをホストマシンの8080番ポートにマッピング

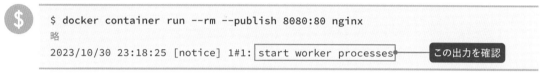

```
$ docker container run --rm --publish 8080:80 nginx
略
2023/10/30 23:18:25 [notice] 1#1: start worker processes
```

（start worker processes ← この出力を確認）

ターミナルでstart worker processesという出力が確認できたら、Nginxサーバが起動できています。ブラウザでhttp://localhost:8080にアクセスすると、Welcome to nginx!の表示された画面が確認できるはずです。

スクリーンショット9.1.1　ブラウザでNginxにアクセス

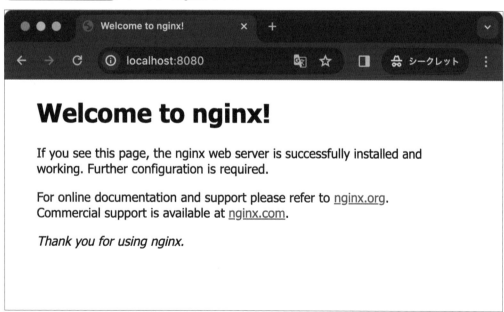

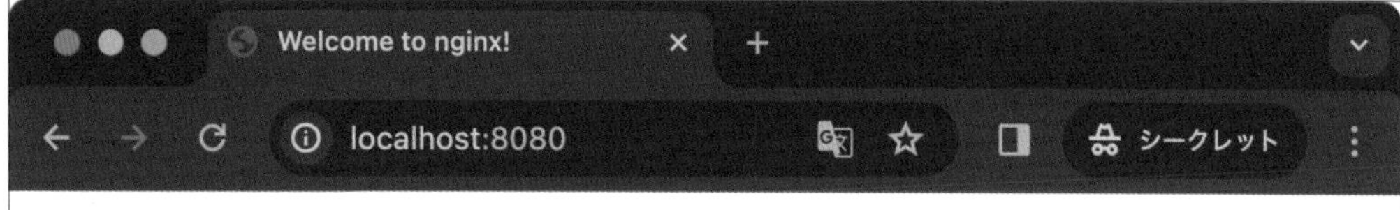

起動しているコンテナのポート情報を確認する

起動しているコンテナがポートを公開しているか確認したり、何番ポートを何番ポートにマッピングしているか確認したい場合は、`container ls`で確認できます。Nginxコンテナが起動している状態でコンテナ一覧を確認してみましょう。

ターミナル9.1.2 コンテナ一覧を確認

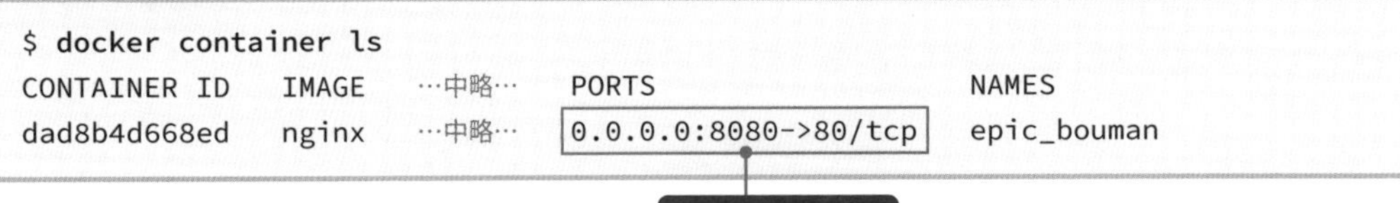

```
$ docker container ls
CONTAINER ID   IMAGE   …中略…   PORTS                    NAMES
dad8b4d668ed   nginx   …中略…   0.0.0.0:8080->80/tcp     epic_bouman
```


`8080->80`と確認できるはずです。

確認できたら、Nginxコンテナを Ctrl + C で停止しておきましょう。

第10章

MySQLサーバを バックグラウンドで起動する

この章では、コンテナの起動オプションを追加でいくつか学びます。

環境変数を指定するとコンテナにパラメータを渡せるようになり、用途に合わせて柔軟にコンテナを起動できるようになります。バックグラウンドでコンテナを起動すると、コンテナを起動するたびにターミナルを開かなくてよくなります。

コンテナの環境変数を設定する
container run --env

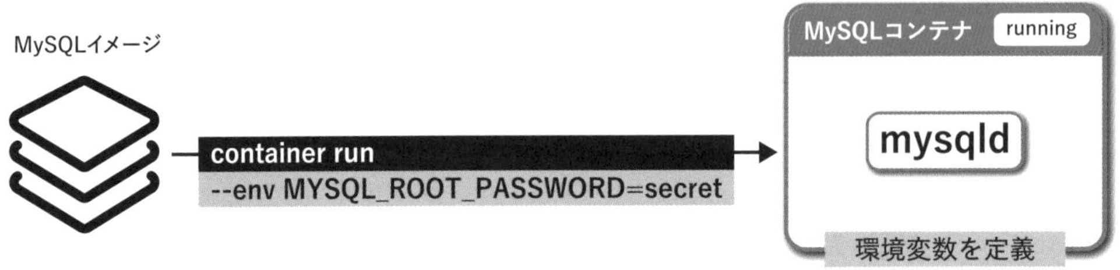

オプション説明

この章で扱う `container run` の `[OPTIONS]` は次のとおりです。

ショート	ロング	意味	用途
`-e`	`--env`	コンテナに環境変数を設定する	起動するコンテナにパラメータを与える

MySQL サーバを起動する

データベースサーバは開発環境構築においてよくコンテナ化されるもののひとつです。この章では MySQL サーバをコンテナで起動してみます。

`container run` に指定する内容を整理します。

指定	補足
`--name db`	コンテナ名を db にする
`--rm`	コンテナ停止時に自動削除する
`mysql`	MySQL イメージ

コマンドが整ったので実行してみますが、結果はエラーになってしまいます。

ターミナル10.1.1　MySQLコンテナを起動する（失敗）

```
$ docker container run --name db --rm mysql
略
You need to specify one of the following as an environment variable:
- MYSQL_ROOT_PASSWORD
- MYSQL_ALLOW_EMPTY_PASSWORD
- MYSQL_RANDOM_ROOT_PASSWORD
```

次のどれかの環境変数を指定してね

エラーメッセージには「次のどれかの環境変数を指定してね」と出力されています。

Point 環境変数とはOSの機能のひとつで、複数のプロセスから参照できる共有の変数です。プロセスは環境変数からデータを取得したり、値に応じて動作を変更したりできます。

コンテナには環境変数を指定でき、イメージの中にはMySQLイメージのようにコンテナ起動時の処理を環境変数で変えられるものが存在します。どのような環境変数が指定できるかは、イメージによるので個別に確認する必要があります。MySQLイメージではエラーメッセージで提示された3つの環境変数のうち、どれかひとつを必ず指定する必要があります。

環境変数名から察しがつくでしょう、3つの環境変数はそれぞれ「ルートユーザーのパスワードを指定」「ルートユーザーのパスワードはなし」「ルートユーザーのパスワードはランダム」を示しています。ここでは「ルートユーザーのパスワードを指定」することにします。container run で環境変数を指定するには --env オプションに続けて変数名 = 値の形式で変数を指定します。

container run に指定する内容を再整理します。

ところで、コンテナのポートを公開しないとホストマシンから接続できませんでしたね。MySQLコンテナが起動しても外からまったく繋がらなくては面白くないので、--publish オプションも指定しましょう。

指定	補足
--name db	コンテナ名を db にする
--rm	コンテナ停止時に自動削除する
--env MYSQL_ROOT_PASSWORD=secret	変数名はエラーメッセージで提示されたもの、値は任意 ここでは secret とする
--publish 3306:3306	MySQL サーバは 3306 番ポートで起動する ホストマシン側の同じ番号にマッピングする
mysql	MySQL イメージ

あらためてコンテナを起動してみましょう。コマンドがかなり長くなってきたので、要素ごとにバックスラッシュ（\）で改行して入力します。

Point 本書では読みやすくするために \ の位置を揃えていますが、実行するときは不揃いでも大丈夫です。改行せず 1 行で入力してももちろん大丈夫です。PowerShell を使用している方はバックスラッシュ（\）ではなくバッククォート（`）に読み替えてください。

ターミナル10.1.2 MySQLコンテナを起動する

```
$ docker container run              \
  --name db                         \
  --rm                              \
  --env MYSQL_ROOT_PASSWORD=secret \
  --publish 3306:3306               \
  mysql
略
2023-10-31T00:41:20.030921Z 0 [System] [MY-015015] [Server] MySQL Server - start.
略
```

この出力を確認

`MySQL Server - start.` と確認できれば MySQL サーバの起動に成功しています。`container run` を実行したターミナルは MySQL サーバが起動している間は操作できなくなるため、これ以降の操作は別のターミナルで行います。

MySQL サーバに接続する

ホストマシンから MySQL の CLI クライアントでコンテナの MySQL サーバに接続してみましょう。

Point もしホストマシンに `mysql` コマンドがインストールされていない場合は、この後の章でも利用するのでインストールしておきましょう。
`mysql` コマンドを Windows の PowerShell で使う方法、Windows の WSL 2 Ubuntu で使う方法、macOS で使う方法を簡単に紹介します。インストールするバージョンを厳密に決めたい場合などは、それぞれ個別に対応してください。

Windows の方は MySQL のサイト（https://dev.mysql.com/downloads/mysql/）からインストーラをダウンロードしてください。サインアップを求められる画面がありますが、`No thanks, just start my download.` を選択すればサインアップせず先に進めます。

ターミナル10.1.3 PowerShellでインストールを確認

```
$ PS C:\Users\suzuki> mysql --version
C:\Program Files\MySQL\MySQL Server 8.2\bin\mysql.exe
Ver 8.2.0 for Win64 on x86_64 (MySQL Community Server - GPL)
```

もし mysql コマンドが見つからないとエラーが出た場合は、ターミナル 10.1.3 を参考にパスが通っているか確認してください。
Windows の WSL 2 で Ubuntu を利用している方は、apt コマンドでインストールできます。

ターミナル10.1.4　WSL 2 UbuntuでMySQLのCLIクライアントをインストール

```
$ apt update
$ apt install -y mysql-client
$ mysql --version
mysql  Ver 8.0.35-0ubuntu0.20.04.1 for Linux on x86_64 ((Ubuntu))
```

macOS の方は brew コマンドでインストールできます。

ターミナル10.1.5　macOSでMySQLのCLIクライアントをインストール

```
$ brew install mysql-client
$ mysql --version
mysql  Ver 8.1.0 for macos13.3 on arm64 (Homebrew)
```

mysql コマンドでの接続には次の情報が必要です。オプションを整理してコマンドを組み立てましょう。

指定	補足
--host=127.0.0.1	ローカルサーバを指定
--port=3306	--publish 3306:3306 で決めたホストマシン側の値 3306 番は MySQL サーバのデフォルトポートのため省略可
--user=root	他のユーザーを作成していないため root を指定
--password=secret	--env MYSQL_ROOT_PASSWORD=secret で決めた値

ターミナル10.1.6　MySQLコンテナのMySQLサーバに接続

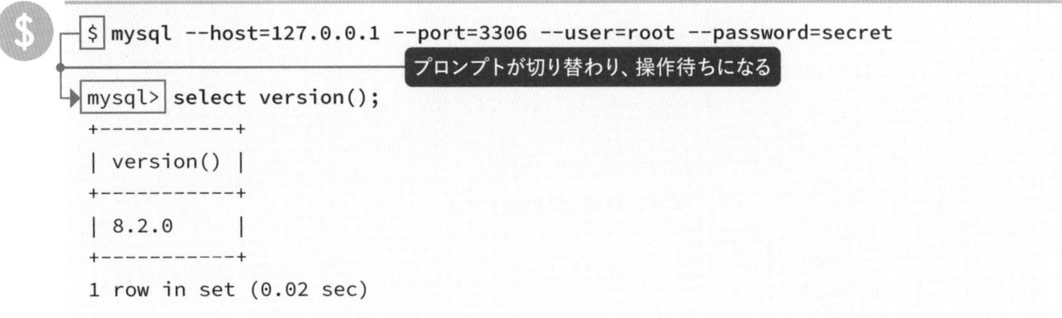

```
$ mysql --host=127.0.0.1 --port=3306 --user=root --password=secret
mysql> select version();
+-----------+
| version() |
+-----------+
| 8.2.0     |
+-----------+
1 row in set (0.02 sec)
```


第2部　Dockerコンテナの活用例

コンテナの MySQL サーバに接続してクエリが発行できました。もっとも、まだ MySQL サーバが起動しただけでテーブルはおろかデータベースとユーザーも存在しないため、バージョンを見てみるくらいしかやることはありませんね。

起動できることは確認できたので、MySQL コンテナを一度停止します。--name を設定しているので db でコンテナを指定できます。

ターミナル10.1.7 MySQLコンテナを停止

```
$ docker container stop db
```

MySQL サーバを起動しユーザーとデータベースを作成する

ただ MySQL サーバを起動しただけでは役に立ちませんし、なにより面白みに欠けますね。

この MySQL イメージには、指定された環境変数に応じて各種セットアップ処理を行う機能が入っています。その機能を利用して、コンテナ起動時にユーザーとデータベースが作成されるよう指定してみましょう。

コンテナ起動時に指定する環境変数は、先ほど指定した MYSQL_ROOT_PASSWORD を含めて全部で 4 つです。それぞれの値は自分で決めます。この MySQL コンテナはこの章で使い捨てるため値は適当に決めてしまいますね。

変数名	用途	値
MYSQL_ROOT_PASSWORD	ルートユーザーのパスワード	secret
MYSQL_USER	指定するとユーザーを作成してくれる	app
MYSQL_PASSWORD	作成するユーザーのパスワード	pass1234
MYSQL_DATABASE	指定するとデータベースを作成してくれる	sample

複数の環境変数を指定するには --env を繰り返し指定します。コマンドがさらに長くなりますが、先ほどの起動コマンドに環境変数 3 つを追加してもう一度起動してみます。

ターミナル10.1.8 MySQLコンテナを起動する

```
$ docker container run                  \
    --name db                           \
    --rm                                \
    --env MYSQL_ROOT_PASSWORD=secret \
    --env MYSQL_USER=app                \
    --env MYSQL_PASSWORD=pass1234       \
    --env MYSQL_DATABASE=sample         \
    --publish 3306:3306                 \
    mysql
略
```

```
2023-10-31T00:41:20.030921Z 0 [System] [MY-015015] [Server] MySQL Server -
start.
略
```

mysql の接続情報を再整理して、コマンドを組み立て MySQL サーバに接続しましょう。

指定	補足
--host=127.0.0.1	先ほどと同じ
--port=3306	先ほどと同じ
--user=app	--env MYSQL_USER=app で決めた値
--password=pass1234	--env MYSQL_PASSWORD=pass1234 で決めた値
sample	--env MYSQL_DATABASE=sample で決めた値

ターミナル10.1.9　MySQLコンテナのMySQLサーバに接続

```
$ mysql --host=127.0.0.1 --port=3306 --user=app --password=pass1234 sample

mysql> select current_user();
+----------------+
| current_user() |
+----------------+
| app@%          |
+----------------+
1 row in set (0.01 sec)
```

app ユーザーで接続できました。環境変数を指定することで MySQL コンテナに指示を与えられましたね。

Point　コンテナ起動時にテーブルも作成する方法は第 26 章で解説します。

接続を確認できたら、このコンテナも停止しておきましょう。

ターミナル10.1.10　MySQLコンテナを停止

```
$ docker container stop db
```

コンテナをバックグラウンドで実行する container run --detach

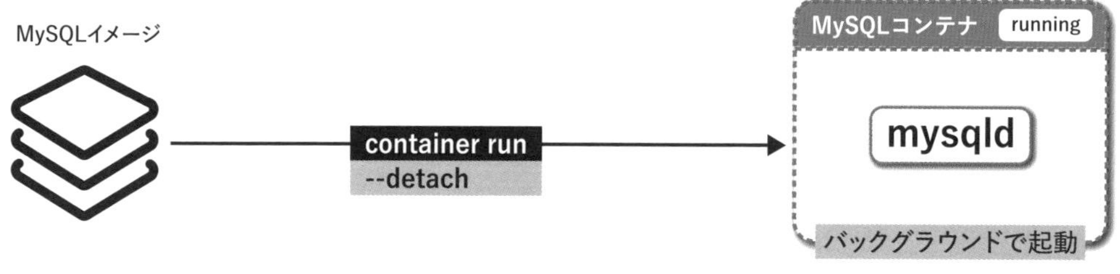

オプション説明

この章で扱う container run の [OPTIONS] は次のとおりです。

ショート	ロング	意味	用途
-d	--detach	標準入出力を切り離す	バックグラウンドで実行する

コンテナを起動するたびにターミナルを切り替えたくない

Ubuntu コンテナで実行した bash コマンドや Python コンテナで実行した対話シェルと違い、Nginx コンテナや MySQL コンテナは起動したあとにターミナルで操作しません。そのような起動さえしてくれればいいコンテナは、cotainer run の --detach オプションでバックグラウンド実行にすると便利です。

先ほど実行した ターミナル 10.1.8 のコマンドに、さらに --detach を追加して実行してみましょう。

ターミナル10.2.1　MySQLコンテナを起動する（--detachを追加）

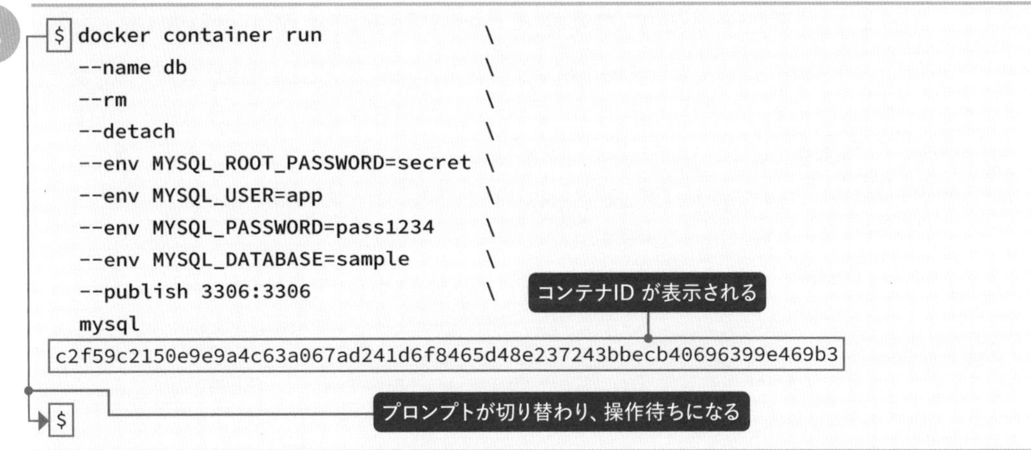

--detach オプションを指定するとコンテナはバックグラウンドで実行され、ホストマシンのターミナルには起動したコンテナの ID が表示されるだけになります。--detach オプションにより、ターミナルが MySQL サーバの出力を表示し続けることで操作不能になってしまうことを回避できます。

Point バックグラウンドで実行しているコンテナの出力を確認する方法は第 11 章で解説します。

--detach オプションを活用すると、ターミナルを複数起動しなくてもコンテナを起動してから mysql コマンドで接続したり container stop で停止できます。ただしコンテナ ID しか出力されないため、コンテナの起動に失敗していても気付けないというリスクもあります。筆者は --detach 以外のオプションを調整して、コマンドが「これで確定だ」となったら最後に --detach オプションを付けることが多いです。

バックグラウンド起動を確認できたので、コンテナを停止します。コンテナの停止や --rm オプションによる自動削除は、--detach オプションを指定しても変わりありません。

ターミナル10.2.2　MySQLコンテナを停止

```
$ docker container stop db
```

COLUMN

ターミナルが操作不能になるかどうかで起動成功か判断しない

「container run のあとターミナルが操作できるか」や「container ls でコンテナが確認できるか」でコンテナの起動が正常か判断しているケースを見かけます。しかしこの考え方は不適切ですし、Docker の理解を妨げる要因にもなってしまいます。コンテナと PID1 の関係についてきちんと整理すれば、何が正しいか分かるはずです。

これまでのケースを振り返ってみましょう。

次の操作はいずれも container run としては正しく、コンテナ起動は成功します。

操作（主要部のみ）	PID1	実行直後のターミナル	container ls
run -it ubuntu bash	実行中	コンテナの bash を操作する	表示される
run ubuntu whoami	即終了する	ホストマシンの操作ができる	表示されない
run nginx	実行中	Nginx の出力をし続ける	表示される
run --detach nginx	実行中	ホストマシンの操作ができる	表示される

同じ Ubuntu イメージでも、対話操作をする bash コマンドと即終了する whoami コマンドでは実行直後の状態は異なります。whoami コマンドを実行したコンテナは正しく起動し、正しく終了するため、container ls を実行しても表示されません。container ls --all なら終了したコンテナも確認できますが、--rm オプションでコンテナを自動削除していると確認できません。

同じ Nginx イメージも、やはり --detach の有無により実行直後のターミナルがどうなるかは異なります。

「コンテナを起動したら必ず container ls で確認できる」「Nginx コンテナを起動したら必ず出力が表示される」というわけではないのです。

エラーになるケースも整理します。MySQL イメージに環境変数を一切指定しないと、本章で確認したとおりコンテナの起動には失敗します。

操作（主要部のみ）	PID1	実行直後のターミナル	container ls
run mysql	生成失敗	エラーを表示	確認できない
run --detach mysql	生成失敗	正常時と同じくコンテナ ID のみ表示	確認できない

--detach オプションを付けると出力が確認できなくなるため、「ターミナルにエラーが出なかったから安心だ」というわけではないのです。

ターミナルの雰囲気や起動中コンテナを闇雲に見るのではなく、PID1 に注目してコンテナの状態がどうなっているべきか考えることが大切です。

もし混乱してしまったら --rm と --detach オプションを外したり、container ls --all を使う様にして、落ち着いて状況整理をしましょう。

第11章

PostgreSQLサーバを起動していろいろ確認する

この章では、コンテナを対象にするコマンドを解説します。

container logsを使えるようになると、バックグラウンドで実行したコンテナのエラーを調べられます。container execはcontainer runと並び頻出する最重要コマンドのひとつで、コンテナに任意のコマンドを実行させられます。

11.1 コンテナの出力を確認する
container logs

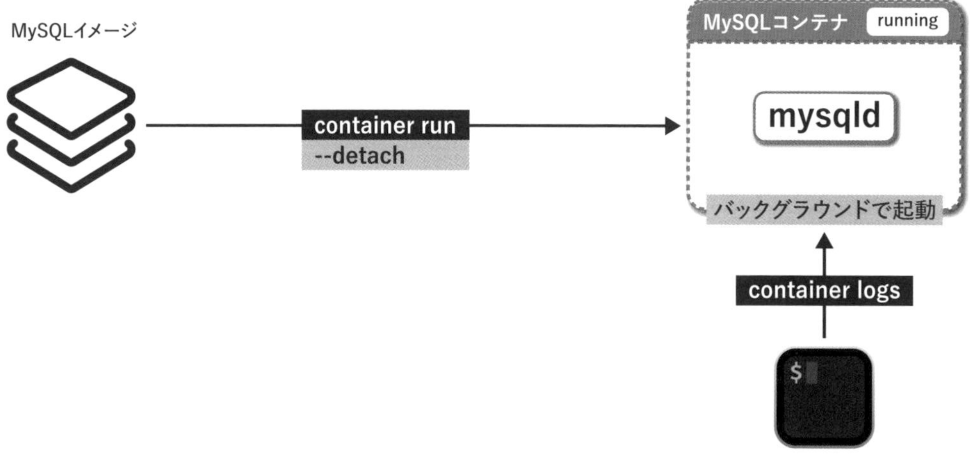

コマンド説明

コンテナ出力の確認は container logs で行います。

```
$ docker container logs [OPTIONS] CONTAINER
```

この章で扱う [OPTIONS] は次のとおりです。

ショート	ロング	意味	用途
-f	--follow	ファイル末尾をリアルタイムに表示する	ログを見続ける

●バックグラウンドで起動したコンテナの出力を確認する

第10章で学んだコンテナのバックグラウンド起動では、コンテナの出力が一切確認できなくなってしまうという問題がありました。バックグラウンド起動とエラー発生が重なったときにどうするべきか、あえてエラーを発生させながら学んでみましょう。

まずはバックグラウンドで起動し続けるコンテナを起動します。Nginxサーバや MySQLサーバはもう起動方法を知ってしまったので、ここではPostgreSQLサーバを起動することにします。

起動コマンドを整理します。

指定	補足
`--name db`	コンテナ名をdbにする
`--rm`	コンテナ停止時に自動削除する
`--detach`	バックグラウンドで起動する
`--publish 5432:5432`	PostgreSQLサーバは5432番ポートで起動する ホストマシン側の同じ番号にマッピングする
`postgres`	PostgreSQLイメージ

はじめて利用するイメージですが、`--rm`と`--detach`を指定して起動します。これは入力の手癖やコピペしたコマンドの流用などにより、よく発生する失敗のひとつです。

ターミナル11.1.1　PostgreSQLコンテナをバックグラウンドで起動（失敗）

```
$ docker container run \
  --name db            \
  --rm                 \
  --detach             \
  --publish 5432:5432  \
  postgres
7489f262a29a960428a2e104eea87b9fc4e6ae48916049445e02680f064f196d

$
```

第10章のMySQLコンテナが起動に失敗したことから予想できますが、このコマンドはPostgreSQLコンテナの起動に失敗します。PostgreSQLイメージも、必ず指定しなければならない環境変数があるのです。しかし`--detach`オプションによりコンテナの出力をターミナルで確認できず、`--rm`オプションによりコンテナは自動削除され情報が一切残っていないため、エラー内容を確認する方法がありません。馴染みのないイメージを使うときは、`--detach`オプションと`--rm`オプションを両方指定するのは避けた方がよさそうですね。

コンテナが消えてしまうとなにも確認できなくなってしまうので、`--rm`オプションを削除して起動しなおします。

ターミナル11.1.2 PostgreSQLコンテナをバックグラウンドで起動（--rmを削除）

```
$ docker container run \
  --name db           \
  --detach            \
  --publish 5432:5432  \
  postgres
0fd3628bce5253acc67dd285154554c2d5d4d49f24f169810a78b483560c651f

$
```

--rm オプションを削除したことで、コンテナは終了済のまま残るようになりました。このコンテナの出力を container logs で確認してみましょう。CONTAINER 引数でコンテナを指定します。--name オプションで名前をつけてあるので db で指定できますよ。

ターミナル11.1.3 PostgreSQLコンテナの出力を確認

POSTGRES_PASSWORDとかの環境変数を指定してね

```
$ docker container logs db
Error: Database is uninitialized and superuser password is not specified.
       You must specify POSTGRES_PASSWORD to a non-empty value for the
       superuser. For example, "-e POSTGRES_PASSWORD=password" on "docker run".

       You may also use "POSTGRES_HOST_AUTH_METHOD=trust" to allow all
       connections without a password. This is *not* recommended.

       See PostgreSQL documentation about "trust":
       https://www.postgresql.org/docs/current/auth-trust.html
```

第 10 章の MySQL コンテナと同じようなエラーが発生していることが確認できるはずです。「POSTGRES_PASSWORD とかの環境変数を指定してね」と出力されているので、--env オプションを追加してもう一度起動しましょう。ところで --rm を付けずにコンテナを起動したので、コンテナ名には注意が必要です。db という名前のコンテナを削除するか、別の名前を使う必要がありますよ。本書は db コンテナを削除することにします。

ターミナル11.1.4 PostgreSQLコンテナをバックグラウンドで起動（--envを追加）

```
$ docker container rm db
db

$ docker container run             \
  --name db                         \
  --detach                          \
  --env POSTGRES_PASSWORD=secret \
```

```
  --publish 5432:5432                 \
  postgres
0fd3628bce5253acc67dd285154554c2d5d4d49f24f169810a78b483560c651f

$
```


今度のコンテナはしっかり起動していることが container logs で確認できるはずです。

ターミナル11.1.5　PostgreSQLコンテナの出力を確認

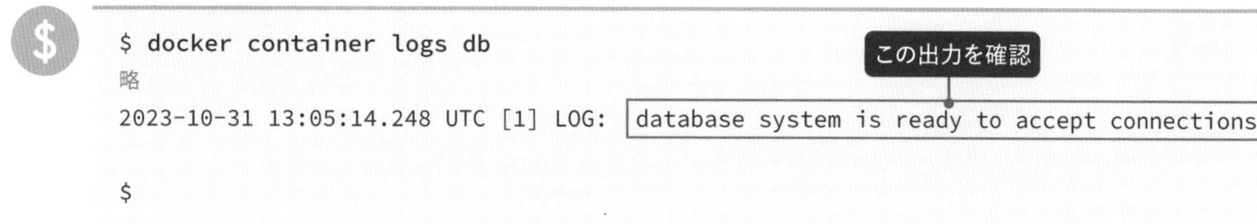


```
$ docker container logs db
略
2023-10-31 13:05:14.248 UTC [1] LOG:  database system is ready to accept connections

$
```

container logs で確認できる出力は、--detach オプションを指定しなければ本来ターミナルで確認できた情報です。しかし常に --detach オプションを削除して再起動できるとは限りませんし、見たい出力が起動時エラーであるとも限りません。バックグラウンドで起動したコンテナを止めずに出力を確認できる container logs は、覚えておくと役に立つはずです。

●増える出力をリアルタイムで確認する

この PostgreSQL コンテナは、不正なクエリを実行するとエラーを標準出力します。ホストマシンの psql コマンドを使用して、PostgreSQL サーバに接続して確認してみましょう。

Point mysql コマンド同様に、ホストマシンに psql コマンドをインストールしていない場合はインストールしましょう。
psql コマンドを Windows の PowerShell で使う方法、Windows の WSL 2 Ubuntu で使う方法、macOS で使う方法を簡単に紹介します。インストールするバージョンを厳密に決めたい場合などは、それぞれ個別に対応してください。
Windows の方は PostgreSQL のサイト（https://www.postgresql.org/download/windows/）からインストーラをダウンロードしてください。

ターミナル11.1.6　PowerShellでインストールを確認

```
$ PS C:\Users\suzuki> psql --version
psql (PostgreSQL) 16.1
```

Windows の WSL 2 で Ubuntu を利用している方は、apt コマンドでインストールできます。

ターミナル11.1.7 WSL 2 UbuntuでPostgreSQLのCLIクライアントをインストール

```
$ sudo apt update
$ sudo apt install -y postgresql-client
$ psql --version
psql (PostgreSQL) 12.16 (Ubuntu 12.16-0ubuntu0.20.04.1)
```

macOS の方は brew コマンドでインストールできます。

ターミナル11.1.8 macOSでPostgreSQLのCLIクライアントをインストール

```
$ brew install libpq
$ brew link --force libpq
$ psql --version
psql (PostgreSQL) 16.0
```

psql コマンドでの接続には次の情報が必要です。オプションを整理してコマンドを組み立てましょう。

指定	補足
--host=127.0.0.1	ローカルサーバを指定
--port=5432	--publish 5432:5432 で決めたホストマシン側の値 5432 番は PostgreSQL サーバのデフォルトポートのため省略可
--username=postgres	他のユーザーを作成していないため postgres を指定
パスワードプロンプト : secret	--env POSTGRES_PASSWORD=secret で決めた値 コマンドではなく非表示プロンプトで入力

ターミナル11.1.9 PostgreSQLコンテナのPostgreSQLサーバに接続

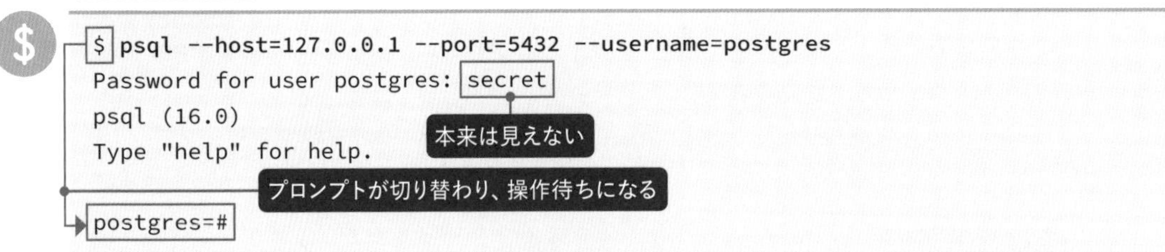

PostgreSQL サーバに接続できたら、あえてエラーになるコマンドをいくつか実行して、container logs で出力を確認してみてください。

ターミナル11.1.10　PostgreSQLのCLIクライアントで不正なクエリを実行

```
postgres=# select * from users;
ERROR:  relation "users" does not exist
LINE 1: select * from users;
```

ターミナル11.1.11　PostgreSQLコンテナの出力を確認

```
$ docker container logs db
略
2023-10-31 13:46:29.587 UTC [106] ERROR:  relation "users" does not exist at
character 15
2023-10-31 13:46:29.587 UTC [106] STATEMENT:  select * from users;
```

エラーで出力が増えている

エラーのたびに出力が増えるため、container logsを実行するたびに出力が変わるはずです。このような増える出力を確認し続けたい場合は、container logsの--followオプションを使うと出力を自動更新できます。

ターミナル11.1.12　PostgreSQLコンテナの出力を表示し続ける

```
$ docker container logs --follow db
略
2023-10-31 13:46:29.587 UTC [106] ERROR:  relation "users" does not exist at
character 15
2023-10-31 13:46:29.587 UTC [106] STATEMENT:  select * from users;
2023-10-31 13:53:43.562 UTC [106] ERROR:  column "version" does not exist at
character 8
2023-10-31 13:53:43.562 UTC [106] STATEMENT:  select version;
```

エラーが発生すると自動で流れてくる

--followオプションを使うと、いちいちcontainer logsを実行しなくても任意のタイミングで出力を確認できます。container logsと--followオプションはデバッグの基本です。ぜひ覚えておいてください。

Point container logs --followは Ctrl + C で終了できます。

PostgreSQLコンテナはまだ使うので停止しないでください。

11.2 起動中のコンテナに命令する container exec

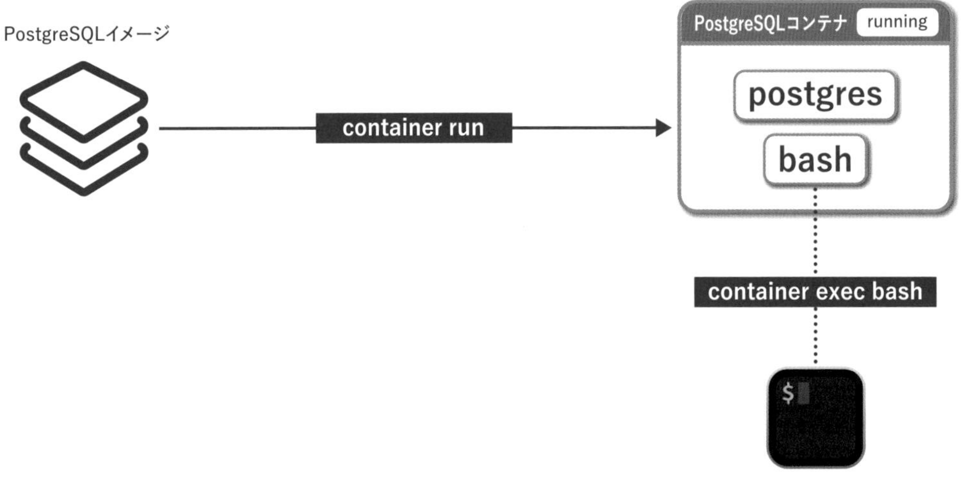

●コマンド説明

起動中コンテナでの新たなコマンド実行は container exec で行います。

```
$ docker container exec [OPTIONS] CONTAINER COMMAND [ARG...]
```

この章で扱う [OPTIONS] は次のとおりです。

ショート	ロング	意味	用途
-i	--interactive	コンテナの標準入力に接続する	コンテナを対話操作する
-t	--tty	擬似ターミナルを割り当てる	コンテナを対話操作する

起動中コンテナでコマンドを実行する

container exec を使うと、起動中のコンテナで新たなコマンドを実行できます。たとえば起動中の PostgreSQL コンテナで head コマンドを実行できれば、/etc/os-release ファイルを確認してコンテナの OS を調べられます。

container exec に指定する内容を整理して、コンテナでコマンドを実行しましょう。CONTAINER 引数で PostgreSQL コンテナ名の db を、COMMAND [ARG...] で head -n 4 /etc/os-release を指定します。

ターミナル11.2.1 起動中のPostgreSQLコンテナのOSを確認する

```
$ docker container exec db head -n 4 /etc/os-release
PRETTY_NAME="Debian GNU/Linux 12 (bookworm)"
NAME="Debian GNU/Linux"
VERSION_ID="12"
VERSION="12 (bookworm)"
```

PostgreSQL コンテナで head コマンドを実行できました。OS は Debian12 のようですね。bookworm はバージョン 12 のコードネームです。

container exec と container run の違い

「head の実行って container run でやらなかったっけ」と思った方もいるでしょう、しかし container run と container exec には決定的な違いがあります。それは container run がコンテナを起動してコンテナ内で PID1 を生成するのに対し、container exec は PID1 がすでに存在するコンテナで新たなプロセスを起動するという点です。

図11.2.1 container run

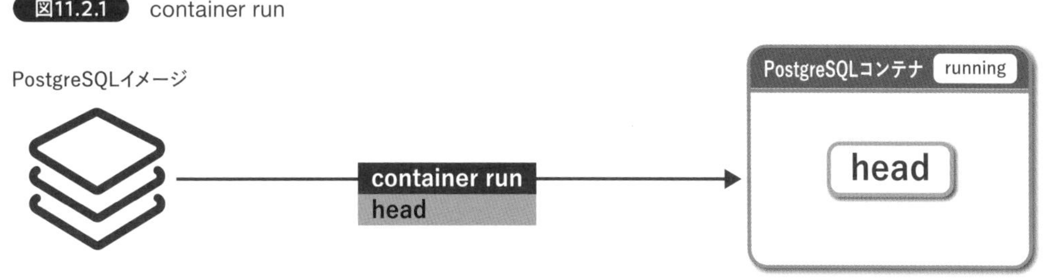

図11.2.2 container exec

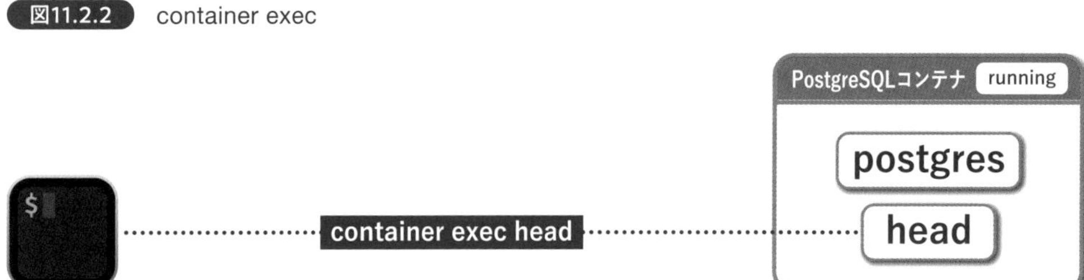

PostgreSQLコンテナにcontainer runでheadコマンドを実行させると、postgresコマンドを置き換えてしまうのでPostgreSQLサーバは起動しません。

container execとcontainer runの違いは、文法を見比べてみるとわかりやすいです。

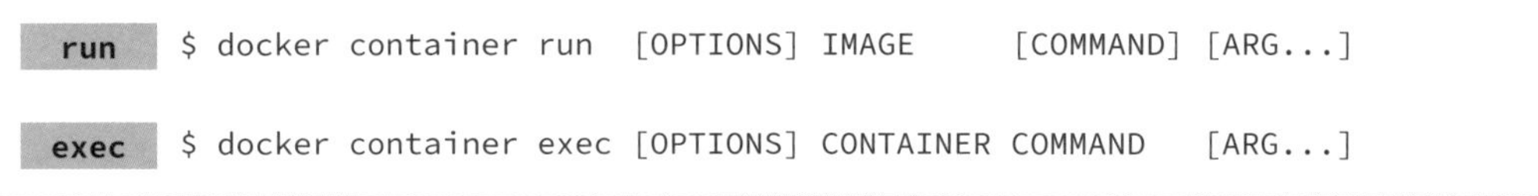

```
run   $ docker container run  [OPTIONS] IMAGE     [COMMAND] [ARG...]
exec  $ docker container exec [OPTIONS] CONTAINER COMMAND   [ARG...]
```

container runの引数がIMAGEであるのに対し、container execはCONTAINERでコンテナを指定します。また、container execはCOMMANDの指定が必須です。こうして文法を読んでみると「コンテナに対して必ずコマンドを指定せよ」ということが読み取れますね。

●起動中コンテナでbashを実行する

headの結果で起動中のPostgreSQLコンテナのOSがDebianであることを確認できました。しかしheadに続くファイル名のタブ補完ができませんし、もっと直接cdやlsを実行しながら作業したいこともあります。

そういうときはcontainer execがコンテナ内で実行するコマンドをbashにすればいいのです。

起動中のPostgreSQLコンテナでbashコマンドを実行してみましょう。container execも対話操作をするときはcontainer runと同じく--interactiveと--ttyの指定が必要です。

ターミナル11.2.2　起動中のPostgreSQLコンテナのbashを起動する

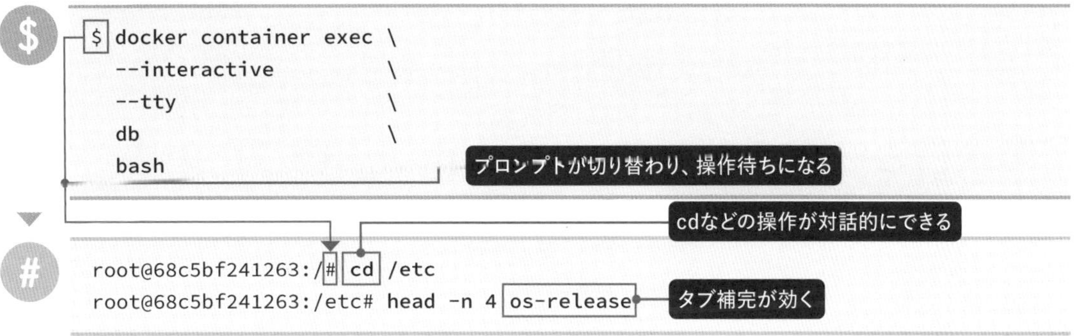

$ docker container exec \
--interactive \
--tty \
db \
bash
プロンプトが切り替わり、操作待ちになる
cdなどの操作が対話的にできる
root@68c5bf241263:/# cd /etc
root@68c5bf241263:/etc# head -n 4 os-release
タブ補完が効く

起動中のコンテナをbashで自由に操作できるようになれば、設定ファイルを確認したり任意のファイルの中身を確認したりできます。

container execはcontainer runと並びとてもよく使用する重要なコマンドです。しっかり理解して適切に使えるようになりましょう。

Point docker container stop dbでコンテナを停止して大丈夫です。

●コンテナにSSHするという誤解

ターミナル11.2.2でのbash操作はまるでLinuxサーバへSSHしているかのような体験でしたが、これはsshではなくbashです。DockerコンテナにSSH接続は行いません。

筆者もDocker初学者のころにコンテナの中身が知りたくて「docker コンテナ ssh」などで調べたことがありますが、この考え方は誤っています。今思えば、ホスト型仮想化とコンテナ型仮想化の違いを理解しないまま過去の体験を強引にDockerに当てはめようとしたことが原因でしょう。起動中のコンテナをあれこれしたいならcontainer execでbashコマンドを実行します。

SSH接続をできるようにする方法も調べれば見つかりますが、SSHそれ自体の動作確認が必須など、本当に必要なケースを除き実現するべきではありません。SSHを待ち受けるsshdを起動することでコンテナ構築の複雑さが増しますし、なにより攻撃者に不必要な隙を与えてしまいます。

PostgreSQLサーバへの接続方法を整理する

container exec は重要コマンドですが本書では container run に比べてサンプル数が少ないので、少しクイズ形式で整理してみましょう。

3つのコマンドと3つの図を掲載するので、どのコマンドがどの図に相当するか考えてみてください。（ここでは db という名前で PostgreSQL コンテナが起動中であるとします）

ターミナル11.3.1 PostgreSQLコンテナのPostgreSQLサーバに接続

```
$ docker container exec --interactive --tty db \
  psql --host=127.0.0.1 --port=5432 --username=postgres
```

```
postgres=#
```

ターミナル11.3.2 PostgreSQLコンテナのPostgreSQLサーバに接続

```
$ docker container exec --interactive --tty db bash
root@88d3b2367ecb:/# psql --host=127.0.0.1 --port=5432 --username=postgres
```

```
postgres=#
```

ターミナル11.3.3 PostgreSQLコンテナのPostgreSQLサーバに接続

```
$ psql --host=127.0.0.1 --port=5432 --username=postgres
postgres=#
```

図11.3.1 PostgreSQLサーバにpsqlコマンドで接続

図11.3.2 PostgreSQLサーバにpsqlコマンドで接続

図11.3.3 PostgreSQLサーバにpsqlコマンドで接続

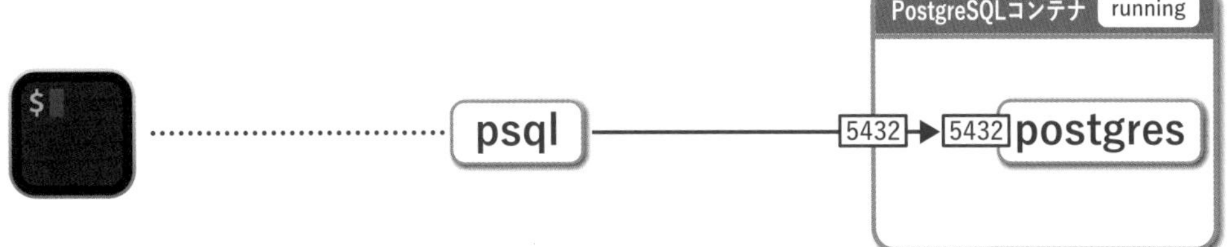

整理するコツは、文法にしたがって要素を分解することと、psql コマンドを実行しているのはホストマシンとコンテナのどちらか考えることです。

正解は順番そのままで、ターミナル 11.3.1 と 図 11.3.1 が対応しています。残る ターミナル 11.3.2 は 図 11.3.2 と、ターミナル 11.3.3 は 図 11.3.3 とそれぞれ対応しています。プロセスを軸に考えると正確に把握できると、少し実感できるのではないでしょうか。

簡単に 3 つの方法のメリット・デメリットを紹介しておきます。

方式	メリット	デメリット
11.3.1	・接続先情報がホストマシンのターミナルの履歴に残るため、あとで再実行しやすい	・COMMAND [ARG...] 部分のタブ補完ができない
11.3.2	・コンテナ内で bash と psql を行き来しながら両方使える	・psql コマンドの実行履歴がコンテナとともに消える、長いホスト名などを繰り返し指定する場合は意外と面倒
11.3.3	・ホストマシンから直接接続しているため、GUI アプリケーションなど他の接続に応用できる	・ホストマシンに psql コマンドのインストールが必要 ・ポートの公開も必要

最後にもう 1 問です。次のコマンドは実行するとどうなるか考えてみてください。

ターミナル11.3.4 【問題】次のコマンドを実行するとどうなる?

```
$ docker container run --interactive --tty postgres \
  psql --host=127.0.0.1 --port=5432 --username=postgres
```

これはコンテナを新たに起動して PID1 で psql コマンドを実行しています。このコンテナは PID1 が postgres（サーバ）から psql（クライアント）に上書きされてしまっているため、PostgreSQL サーバは起動していません。したがって 127.0.0.1 に接続できず、エラーを出力して container run は失敗します。

図11.3.4 ターミナル11.3.4の図解

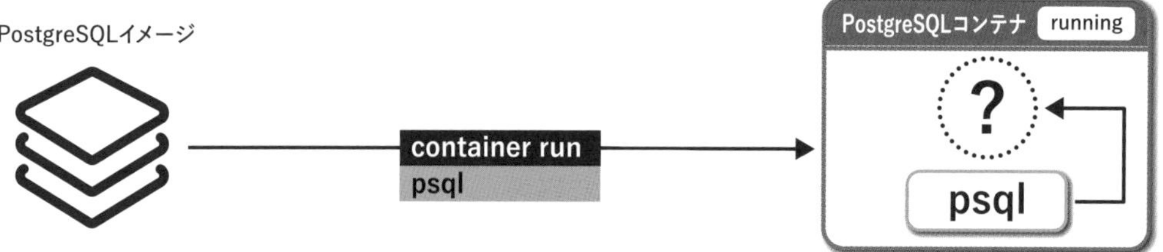

container run と container exec は慣れるまでは混乱しやすいので、わからなくなったときはプロセスを軸に整理してみてください。

COLUMN

似てるけど違うもの 1 - container exec と container attach と container run

繰り返しになりますが、container exec は起動中のコンテナで PID1 ではない新たなプロセスを起動します。container exec で生成されたプロセスの終了とコンテナのステータスは関係しません。

似たコマンドに container attach というコマンドがあります。これはコンテナの PID1 の入出力をホストマシンターミナルの入出力に繋げます。--detach を使いバックグラウンドで起動したコンテナに対して container attach を実行すると、--detach しなかったときと同じ状態になります。container attach は PID1 に接続しているため、アタッチ中のターミナルで Ctrl+C を実行すると PID1 に終了シグナルが伝わります。PID1 が終了すればコンテナも終了します。

Nginx コンテナなどが Ctrl + C で停止できたことを思い出すと、container attach も container run と似ていますね。実は container run は container create+container start+container attach に相当するコマンドなのです。

一般にはコンテナの起動は container run で一気に行うため container attach を実行することはありませんが、コンテナについてより理解するために触れてみるのもよいでしょう。

第3部

Dockerイメージの活用例

イメージの基礎について学び、ケーススタディを見ながらイメージの扱いを学びましょう。コンテナと同じようにイメージ操作のコマンドも図で整理することで、自信を持って操作できるようになることを目指します。

この部をしっかり理解できれば、自分でイメージを選択したりホストマシンのイメージを管理したりできるようになります。

この部の章はそれぞれ独立しています。自分のやりたいことを実現する方法がわからなくなってしまったときは、いつでも戻ってきて確認してください。

第12章

イメージの基本

第3部ではイメージ一覧の確認やDocker Hubからの取得、イメージの持ち運び方を学びます。それらの際にイメージを正確に扱えるよう、イメージの指定方法と仕組みについて理解しましょう。

12.1 なぜイメージ操作を理解する必要があるか

コンテナはイメージから作成され、使い終わると削除されます。**コンテナはホストマシンとも他のコンテナとも独立しており、コンテナの変更はコンテナ外に影響しません。**これはコンテナで行う設定ファイル変更や不足モジュールのインストールが**そのコンテナ限りで揮発してしまう**ことを意味します。

図12.1.1 コンテナの変更は他のコンテナに反映できない

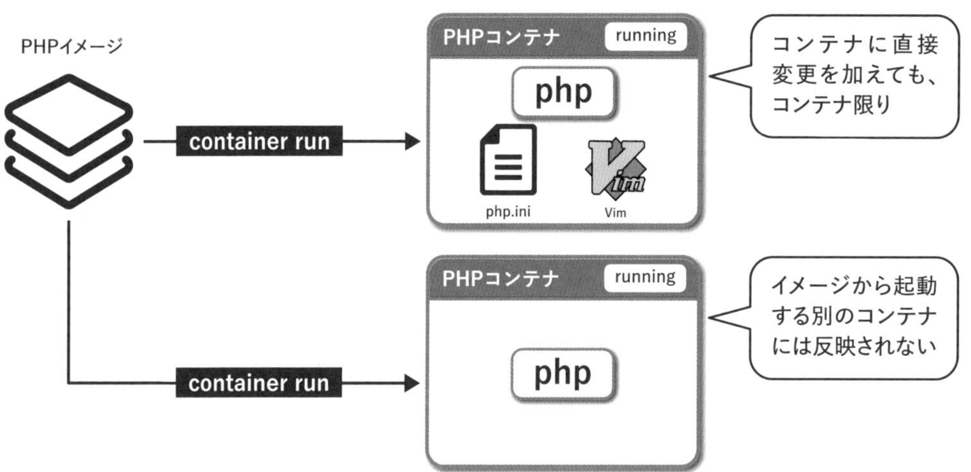

今後起動するすべてのコンテナに変更を反映したい場合は、**コンテナではなくイメージを変更する必要がある**のです。

図12.1.2 イメージの変更はすべてのコンテナに反映される

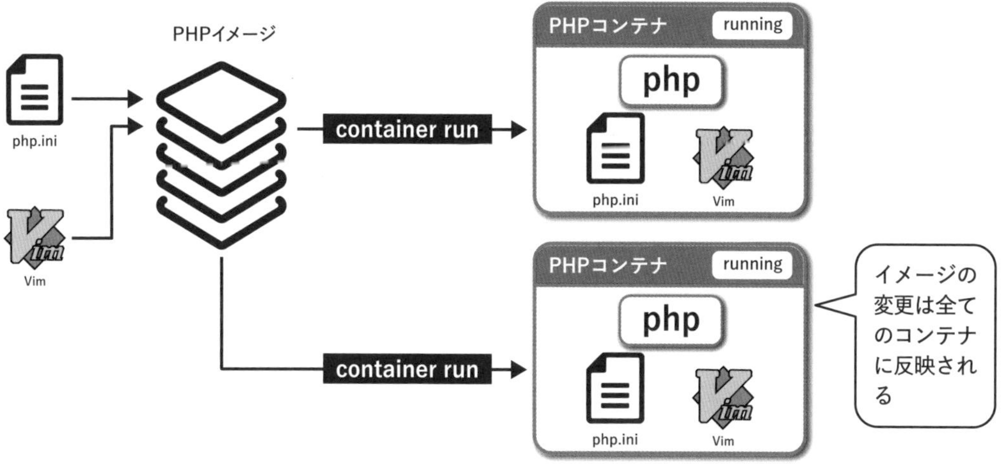

Docker Hub に用意されているイメージは汎用的なイメージなので、そのまま使おうとしてもプロジェクトの用途に細かいところが合致しません。その差分を補うために、イメージを自分で拡張するスキルが必ず求められます。

第 3 部でイメージ操作の基礎について学び、第 4 部で Dockerfile を用いたイメージ拡張について学びましょう。

12.2 完全なイメージ名とタグ

完全なイメージ名は次の形式で表現され、いくつかの要素から成り立っています（文献12.1）。ここまで見てきたDockerコマンドの文法と同じように、角括弧で囲まれた要素は省略可能であることを示しています。

```
[HOST[:PORT_NUMBER]/]PATH
```

[HOST]はレジストリサービスのホスト名で、[PORT_NUMBER]はポート番号です。[HOST]を省略した場合は、Docker Hubを示すdocker.ioを指定したことになります。

PATHは/でさらに複数の要素に分割されます。Dockerがサポートする要素は次の2つです。

```
[NAMESPACE/]REPOSITORY
```

[NAMESPACE]は組織やユーザーの名称で、省略した場合はDocker公式を意味するlibraryを指定したことになります。REPOSITORYは必須要素で、今までcontainer runのIMAGEに指定していたubuntuやmysqlなどはこのREPOSITORY部です。

完全イメージ名に続けて[:TAG]という任意項目を指定できます。[TAG]は類似イメージのバージョンや派生を示すための識別子で、省略した場合はlatestを指定したことになります。

これらをまとめると、次のようになります。

図12.2.1 完全イメージ名とタグ

本書で利用するイメージはすべてDocker Hubから取得するため、[HOST[:PORT_NUMBER]/]を指定するケースはありません。

普段意識するのは主にREPOSITORYと[:TAG]の2箇所になるでしょう。

latestタグ利用に関する注意

第2部で実行したcontainer runはIMAGEの指定をubuntuやmysqlだけで済ませていました。これらはすべて[:TAG]を省略しているため、実際に使われたイメージはubuntu:latestやmysql:latestだったことになります。

本書の第2部ではコンテナの解説に集中するため[:TAG]は省略しlatestのイメージを利用していました。しかし**実際の構築にlatestを利用することは推奨されません**。次のUbuntuのケースを見てみましょう。

Ubuntuの各バージョンは、2022年3月時点と2023年11月時点では次のようになっています。

扱い	2022年3月	2023年11月
開発中	22.04	24.04
最新リリース	21.10	23.10
長期サポート（Long Term Support）	20.04	22.04

Ubuntuイメージは最新のLTSバージョンにlatestタグをつける方針のため、2022年3月のlatestは20.04を、2023年11月のlatestは22.04を示します。このようにlatestタグが示すバージョンは時が経つにつれ変わっていくため、latestタグでコンテナを実行すると再現性が下がってしまいます。まったく同じimage pull ubuntuコマンドで取得したイメージでも、実行した日時によって大きく異なるイメージを取得してしまうリスクがあるのです（図12.2.2参照）。

新たなチームメンバーを迎えたり、商用環境の運用中にコンテナ数を増やすなど、はじめて構築してから時間を経て再度その環境を構築することは珍しくありません。このようなケースのリスクを回避するために、[:TAG]は省略せずバージョンを明記するべきなのです。

本書では第3部以降の操作に必ず[:TAG]を指定することにします。

Point リポジトリに存在するタグを調べる方法は第14章で解説します。

図12.2.2 latestタグのリスク

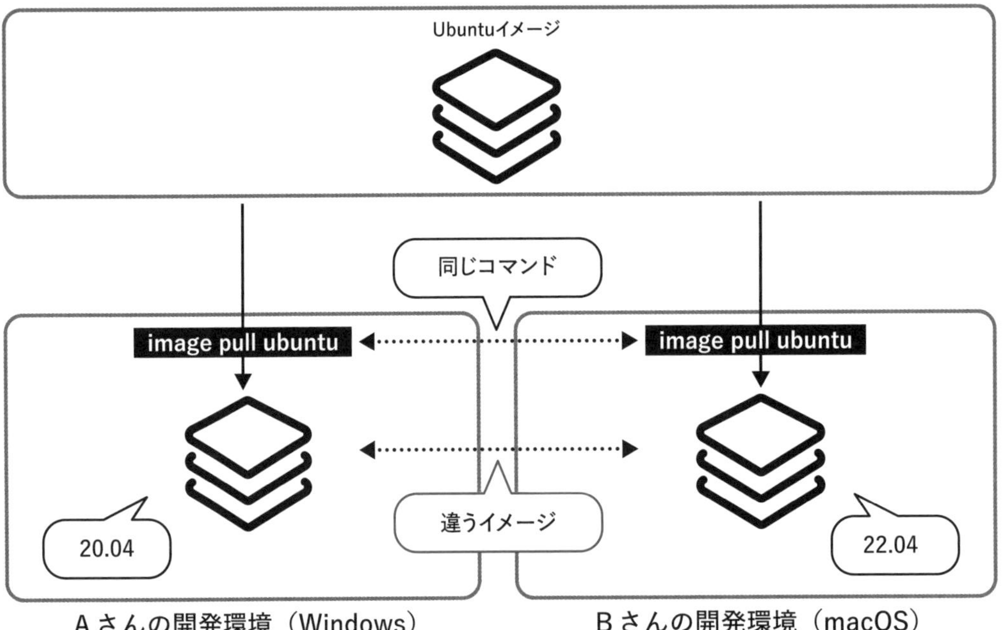

出典

文献 12.1 「Docker 社サイト」https://docs.docker.com/engine/reference/commandline/tag/ より

12.3 レイヤとメタデータ

第４章でレイヤについて解説したことを覚えているでしょうか。イメージはレイヤと呼ばれるtar アーカイブファイルを積み重ねたもので、レイヤのもつファイルを重ね合わせて１つのファイルシステムを作るという内容でした。

図12.3.1 レイヤとファイルシステム（再掲）

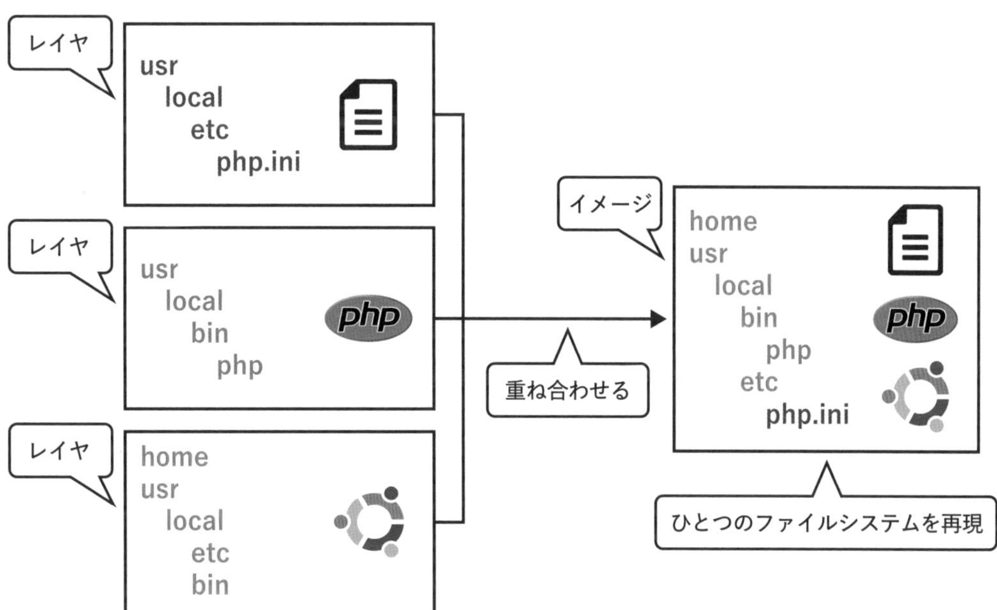

ここではさらにコンテナレイヤとメタデータについて解説します。

●コンテナレイヤ

イメージのレイヤはすべて読み取り専用ですが、コンテナとして起動する際コンテナレイヤと呼ばれる書き込み可能のレイヤが最上位に作られます。これに対し、コンテナレイヤ以外の読み取り専用のレイヤはイメージレイヤと呼ばれます。コンテナでライブラリをインストールしたり設定ファイルを書き換えたりできるのは、この書き込み可能なコンテナレイヤが存在するためです。

図12.3.2 イメージレイヤとコンテナレイヤ

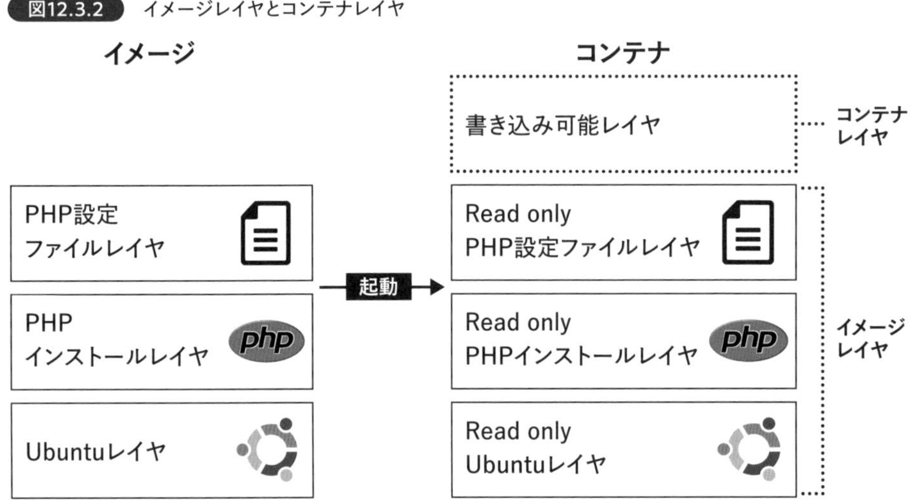

コンテナレイヤはコンテナを起動するたびに作られ、コンテナの終了時に削除されます。コンテナ内で行った変更が揮発して他のコンテナに影響しないことや、コンテナ内にもともと存在するファイルを削除してもイメージに影響しないことは、この仕組みによるものです。

●メタデータ

イメージはレイヤとは別にメタデータと呼ばれる情報をもっています。環境変数やコンテナとして起動したときのデフォルトコマンドなどは、メタデータとして保存されています。メタデータは、積み重ねてファイルシステムを変更するレイヤとは異なり、イメージ全体のプロパティです。

図12.3.3 レイヤとメタデータ

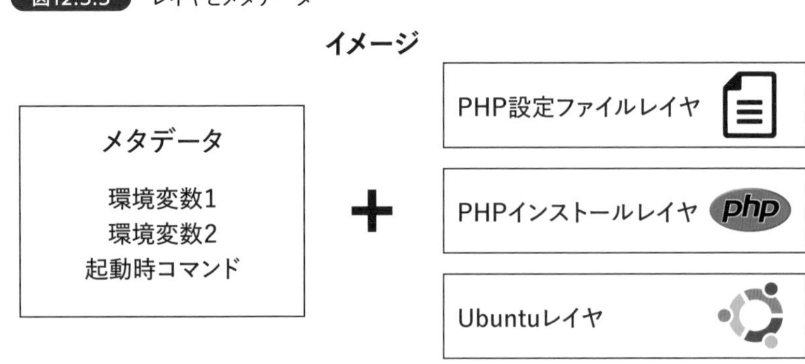

12.4 イメージのコマンド

docker image 配下の全コマンドを掲載します。

コマンド	説明	解説	備考
ls	一覧を表示する	第 13 章	旧コマンドは images
inspect	詳細情報を表示する	第 13 章	−
rm	イメージを削除する	−	旧コマンドは rmi
prune	全未使用イメージを削除する	−	−
build	Dockerfile からイメージを作る	第 17 章	−
tag	イメージにタグを付ける	−	−
pull	レジストリからイメージを取得する	第 13 章	docker container run でも行われる
push	レジストリにイメージを送信する	−	−
history	イメージの履歴を表示する	−	−
import	tar からイメージを作る	第 15 章	container export で作成した tar からイメージを作る 基本的に Dockerfile の利用を推奨
save	イメージを tar として出力する	第 15 章	メタデータを含めてイメージを tar にできる 基本的に Dockerfile の利用を推奨
load	tar からイメージを作る	第 15 章	image save で作成した tar からイメージを作る 基本的に Dockerfile の利用を推奨

まとめ

- ☑ すべてのコンテナに反映したい変更はイメージの変更で実現する
- ☑ 完全なイメージ名は [HOST[:PORT_NUMBER]/]PATH 形式
- ☑ PATH はさらに [NAMESPACE/]REPOSITORY に分解できる
- ☑ 完全イメージ名に続けて [:TAG] を指定できる
- ☑ latest タグを実際の構築で利用するべきではない
- ☑ イメージを起動すると書き込み可能なコンテナレイヤが最上位に作られる
- ☑ イメージはメタデータを持っている

COLUMN

リファレンスをみよう 3 ― --help オプションによるコマンド一覧

docker container --helpを実行すると、docker container配下のコマンド一覧を表示できます。

ターミナル12.4.1 docker container配下のコマンド一覧を表示

```
$ docker container --help

Usage:  docker container COMMAND

Manage containers

Commands:
  attach    Attach local standard input, output, and error streams    ...略
  commit    Create a new image from a container's changes
  cp        Copy files/folders between a container and the local       ...略
  create    Create a new container
  diff      Inspect changes to files or directories on a container's   ...略
  exec      Execute a command in a running container
  export    Export a container's filesystem as a tar archive
  inspect   Display detailed information on one or more containers
  kill      Kill one or more running containers
  logs      Fetch the logs of a container
  ls        List containers
  中略
  rm        Remove one or more containers
  run       Create and run a new container from an image
  start     Start one or more stopped containers
  stats     Display a live stream of container(s) resource usage statistics
  stop      Stop one or more running containers
  top       Display the running processes of a container
  unpause   Unpause all processes within one or more containers
  update    Update configuration of one or more containers
  wait      Block until one or more containers stop, then print their ...略

Run 'docker container COMMAND --help' for more information on a command.
```

--helpオプションはDocker Docsと違いさっと表示できます。これも覚えておくと便利ですよ。

第13章

イメージの基本操作

この章では、ホストマシンにあるイメージを確認するコマンドと、レジストリサービスからイメージを取得するコマンドを学びます。

イメージの基本操作を習得して、いろいろなイメージに触れてみましょう。

13.1 イメージの一覧を確認する image ls

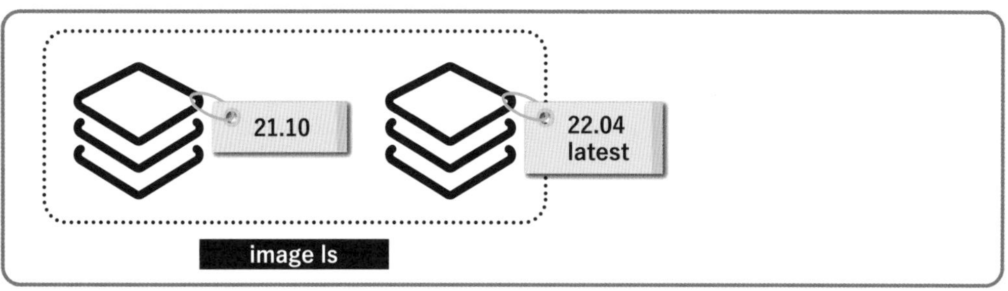

コマンド説明

ホストマシンに存在するイメージ一覧の確認は `image ls` で行います。

```
$ docker image ls [OPTIONS] [REPOSITORY[:TAG]]
```

この章で扱う [OPTIONS] はありません。

[REPOSITORY[:TAG]] はリポジトリとタグがまとめて省略可能な項目で、かつタグがさらに省略可能であることを示しています。

●ホストマシンに存在するイメージの一覧を確認する

ホストマシンに存在するイメージの一覧は image ls で確認できます。
実行してみると、今まで起動したコンテナのイメージが確認できるはずです。

ターミナル13.1.1　イメージの一覧を確認

```
$ docker image ls
REPOSITORY     TAG       IMAGE ID        CREATED         SIZE
hello-world    latest    b038788ddb22    6 months ago    9.14kB
nginx          latest    12ef77b9fab6    2 weeks ago     192MB
php            latest    7b9819563edc    2 weeks ago     526MB
postgres       latest    96f08c06113e    6 weeks ago     438MB
python         latest    3153418322d5    4 weeks ago     1.02GB
ruby           latest    38a960b8c8ec    2 weeks ago     993MB
ubuntu         latest    6a47e077731f    2 months ago    69.2MB
```

この章までで利用したIMAGE

REPOSITORY の列を見ると、この章までに実行した container run の IMAGE で指定したイメージが確認できます。[:TAG] はすべて省略していたため、すべて latest になっているはずです。

イメージを取得する
image pull

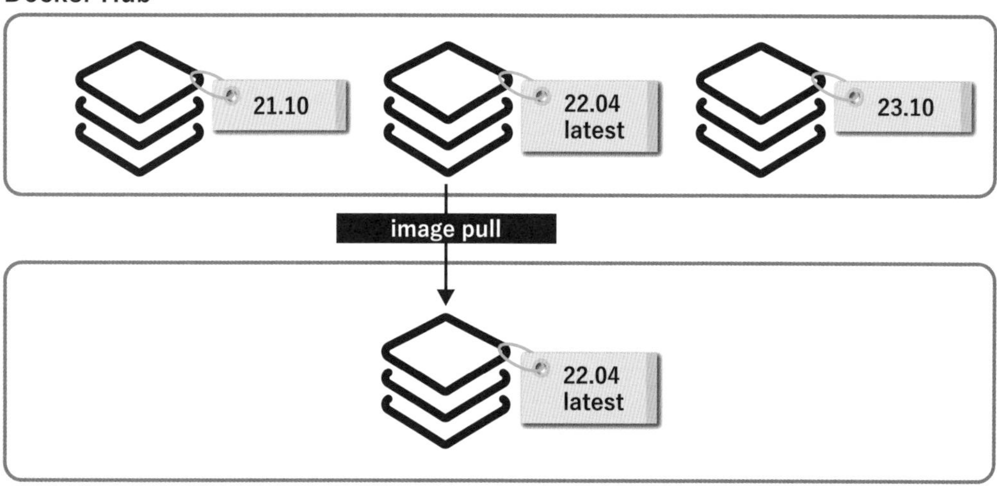

コマンド説明

イメージレジストリからのイメージ取得は image pull で行います。

```
$ docker image pull [OPTIONS] NAME[:TAG|@DIGEST]
```

この章で扱う [OPTIONS] はありません。

いろいろな Ubuntu イメージを取得する

Ubuntu イメージをいくつか取得してみましょう。指定する [:TAG] は 23.10 と 22.04、そして latest です。

出力をよくみてみると、REPOSITORY と [:TAG] 以外にも省略した部分が表示されていることにも気付きます。

ターミナル13.2.1　Ubuntu23.10のイメージを取得

```
$ docker image pull ubuntu:23.10
23.10: Pulling from library/ubuntu
f906b88252ef: Pull complete
Digest: sha256:4c32aacd0f7d1d3a29e82bee76f892ba9bb6a63f17f9327ca0d97c3d39b9b0ee
Status: Downloaded newer image for ubuntu:23.10
docker.io/library/ubuntu:23.10
```

HOST　NAMESPACE　REPOSITORY　TAG

ターミナル13.2.2　Ubuntuの22.04のイメージを取得

```
$ docker image pull ubuntu:22.04
22.04: Pulling from library/ubuntu
Digest: sha256:2b7412e6465c3c7fc5bb21d3e6f1917c167358449fecac8176c6e496e5c1f05f
Status: Downloaded newer image for ubuntu:22.04
docker.io/library/ubuntu:22.04
```

ターミナル13.2.3　Ubuntuのlatestイメージを取得

```
$ docker image pull ubuntu:latest
latest: Pulling from library/ubuntu
Digest: sha256:2b7412e6465c3c7fc5bb21d3e6f1917c167358449fecac8176c6e496e5c1f05f
Status: Image is up to date for ubuntu:latest
docker.io/library/ubuntu:latest
```

ホストマシンのイメージが増えたので、もう一度イメージ一覧を確認してみましょう。image ls は [REPOSITORY] を指定すると表示対象を限定できます。今回のように同一リポジトリのタグ違いイメージを見比べたいときに便利です。

ターミナル13.2.4　Ubuntuイメージの一覧を確認

```
$ docker image ls ubuntu
```

ターミナル13.3.5　イメージ一覧のうちUbuntu関係だけ出力

```
$ docker image ls ubuntu
REPOSITORY   TAG      IMAGE ID       CREATED       SIZE
ubuntu       23.10    3f9cf3a31fbf   2 weeks ago   93.2MB
ubuntu       22.04    e343402cadef   3 weeks ago   69.2MB
ubuntu       latest   e343402cadef   3 weeks ago   69.2MB
```

取得した3つのタグが確認できる　IDが同じ

取得した3つのイメージが確認できるはずです。

また、TAG列ではなくIMAGE　ID列を見ると、22.04とlatestが両方e343402cadefになっています。2023年11月現在では、イメージIDe343402cadefに22.04とlatestという2つのタグが付けてあるということを示しています。しかし時が経ちUbuntu24.04の開発が完了すればlatestタグはそれちらに付けられるでしょう。第12章で解説したとおり、構築時にはubuntu:22.04と明記することが推奨されます。

COLUMN

container run と image pull

説明していませんでしたが、いままで起動したコンテナのイメージがホストマシンに存在するのは、container　runがimage　pullも行っているからです。container runでホストマシンに存在しないIMAGEを指定した場合、まずimage pullが実行され、それからコンテナが起動されます。

ターミナル13.2.6　CentOSイメージをcontainer run

```
$ docker container run centos echo 'hello'
Unable to find image 'centos:latest' locally
latest: Pulling from library/centos
52f9ef134af7: Pull complete
Digest: sha256:a27fd8080b517143cbbbab9dfb7c8571c40d67d534bbdee55bd6c473f43
2b177
Status: Downloaded newer image for centos:latest
hello
```

ホストマシンにcentos:latest
がなかったよ
pullするよ
container runの結果

はじめてのイメージで実行するcontainer　runの出力をよく見ると、image　pullと同じ出力が含まれていることが確認できるはずです。

13.3 イメージの詳細を確認する

image inspect

Docker Hub

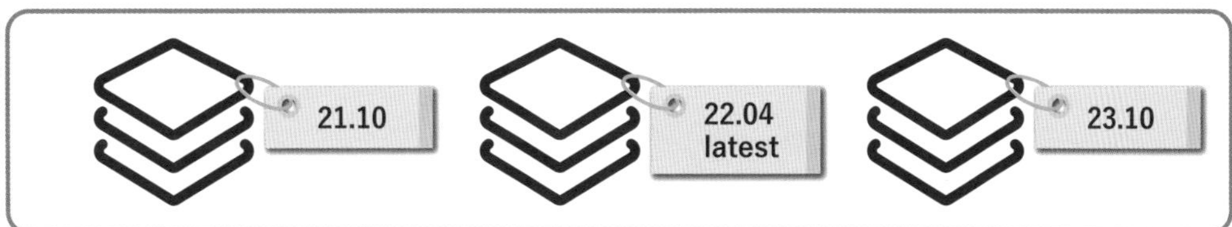

ホストマシン

●コマンド説明

ホストマシンに存在するイメージ詳細の確認は image inspect で行います。

```
$ docker image inspect [OPTIONS] IMAGE [IMAGE...]
```

この章で扱う [OPTIONS] はありません。IMAGE [IMAGE...] の部分は必ず1つのイメージと任意数のイメージを指定せよと示しています。

●イメージのコンテナ起動時コマンドを調べる

Ruby3.2.2 のイメージを取得して、イメージの詳細を image inspect で詳細を調べてみましょう。image pull と image inspect で指定する IMAGE は ruby:3.2.2 です。

ターミナル13.3.1 Ruby3.2.2イメージを取得

```
$ docker image pull ruby:3.2.2
3.2.2: Pulling from library/ruby
Digest: sha256:2ea3ea1ae3f38af78f3dff246218ab2cba8adbc060a9ea5a87e8fe5329138746
Status: Downloaded newer image for ruby:3.2.2
docker.io/library/ruby:3.2.2
```

ターミナル13.3.2 Ruby3.2.2イメージの詳細を表示

```
$ docker image inspect ruby:3.2.2
[
    {
        "Id": "sha256:38a960b8c8ec1d8e463a545f57f774481a3699 ...略
        "RepoTags": [
            "ruby:3.2.2",
            "ruby:latest"
        ],
        略
        "Config": {
            略
            "Env": [
                "PATH=/usr/local/bundle/bin:/usr/local/sbin: ...略
                "LANG=C.UTF-8",
                "RUBY_MAJOR=3.2",
                "RUBY_VERSION=3.2.2",
                "RUBY_DOWNLOAD_SHA256=4b352d0f7ec384e332e3e4 ...略
                "GEM_HOME=/usr/local/bundle",
                "BUNDLE_SILENCE_ROOT_WARNING=1",
                "BUNDLE_APP_CONFIG=/usr/local/bundle"
            ],
            "Cmd": [
                "irb"
            ],
            略
        },
        略
    }
]
```

タグ: "RepoTags"
環境変数: "Env"
起動時コマンド: "Cmd"

JSONで大量の情報が出力されますが、ここではRepoTagsとConfig.EnvとConfig.Cmdの3箇所だけ解説します。

RepoTags はこのイメージについているタグの配列です。さっき取得した ruby:3.2.2 は、第 2 部で利用していた ruby:latest と同じイメージであるということです。ただし latest タグは移り変わっていくため、Ruby イメージの新たなバージョンが公開されると ruby:3.2.2 だけになるはずです。

Config にはこのイメージからコンテナを起動するとどのようなコンテナになるかが示されています。Config.Env でコンテナに設定された環境変数が確認できます。Config.Cmd では、container run で [COMMAND] を指定しなかったときのデフォルトのコマンドが irb(Ruby の対話シェル）だと確認できます。

せっかくなのでこのイメージからコンテナを起動して、確認してみましょう。

まずは環境変数を調べてみます。container run の [COMMAND] を printenv RUBY_VERSION にして起動します。printenv は環境変数の値を表示するコマンドです。

ターミナル13.3.3 Ruby3.2.2コンテナを起動

```
$ docker container run --rm ruby:3.2.2 printenv RUBY_VERSION
3.2.2
```

image inspectのConfig.Envと同じ

image inspect の Config.Env で確認できた環境変数がコンテナに定義されていますね。

次は container run で [COMMAND] を省略した場合の起動時コマンドを確認してみましょう。今度は [COMMAND] を指定せずに起動します。

対話シェルの irb が起動すると予測しているのですから、--interactive と --tty を忘れてはいけませんよ。

ターミナル13.3.4 Ruby3.2.2コンテナを起動

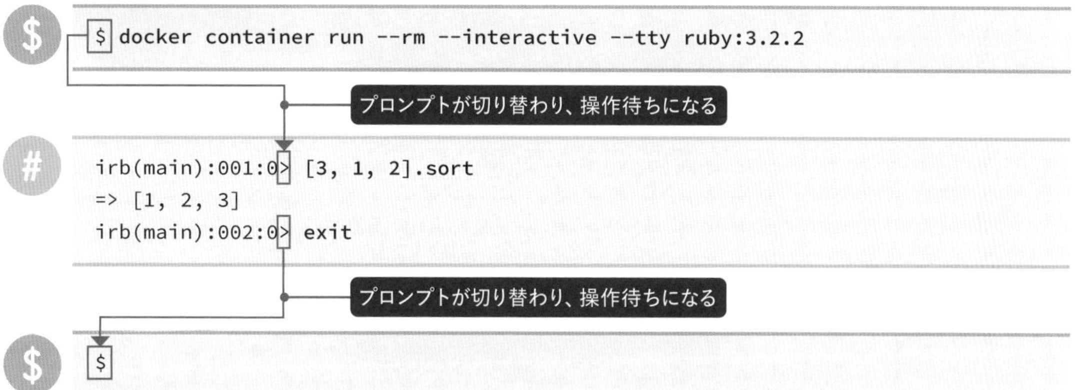

$ docker container run --rm --interactive --tty ruby:3.2.2
プロンプトが切り替わり、操作待ちになる
irb(main):001:0> [3, 1, 2].sort
=> [1, 2, 3]
irb(main):002:0> exit
プロンプトが切り替わり、操作待ちになる
$

Config.Cmd どおり irb が実行されましたね。

COLUMN

Config と ContainerConfig

ターミナル 13.3.2 では紙面の都合で省略してしまいましたが、image inspect には Config と同列に ContainerConfig という要素が確認できます。ContainerConfig はこのイメージを作成したコンテナの情報で、これらはイメージからコンテナを起動するときには関係しません。

ターミナル13.3.5 ContainerConfigとConfigの差分（抜粋）

```
$ docker image inspect mysql:8.2.0
[
    {
        "ContainerConfig": {
            "Env": null,
            "Cmd": null,
            略
        },
        "Config": {
            "Env": [
                "PATH=/usr/local/sbin:/usr/local/bin:/usr/sbin: 中略 ",
                "GOSU_VERSION=1.16",
                "MYSQL_MAJOR=innovation",
                "MYSQL_VERSION=8.2.0-1.el8",
                "MYSQL_SHELL_VERSION=8.2.1-1.el8"
            ],
            "Cmd": [
                "mysqld"
            ],
            略
        },
        略
    }
]
```

ContainerConfig と Config には多少の差分があるため、Config の方を参照すると覚えておきましょう。

第14章

異なるバージョンのMySQLサーバを起動する

この章では、自分でイメージを探す方法を学びます。

起動するコンテナで扱うバージョンを自在に選択できるようになると、プロジェクトに即した環境を用意できるようになります。

14.1 Docker Hubでイメージを探す

Docker Hub でイメージを探してみましょう。イメージを探すのは Docker Desktop や Docker コマンドでもできますが、本書はウェブブラウザを用いる例を紹介します。筆者は普段もイメージを探すときはウェブブラウザを使っています。Dockerfile を読みたくて GitHub を開いたりしますし、ウェブブラウザの翻訳機能を使ったりできますし、複数タブ開いて見比べたりできるからです。

ウェブブラウザで Docker Hub を操作しながら、MySQL サーバのバージョン 8.0 系をコンテナで起動してみましょう。Docker Hub（https://hub.docker.com/）は Google などの検索エンジンで docker hub と検索すれば簡単にアクセスできます。

スクリーンショット14.1.1　Docker Hubトップページ（画面は2023年11月時点のものです）

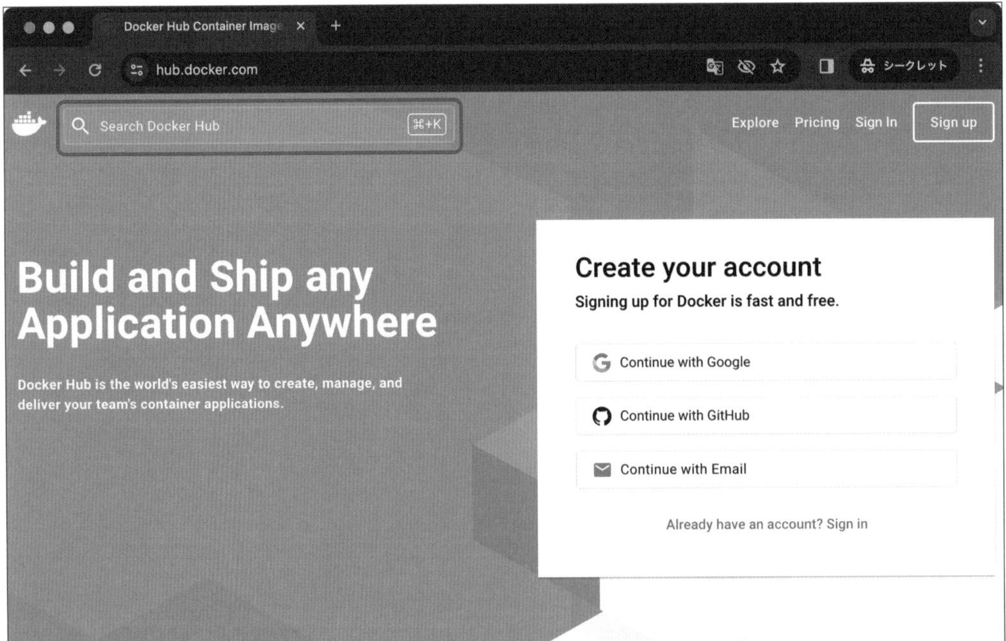

Docker Hub はログインしなくても利用できます。さっそく スクリーンショット 14.1.1 の画面左上にある検索ボックスで `mysql` と検索してみましょう。

Point Docker Hub のアカウントについては第 29 章で解説します。

次の スクリーンショット 14.1.2 では、まさしく `mysql` のリポジトリが表示され、これより下に関連度の高い他のリポジトリが表示されています。MySQL のロゴとリポジトリ名に続いて `Docker Official Image` というバッチが付いていることを確認しましょう。このバッチが付いているリポジトリのイメージは Docker Hub 公式のイメージです。

スクリーンショット14.1.2 mysqlの検索結果

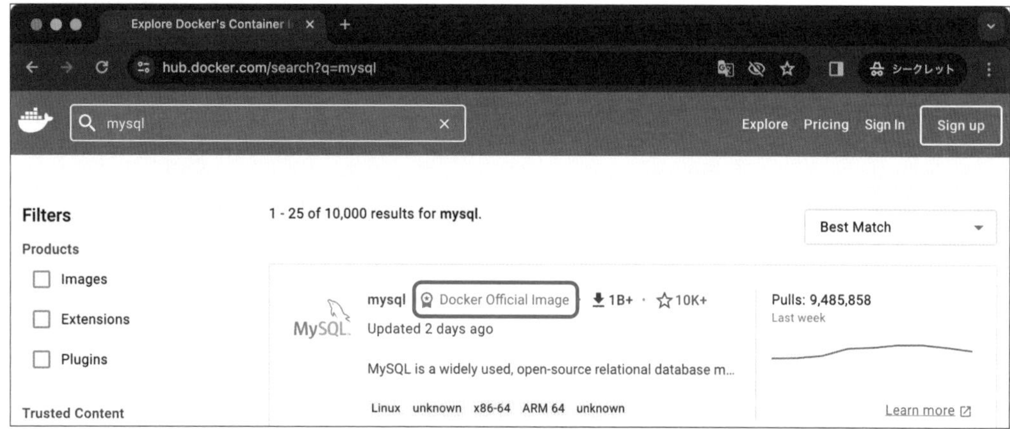

トップヒットの `mysql` リポジトリを選択すると、次の スクリーンショット 14.1.3 のように `Overview` タブと `Tags` タブが閲覧できます。`Overview` タブではどのような Dockerfile でイメージを作ったか、使い方や設定などイメージ全体の概要が記されています。

スクリーンショット14.1.3 リポジトリの概要

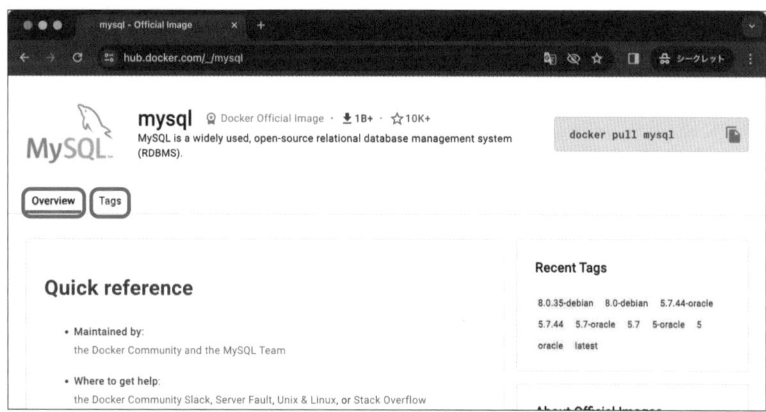

Overviewタブを次のスクリーンショット14.1.4のようにEnvironment Variablesの項までスクロールすると、第10章で利用した環境変数の説明も確認できます。

スクリーンショット14.1.4　環境変数の説明

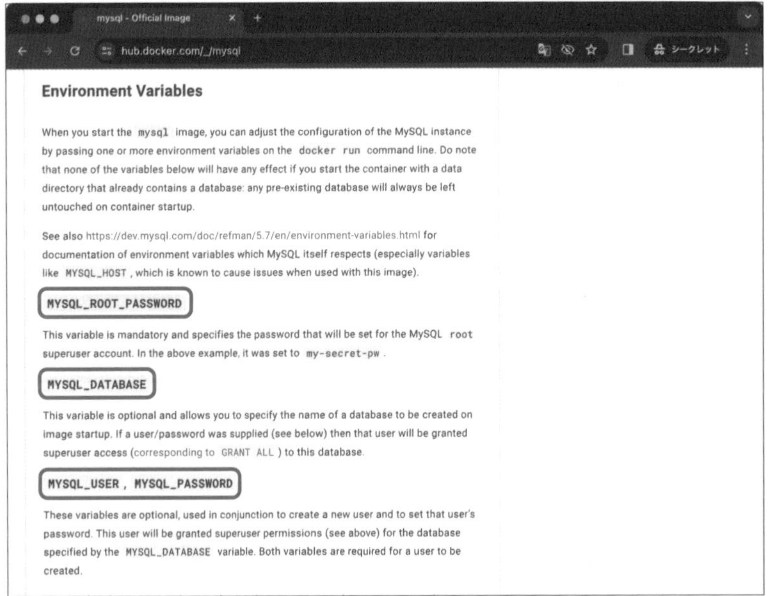

次のスクリーンショット14.1.5はTagsタブです。mysqlリポジトリ内でタグの検索が行えます。

スクリーンショット14.1.5　タグの検索画面

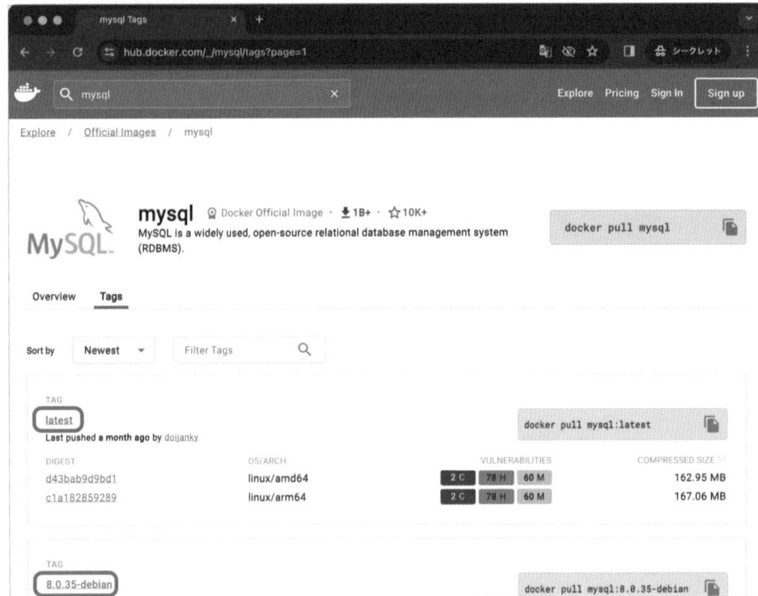

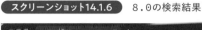

次のスクリーンショット14.1.6は8.0で検索し、Z - Aでソートした結果です。スクロールして確認してみると、8.0の中では8.0.35が一番新しいようです。8.0.35の他に8.0.35-debianと8.0.35-oracleもヒットしています。

スクリーンショット14.1.6　8.0の検索結果

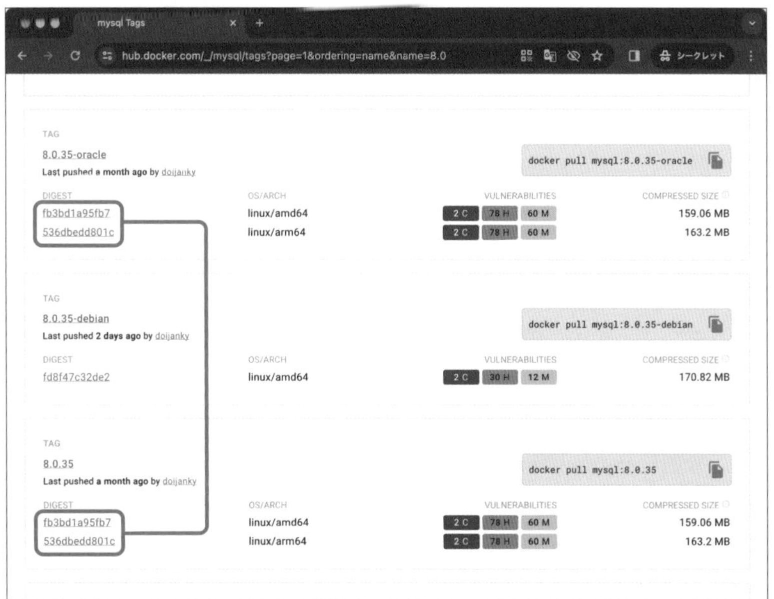

MySQLイメージのハイフンの後ろは、イメージのベースとなったLinuxのディストリビューションを示しています。どちらもバージョンは8.0.35であるが、8.0.35-debianはDebianの、8.0.35-oracleはOracle Linuxのイメージであるという意味です。またイメージの内容を一意に示すDIGESTの値が8.0.35と8.0.35-oracleで一致しているため、この2つは異なるタグですが同じイメージということになります。

ディストリビューションを明記していない8.0.35がOracle Linuxであること、8.1では-debianがなくなっていることから、今回は8.0.35を利用することにします。

イメージを探す基本的な流れはこのようになります。

コンテナ起動時にイメージのタグを指定する

MySQL8.0.35 コンテナを起動する

利用する MySQL イメージのタグは 8.0.35 に決めました、さっそくコンテナを起動してみましょう。

決めたタグは container run の IMAGE で使います。第12章で解説した [REPOSITORY:[TAG]] 形式を思い出してください。今回は mysql:8.0.35 になります。コンテナ名は db1 とし、自動削除やバックグラウンド実行を指定して、必要最低限の環境変数とポートの公開を指定します。指定するオプションの詳細な意味を忘れてしまった場合は、第 10 章を見返してください。

ターミナル14.2.1　MySQL8.0.0イメージを起動

```
$ docker container run                  \
  --name db1                            \
  --rm                                  \
  --detach                              \
  --env MYSQL_ROOT_PASSWORD=secret \
  --publish 3306:3306                   \
  mysql:8.0.35
005f0f84ada24b50ba12f99d0b95ce8ddf476acf1d6abba3035989f9048e89f3
```

タグまで明示

コンテナが起動できたら、接続して MySQL サーバのバージョンを確認します。

ターミナル14.2.2　MySQLコンテナのMySQLサーバに接続

```
$ mysql --host=127.0.0.1 --port=3306 --user=root --password=secret
mysql> select version();
```

プロンプトが切り替わり、操作待ちになる

```
+-----------+
| version() |
+-----------+
| 8.0.35    |
+-----------+
1 row in set (0.02 sec)
```

Docker Hubで検索したタグをコンテナ起動時に指定することで、任意のバージョンのMySQLサーバが起動できましたね。

Dockerコンテナを活用すると、必要なMySQLサーバのバージョンが変わるたびに再インストールする作業から解放されると実感できたでしょうか。

MySQL8.2.0コンテナを起動する

db1と名付けたMySQL8.0.35コンテナはそのままにして、2023年11月現在で最新のMySQL8.2系コンテナを起動してみましょう。

先ほどと同じように`8.2`で検索してみると、`8.2-oracle`、`8.2.0-oracle`、`8.2.0`などがヒットします。これらは`DIGEST`がすべて同じなので、2023年11月時点ではまったく同じイメージということになります。

スクリーンショット14.2.1　8.2の検索結果

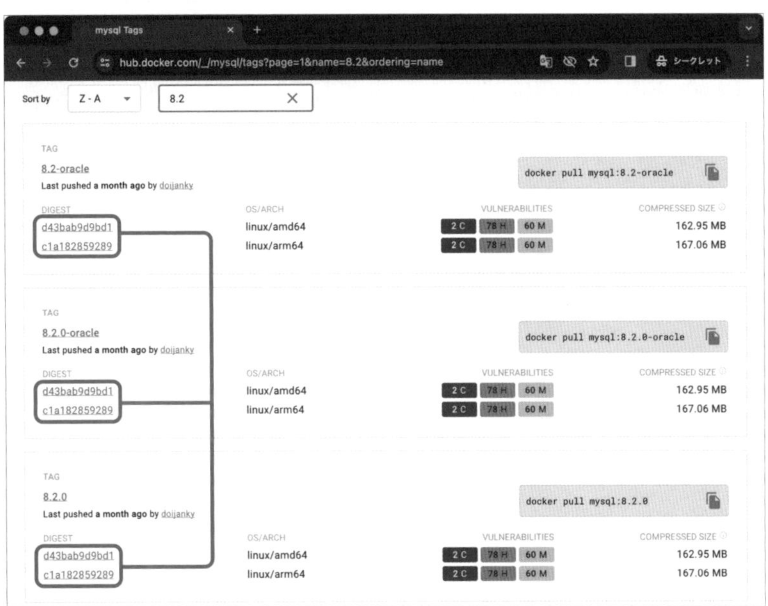

現時点では同じイメージですが、`8.2.1`が出れば`8.2-oracle`の指すイメージはそちらに

変わるでしょう。latest ではなく大雑把なバージョン指定でも、利用時期により実際に使われるイメージが変わってしまうというリスクが発生します。ここではあとになってバージョンがいつのまにか変わらないように、mysql:8.2.0 を指定することにします。

コンテナ名は衝突しないように db2 とし、IMAGE は mysql:8.2.0 とします。ホストマシンの 3306 番ポートはすでに db1 が使ってしまっているため、衝突しないようにホストマシンの 3307 番ポートにマッピングします。

ターミナル14.2.3 MySQL8.2.0イメージを起動

```
$ docker container run                 \
  --name db2                           \
  --rm                                 \
  --detach                             \
  --env MYSQL_ROOT_PASSWORD=secret \
  --publish 3307:3306                  \
  mysql:8.2.0
005f0f84ada24b50ba12f99d0b95ce8ddf476acf1d6abba3035989f9048e89f3
```

タグまで明示

コンテナが起動できたら、接続して MySQL サーバのバージョンを確認します。db1 に接続したときとは違い、ポート番号は 3307 ですよ。

ターミナル14.2.4 MySQLコンテナのMySQLサーバに接続

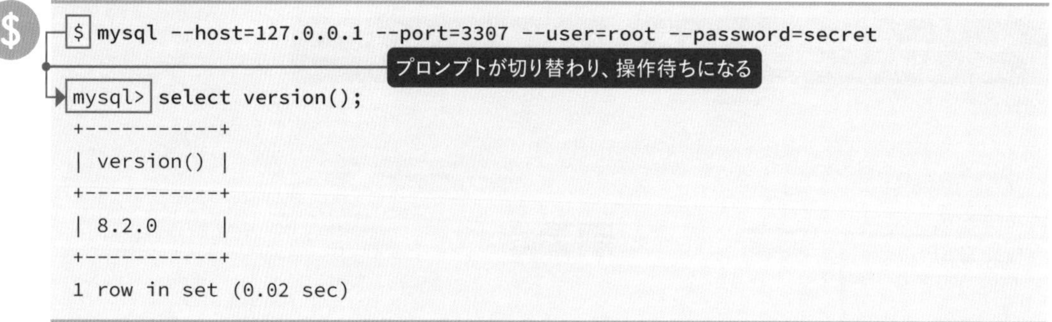

```
$ mysql --host=127.0.0.1 --port=3307 --user=root --password=secret
mysql> select version();
+-----------+
| version() |
+-----------+
| 8.2.0     |
+-----------+
1 row in set (0.02 sec)
```


MySQL8.0.35 を起動したまま MySQL8.2.0 も起動できましたね。必要に応じて任意のバージョンを実行でき、しかもそれが共存できることを実感できました。

Point コンテナはもう削除して大丈夫です。docker container stop db1 db2 で停止してしまいましょう。

第15章

viの使えるUbuntuイメージを作り持ち運ぶ

この章では、コンテナとイメージからイメージを作成する方法を学びます。

イメージの共有にはDockerfileの利用が推奨されますが、ここで学ぶ方法はバックアップ取得やデバッグ時に活用できます。コンテナとイメージの理解を深めるためにも、いくつかの操作について整理してみましょう。

15.1

コンテナにviをインストールする

●コンテナの準備

この章ではコンテナに加えた変更をイメージとして持ち運ぶ方法を解説します。そのための準備として、Ubuntu コンテナに vi コマンドをインストールします。

パッケージのインストールには apt コマンドを使います。まず apt update で依存関係情報を最新化し、それから apt install で任意のパッケージの最新版を取得します。vi コマンドのパッケージ名は vim です。apt コマンドはインストール時に Do you want to continue? [Y/n] と対話操作による確認を求めてくるため、Y を入力する必要があります。

コンテナを起動して apt コマンドを実行してみましょう。このあといろいろな操作で指定するため、コンテナには myubuntu という名前を付けます。対話操作をするため --interactive と --tty も指定します。Ubuntu イメージは 2023 年 11 月時点で LTS の 22.04 を使用します。

ターミナル15.1.1 Ubuntuコンテナを起動してviコマンドをインストール

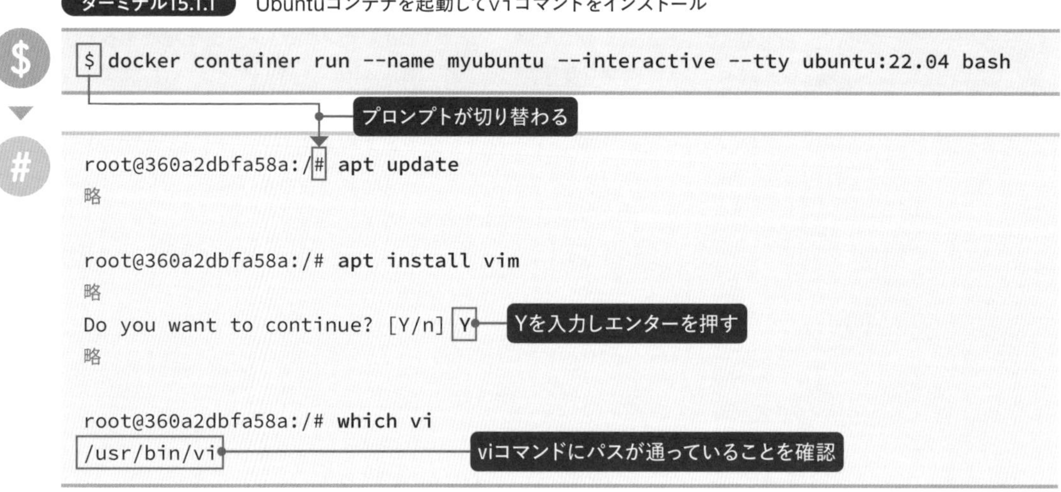

```
$ docker container run --name myubuntu --interactive --tty ubuntu:22.04 bash
```

```
root@360a2dbfa58a:/# apt update
略

root@360a2dbfa58a:/# apt install vim
略
Do you want to continue? [Y/n] Y
略

root@360a2dbfa58a:/# which vi
/usr/bin/vi
```

プロンプトが切り替わる
Yを入力しエンターを押す
viコマンドにパスが通っていることを確認

これで myubuntu という名前のコンテナは vi コマンドが使えるようになりました。myubuntu コンテナはこの章の間は起動させたままにしてください。

まず第 12 章のおさらいです。myubuntu コンテナは起動したまま、別の Ubuntu コンテナを起動して vi コマンドが使えるか which コマンドで確認します。

このコンテナは確認が済んだら即捨てるつもりなので、--name ではなく --rm を指定することにします。

ターミナル15.1.2　別のUbuntuコンテナを起動してviコマンドを確認

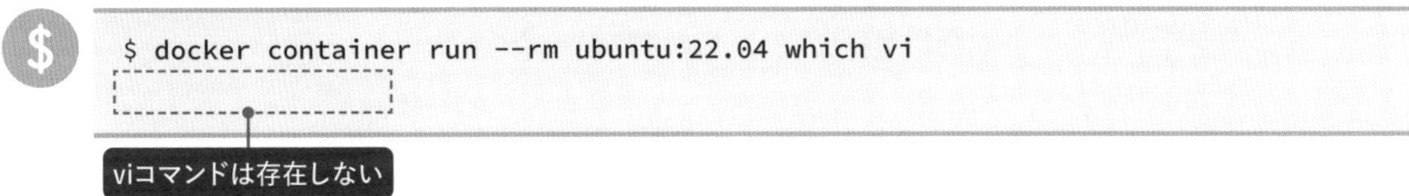

```
$ docker container run --rm ubuntu:22.04 which vi
```


コンテナでのファイル変更はコンテナレイヤで行われていて、コンテナレイヤはコンテナを起動するたびに別物が作られるのでしたね。したがって 2 つめに起動した Ubuntu コンテナには vi コマンドは存在しません。

図15.1.1　イメージレイヤとコンテナレイヤ

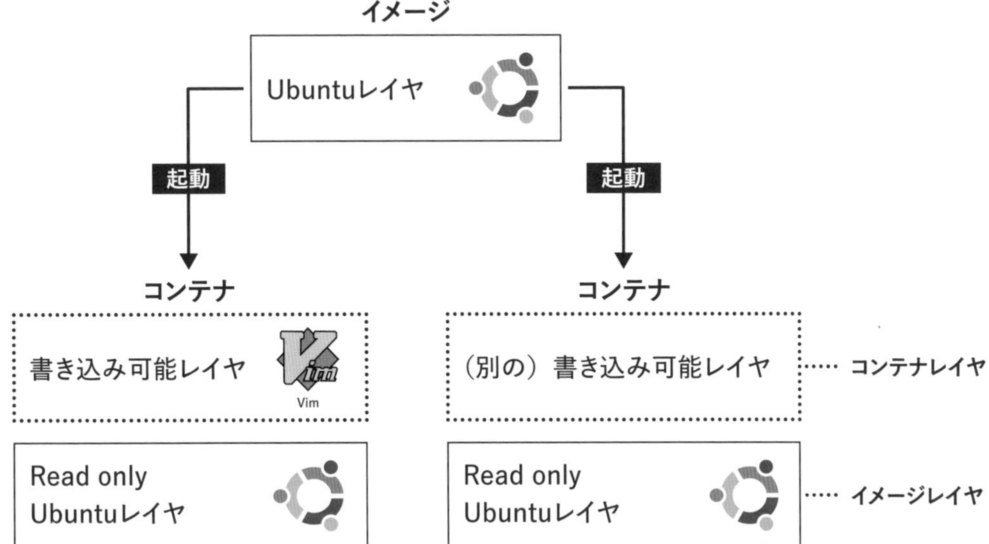

15.2 コンテナをイメージにする container commit

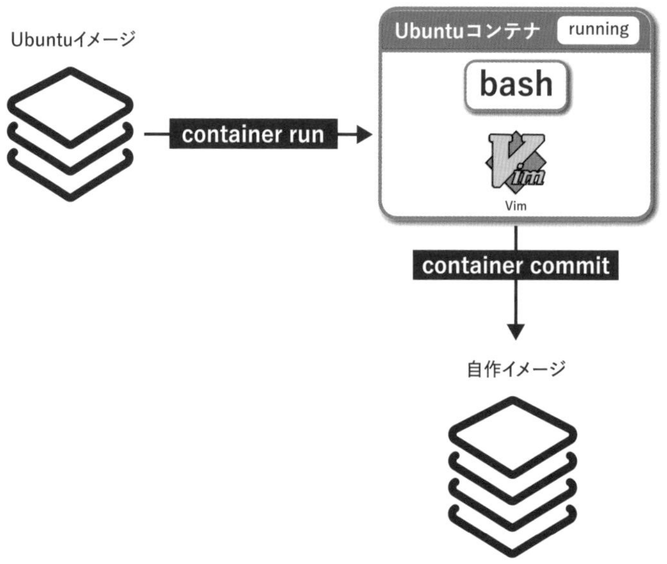

コマンド説明

コンテナからのイメージ作成は container commit で行います。

```
$ docker container commit [OPTIONS] CONTAINER [REPOSITORY[:TAG]]
```

この章で扱う [OPTIONS] はありません。

コンテナからイメージを作る

container commit を使うとコンテナからイメージを作れます。ポイントは container 配下のコマンドであることで、コンテナで行ったファイルシステムの変更を含むイメージを作成します。

CONTAINERには先ほど起動したmyubuntuコンテナを指定します。[REPOSITORY[:TAG]]の部分を指定しないとできあがるイメージを扱いづらいため、vi-ubuntuリポジトリのcommitタグというイメージにします。

ターミナル15.2.1　コンテナからイメージを作成

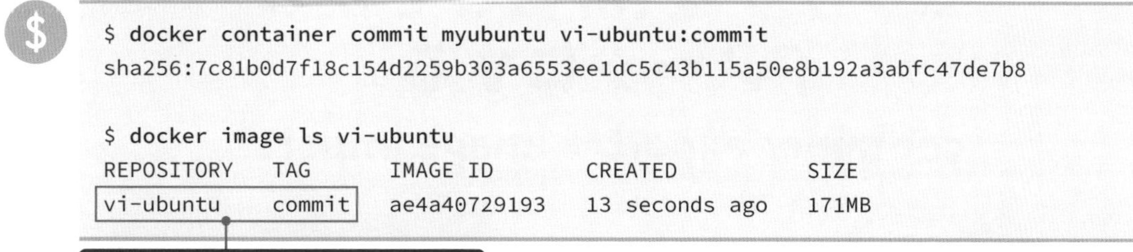

```
$ docker container commit myubuntu vi-ubuntu:commit
sha256:7c81b0d7f18c154d2259b303a6553ee1dc5c43b115a50e8b192a3abfc47de7b8

$ docker image ls vi-ubuntu
REPOSITORY   TAG      IMAGE ID       CREATED          SIZE
vi-ubuntu    commit   ae4a40729193   13 seconds ago   171MB
```

vi-ubuntu:commit イメージができている

vi-ubuntu:commitのイメージが作成できました。起動してviコマンドが使えるか確認します。

ターミナル15.2.2　作成したイメージからコンテナを起動してviコマンドを確認

```
$ docker container run --rm vi-ubuntu:commit which vi
/usr/bin/vi
```

viコマンドにパスが通っていることを確認

container commitはファイル（viコマンドもファイルです）を含めてコンテナをイメージに書き出します。そのおかげでviが使えるvi-ubuntu:commitイメージを作成できました。

コンテナをtarにしてから イメージにする

container export + image import

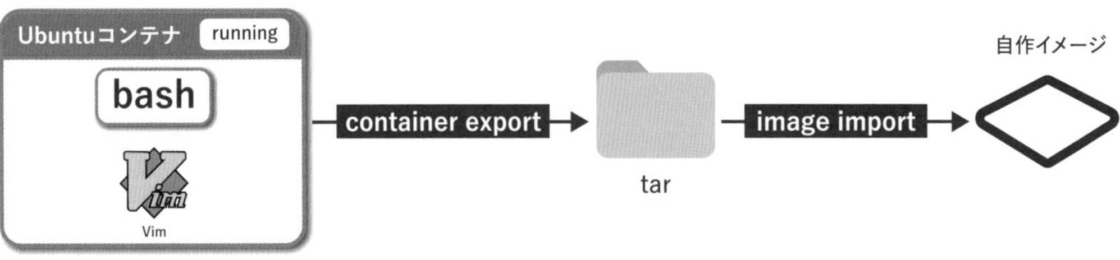

コマンド説明

コンテナからの tar アーカイブファイル作成は container export で行います。

```
$ docker container export [OPTIONS] CONTAINER
```

この章で扱う [OPTIONS] は次のとおりです。

ショート	ロング	意味	用途
-o	--output	出力先ファイル名	ファイルに保存する

container export で作成した tar アーカイブファイルからのイメージ作成は image import で行います。

```
$ docker image import [OPTIONS] file|URL|- [REPOSITORY[:TAG]]
```

この章で扱う [OPTIONS] はありません。

コンテナから tar を作る

イメージはレイヤという tar アーカイブファイルの集合体であり、.img のような単一ファイルではありません。container commit はコンテナからイメージを作れましたが、イメージは通常のファイルのように Git 管理したりファイルストレージにアップロードできません。それで不都合が生じるケースでは container export を利用します。

myubuntu コンテナを container export で tar アーカイブファイルにしてみましょう。--output でファイル名を指定します。

ターミナル15.3.1 コンテナからtarアーカイブファイルを作成

```
$ docker container export --output export.tar myubuntu

$ ls
export.tar
```

tarアーカイブファイルを確認

コンテナから export.tar が作成できました。

tar からイメージを作る

container export で作成した tar アーカイブファイルは、image import でイメージとして取り込みます。file 引数に先ほど作成した export.tar を指定します。できあがるイメージは vi-ubuntu リポジトリの import タグとします。

ターミナル15.3.2 tarアーカイブファイルからイメージを作成

```
$ docker image import export.tar vi-ubuntu:import
sha256:563900e4ab196754b92ced6b6c5f914725784272f9df7ae26dbc6df678d0eb56

$ docker image ls vi-ubuntu
REPOSITORY   TAG      IMAGE ID       CREATED          SIZE
vi-ubuntu    import   7ef5fabc3205   5 seconds ago    170MB
vi-ubuntu    commit   ae4a40729193   36 minutes ago   171MB
```

vi-ubuntu:importイメージができている

vi-ubuntu シリーズに vi-ubuntu:import のイメージが追加されました。起動して vi コマンドが使えるか確認します。

ターミナル15.3.3　作成したイメージからコンテナを起動してviコマンドを確認

```
$ docker container run --rm vi-ubuntu:import which vi
/usr/bin/vi
```

viコマンドにパスが通っていることを確認

この方法でも vi コマンドが使えることを確認できました。

tar アーカイブファイルの瞬間があることで、通常のファイルと同じ操作で別のマシンに移動させることが可能になりました。

Point myubuntu コンテナはもう破棄して大丈夫です。

container commit と container export + image import の違い

tar アーカイブファイルを経由するという点を除けば container commit と container export + image import は同じに見えます。しかしこの 2 つの方法には大きな違いがあります。それはレイヤ数とメタデータの扱いです。

container export + image import で作成したイメージは、レイヤが 1 つになってしまいます。また、イメージのメタデータがすべて欠如してしまいます。たとえばコンテナ起動時に実行するデフォルトコマンドはメタデータで管理されているため、vi-ubuntu:import を起動するときに [COMMAND] を省略するとエラーになってしまいます。

これらの違いは次のように考えるとわかりやすいでしょう。

container commitは、コンテナレイヤを新たなイメージレイヤとして定着させる操作です。

図15.3.1　container commitを整理

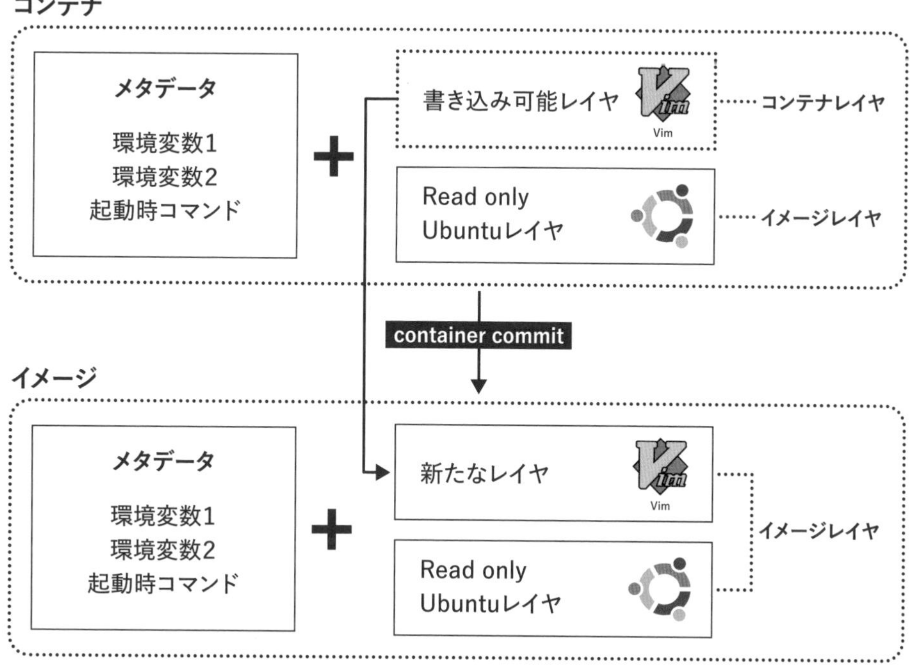

container exportは、重ね合わせで作られたファイルシステムを取り出す操作です。

図15.3.2　container export+image importを整理

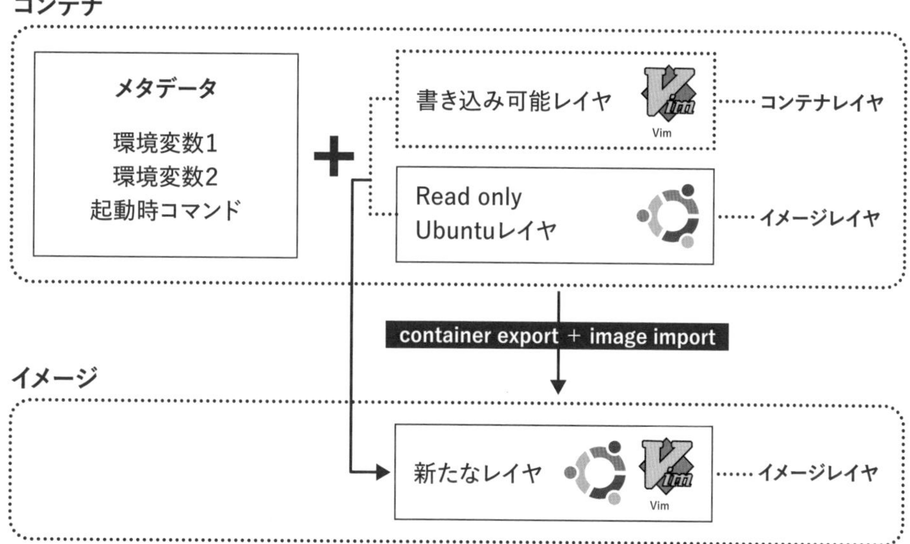

15.4 イメージをtarにしてからイメージにする

image save + image load

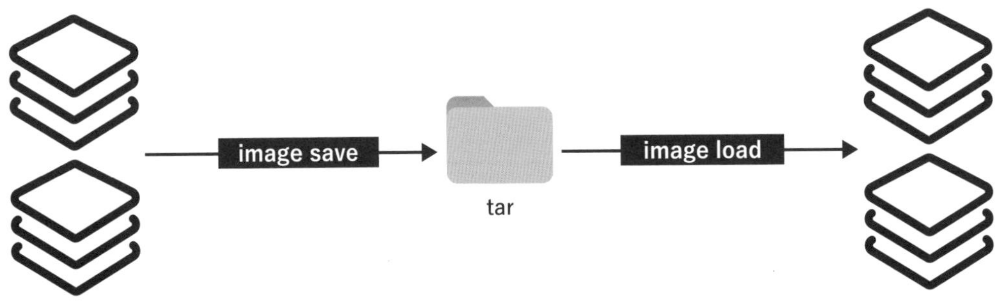

コマンド説明

イメージからの tar アーカイブファイル作成は image save で行います。

```
$ docker image save [OPTIONS] IMAGE [IMAGE...]
```

[IMAGE...] は複数イメージの指定が任意だという意味で、IMAGE [IMAGE...] の部分は必ず 1 つのイメージと任意数のイメージを指定せよと示しています。イメージを並べて複数指定するとまとめて保存できるということを表しています。

この章で扱う [OPTIONS] は次のとおりです。

ショート	ロング	意味	用途
-o	--output	出力先ファイル名	ファイルに保存する

image save で作成した tar アーカイブファイルからのイメージ作成は image load で行います。

```
$ docker image load [OPTIONS]
```

この章で扱う [OPTIONS] は次のとおりです。

ショート	ロング	意味	用途
-i	--input	入力ファイル名	ファイルから作成する

●イメージから tar を作る

image import と似たコマンドに image load があります。2つのコマンドはどちらも tar アーカイブファイルからイメージを作るコマンドですが、image load の扱う tar アーカイブファイルは image save で作成したものです。container export と異なり image save は image 配下のコマンドであることから、tar アーカイブファイルを作る元になるのはコンテナではなくイメージだと読み取れます。

ubuntu:22.04 イメージを image save で tar アーカイブファイルにしてみましょう。--output でファイル名を指定します。

ターミナル15.4.1　コンテナからtarアーカイブファイルを作成

```
$ docker image save --output save.tar ubuntu:22.04

$ ls
export.tar    save.tar
```

tarアーカイブファイルを確認

コンテナから save.tar が作成できました。

● tar からイメージを作る

イメージを別のマシンに移動するという操作を想定するため、一度ホストマシンから ubuntu:22.04 イメージを削除します。

ターミナル15.4.2　Ubuntu22.04イメージを削除

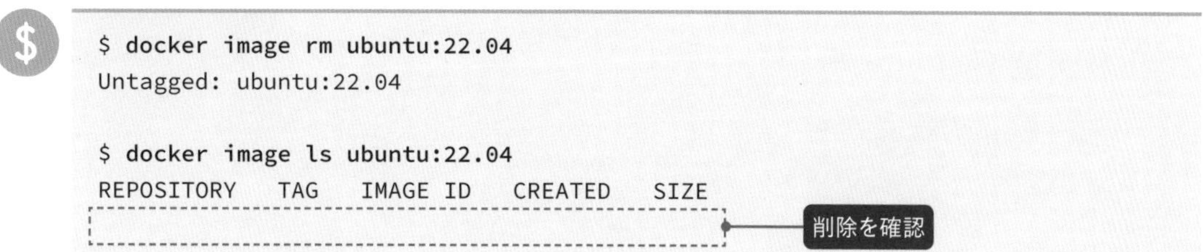

```
$ docker image rm ubuntu:22.04
Untagged: ubuntu:22.04

$ docker image ls ubuntu:22.04
REPOSITORY   TAG   IMAGE ID   CREATED   SIZE
```

ubuntu:22.04が存在しないことを確認したら、save.tarをimage loadでイメージとして取り込みます。--inputオプションで先ほど作成したsave.tarを指定します。

ターミナル15.4.3 tarアーカイブファイルからイメージを作成

```
$ docker image load --input save.tar
Loaded image: ubuntu:22.04

$ docker image ls ubuntu:22.04
REPOSITORY   TAG     IMAGE ID       CREATED        SIZE
ubuntu       22.04   e343402cadef   7 weeks ago    69.2MB
```

ubuntu:22.04イメージができている

ubuntu:22.04イメージが復元できました。

操作してみるとわかりますが、本節の操作にコンテナは一切登場しませんでした。image saveとimage loadはコンテナではなくイメージを扱うコマンドなので、vi-ubuntuシリーズのようなviコマンドの使えるイメージが作れるわけではありません。しかしcontainer exportと異なり、image saveはイメージのメタデータやタグ情報は完全に保持しています。image loadではリポジトリとタグを指定していないのに、ubuntu:22.04イメージとして復元されました。

image save + image loadは何の役に立つか

image save + image loadの目的は、イメージをtarアーカイブファイルにしてファイルシステムで扱えるようにすることです。イメージのバックアップやマシン間の移動で用いることになるでしょう。

また、image saveはIMAGE [IMAGE...]により複数のイメージを指定可能です。image saveは複数のイメージを指定しても1つのtarアーカイブファイルを作成し、image loadはひとつのtarアーカイブファイルから複数のイメージを復元できます。

イメージを持ち運ぶことに特化したコマンドだといえるでしょう。

COLUMN

リファレンスをみよう 4 ー --help オプションによるコマンド詳細

docker image --helpではなくdocker image ls --helpを実行すると、コマンド詳細を表示できます。

ターミナル15.4.4 docker image lsコマンドの詳細を表示

```
$ docker image ls --help

Usage:  docker image ls [OPTIONS] [REPOSITORY[:TAG]]

List images

Aliases:
  docker image ls, docker image list, docker images

Options:
  -a, --all             Show all images (default hides intermediate images)
      --digests         Show digests
  -f, --filter filter   Filter output based on conditions provided
      --format string   Format output using a custom template:
                        'table':            Print output in table format 略
                        'table TEMPLATE':   Print output in table format 略
                        'json':             Print in JSON format
                        'TEMPLATE':         Print output using the given 略
                        Refer to https://docs.docker.com/go/formatting/  略
      --no-trunc        Don't truncate output
  -q, --quiet           Only show image IDs
```

オプションや引数などの文法の他、新旧コマンドの対応も確認できます。image lsはフィルターを指定したり出力整形できることが読み取れますね。

筆者はオプションをちょっと確認したいときはさっと表示できる--helpオプションを使うことが多いです。覚えておくと便利ですよ。

第4部

Dockerfileの活用例

Docker Hubなどのレジストリサービスで公開されているイメージは汎用的に作られており、機能や設定は最小限に抑えられています。しかし実際に利用するときには追加モジュールのインストールが必要になったり、独自の設定ファイルを設置する必要があります。Dockerfileを使い、イメージの拡張ができるようになりましょう。

この部をしっかり理解できれば、ローカル開発環境を構築するに十分なDockerfileの読み書きが身につき、自分でDockerfileを書けるようになります。

この部の章はそれぞれ独立しています。自分のやりたいことを実現する方法がわからなくなってしまったときは、いつでも戻ってきて確認してください。

第16章

Dockerfileの基礎

　第4部ではDockerfileを用いたイメージ拡張の方法を学びます。

　この章では、Dockerfileの文法解説前にイメージやレイヤについて整理し、Dockerfileが行うことの雰囲気を掴むことを目標にします。残りの章の操作がスムーズに理解できるようになるはずです。

なぜDockerfileを扱える必要があるか

第 14 章で container commit や image import を学び、イメージを持ち運ぶ方法を知りました。この方法で tar アーカイブファイルを受け渡せば他のマシンやチームメンバーとイメージを共有できますが、大きな問題があります。それは **tar アーカイブファイルでは、どのようなイメージなのか人間には理解できない**ことです。「PHP をインストールして、設定ファイルも作っておいたよ」と言ってもらわなければ、その tar アーカイブファイルがどのようなイメージなのかまったくわからないのです。また、**tar アーカイブファイルを作る作業に再現性がありません。** 似たような tar アーカイブファイルを作ろうとしても、PHP をどうインストールをするか、どのような設定にするかは、そのとき作業する人の一存で決まります。

その問題を解消するために、自作イメージの共有は tar アーカイブファイルではなく Dockerfile の共有で実現することが基本です。イメージを拡張する方法を Dockerfile に記して共有すれば、イメージに対する変更が**明示的**になり、**同じ手順で作成される**ようになります。

図16.1.1 tarアーカイブファイルとDockerfileの違い

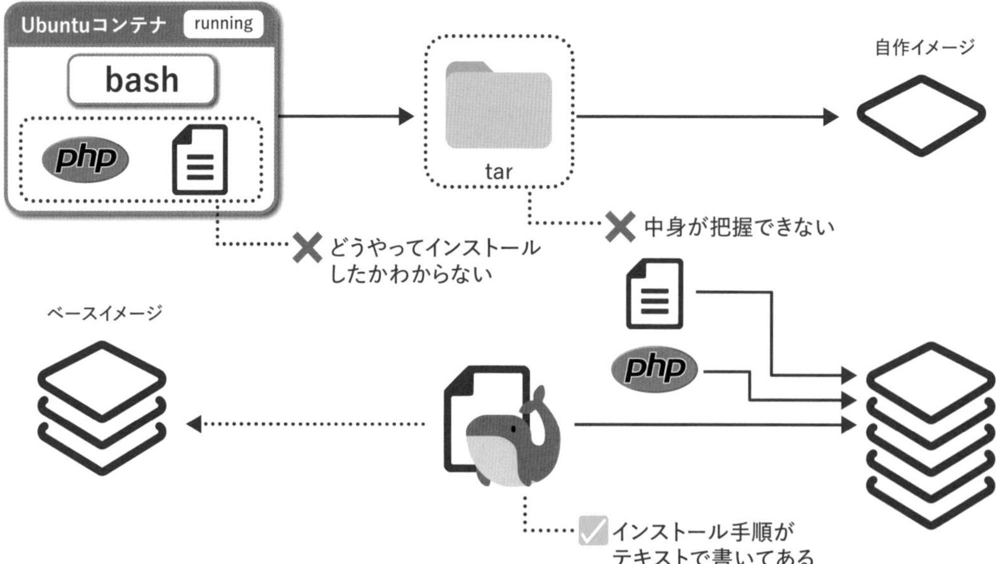

16.2 Docker Hubのレイヤ情報を読み解く

第４部の残りの章でDockerfileを読み書きする前に、Rubyイメージを使いレイヤ情報を確認する方法を解説します。Dockerfileがどのようにレイヤ情報を扱っているか、雰囲気を感じ取ることが目的です。

Point レイヤについて忘れてしまった方は第４章を読み返してください。また、メタデータについて忘れてしまった方は第12章を読み返してください。

GitHubでDockerfileを確認する

まずはDocker Hubで`ruby`と検索し、Rubyリポジトリの`Overview`タブを開きます。

スクリーンショット16.2.1 Docker HubのRubyリポジトリ

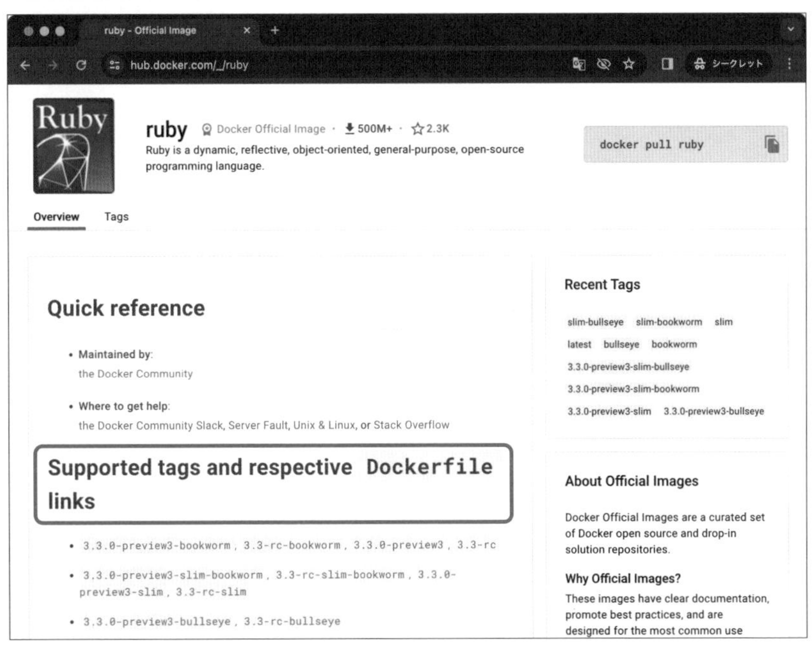

Supported tags and respective Dockerfile links の項でDockerfileが公開されています。

ここでは2023年11月現在にlatest扱いである3.2.2をサンプルに使います。

3.2.2のリンクをクリックして、GitHubにあるruby:3.2.2のDockerfileを開いてみましょう。コメント行を除き行の書き出しのみ抜粋したコードを次に示します。

コード16.2.1 ruby:3.2.2のDockerfile(抜粋)

```
FROM buildpack-deps:bookworm
RUN set -eux; ... 略
ENV LANG C.UTF-8
ENV RUBY_MAJOR 3.2
ENV RUBY_VERSION 3.2.2
ENV RUBY_DOWNLOAD_SHA256 4b352d0f7ec384e332e3e44cdbfdcd5ff2d594af3c8 ... 略
RUN set -eux; ... 略
ENV GEM_HOME /usr/local/bundle
ENV BUNDLE_SILENCE_ROOT_WARNING=1 ... 略
ENV PATH $GEM_HOME/bin:$PATH
RUN mkdir -p "$GEM_HOME" && chmod 1777 "$GEM_HOME"
CMD [ "irb" ]
```

Dockerfile全体は120行ほどありますが、命令はFROM, RUN, ENV, CMDの4種類12回しか指定されていません。Rubyの動く環境を作るにしては、案外シンプルだと感じるのではないでしょうか。

Docker Hubで履歴情報を確認する

次にイメージの履歴情報を確認します。Docker Hubに戻りTagsタブで3.2.2を検索しましょう。

スクリーンショット16.2.2 Tagsタブで検索

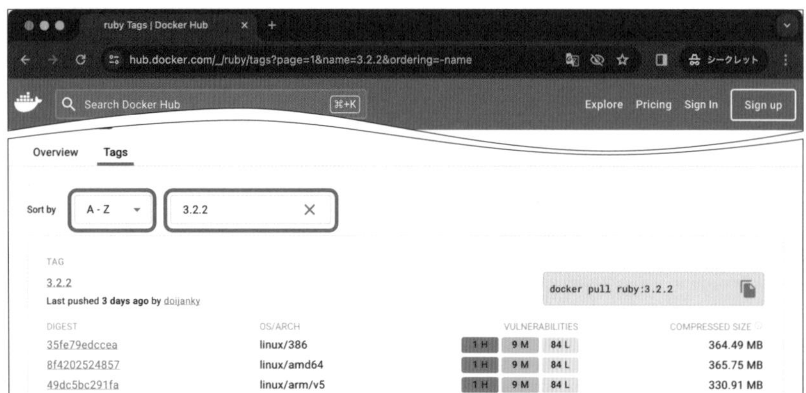

ヒットした3.2.2を開くとイメージの詳細画面が開きます。ここではImage hierarchyやLayersなどの情報が確認できます。Layers(16)と表示されており、下にスクロールすると全部で16の項目を確認できます。

スクリーンショット16.2.3

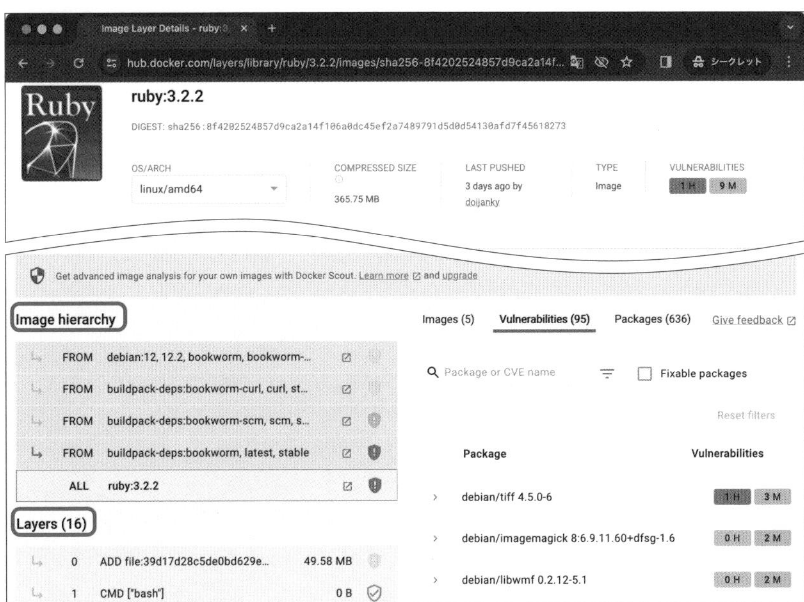

スクリーンショット16.2.4は Layers10件目のCommandタブを確認している様子です。

スクリーンショット16.2.4

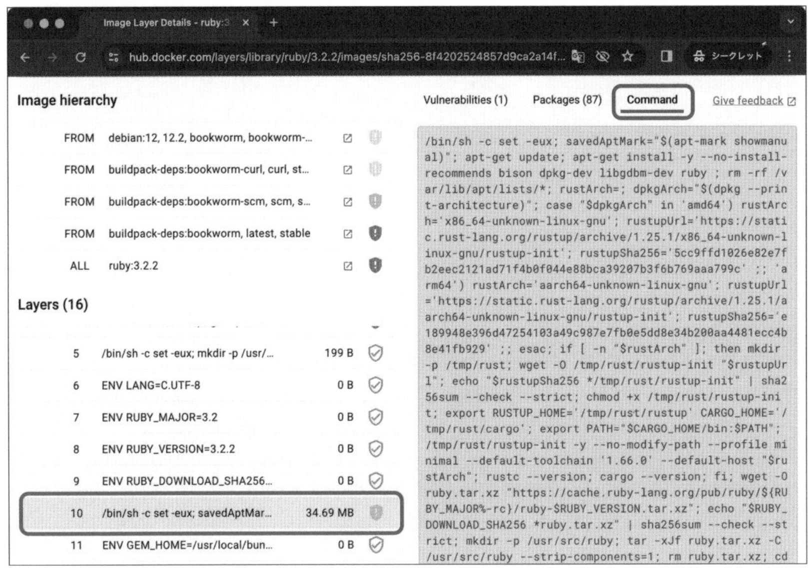

このようにDocker Hubでイメージについてある程度把握できます。

●履歴情報とレイヤとメタデータ

この16の情報は`image history`というコマンドでも確認できます。

ターミナル16.2.1 Ruby3.2.2イメージのhistory

```
$ docker image history ruby:3.2.2
IMAGE          CREATED      CREATED BY                                      SIZE
4f0a088b1396   3 days ago   /bin/sh -c #(nop)  CMD ["irb"]                  0B
<missing>      3 days ago   /bin/sh -c mkdir -p "$GEM_HOME" && chmod…       0B
<missing>      3 days ago   /bin/sh -c #(nop)  ENV PATH=/usr/local/b…       0B
<missing>      3 days ago   /bin/sh -c #(nop)  ENV BUNDLE_SILENCE_RO…       0B
<missing>      3 days ago   /bin/sh -c #(nop)  ENV GEM_HOME=/usr/loc…       0B
<missing>      3 days ago   /bin/sh -c set -eux;    savedAptMark="$(a…      63.1MB
<missing>      3 days ago   /bin/sh -c #(nop)  ENV RUBY_DOWNLOAD_SHA…       0B
<missing>      3 days ago   /bin/sh -c #(nop)  ENV RUBY_VERSION=3.2.        0B
<missing>      3 days ago   /bin/sh -c #(nop)  ENV RUBY_MAJOR=3.2           0B
<missing>      3 days ago   /bin/sh -c #(nop)  ENV LANG=C.UTF-8             0B
<missing>      3 days ago   /bin/sh -c set -eux;  mkdir -p /usr/loca…       45B
<missing>      4 days ago   /bin/sh -c set -ex;  apt-get update;  ap…       560MB
<missing>      4 days ago   /bin/sh -c apt-get update && apt-get ins…       183MB
<missing>      4 days ago   /bin/sh -c set -eux;  apt-get update;  a…       48.5MB
<missing>      4 days ago   /bin/sh -c #(nop)  CMD ["bash"]                 0B
<missing>      4 days ago   /bin/sh -c #(nop) ADD file:6550a7c17e640…       139MB
```

対して、`image inspect`で確認できるJSONの`RootFS.Layers`は、このイメージでは7つです。

ターミナル16.2.2 Ruby3.2.2イメージのinspect

```
$ docker image inspect ruby:3.2.2
[
    略,
    {
        "RootFS": {
            "Type": "layers",
            "Layers": [
                "sha256:73dca680fc18bb8a342...略...4a0be2b01296d1e720134473",
                "sha256:3159e3503c4e18ffd94...略...f4e52095ba5d3a14bac7e8ae",
                "sha256:92102e6601b6f8f8593...略...620eed2a1930640e3a10cca9",
                "sha256:17935857b766b932e7d...略...838a099c4571b979401edff2",
                "sha256:2e0636aceeacd812674...略...69cecb2bdd0e761b346153ed",
                "sha256:05ed9a2f73ccfe920e3...略...14aadd661131eb4ff3986179",
                "sha256:3cd44f121ecf92620f5...略...69347122caa014744919bba1"
```

```
            ]
        },
    }
    略,
]
```

OCI Image Specificationによると、RootFSはファイルシステムを変更するtarアーカイブファイルの情報で、historyはメタデータ設定を含む履歴の配列とされています。history情報において、たとえばENV命令によるファイルシステムを変更しない項目は、empty_layer = trueとして扱われRootFSには対応しないと記されています（文献16.1）。

Docker HubのLayersというエリアに表示されている要素は、historyに相当するメタデータ設定を含む情報と捉えるのが良さそうです。ruby:3.2.2イメージは、厳密な意味でのレイヤ（ファイルシステム変更の差分をもつtarアーカイブファイル）が7つと9つのメタデータ設定をもち16レイヤである、と整理できます。

本書ではここまでもこれ以降も一貫してレイヤはファイルシステムを変更するtarアーカイブファイルのことを指すものとし、メタデータは含まないものとします。ただしhistory情報に則り、レイヤもしくはメタデータ設定のことを便宜上履歴と呼ぶことにします。

- e.g. Dockerfileの命令は履歴を作る
- e.g. RUN命令はレイヤを作る
- e.g. ENV命令はメタデータを作る

Dockerfileと履歴情報を見比べる

Dockerfileと履歴情報が揃ったので、少し細かく見比べてみましょう。

DockerfileのFROM以外の命令は1命令で1履歴を作ります。したがってコード16.2.1に示すruby:3.2.2のDockerfileは、末尾11行で11履歴を作っていることになります。

スクリーンショット16.2.4で確認している履歴10のCommandタブを見てください。Commandタブは、その履歴を作成したコマンドを表示しています。

コード16.2.2 Commandタブの抜粋

```
/bin/sh -c set -eux; savedAptMark="$(apt-mark showmanual)"; apt-get update;
...略
```

Docker HubのLayersは0から始まっているため、履歴10は16件の履歴のうち下から6番目にあたります。Dockerfileの同じく下から6つめの命令と比べると、内容が完全に一致するはずです。

コード16.2.3　Dockerfileの抜粋

```
RUN set -eux; \
  \
  savedAptMark="$(apt-mark showmanual)"; \
  apt-get update; \
  略
```

他も同じように見比べてみると、Docker Hubの下11履歴のCommandは、Dockerfileの下11命令と完全に一致します。

それより上の5つの履歴は、FROMによるものです。FROMはベースとなるイメージを指定するための命令で、FROM**は1命令でベースに指定したイメージと同等の命令になります。**

コード16.2.1のDockerfileの1行目を確認すると、FROM buildpack-deps:bookwormと実装してありますね。それを手がかりにDocker Hubでbuildpack-depsリポジトリを探し、bookwormタグのDockerfileを見てみます。（bookwormはDebianというLinuxディストリビューションのバージョンコードネームです）

buildpack-deps:bookwormのDockerfileを抜粋して掲載します。

コード16.2.4　buildpack-deps:bookwormのDockerfile（抜粋）

```
FROM buildpack-deps:bookworm-scm
RUN set -ex; ... 略
```

RUNによる1命令で1履歴を追加している他、またFROMが確認できました。

なんとなく察しがついてきたのではないでしょうか。DockerfileはFROMを使い他のイメージをまるっと流用して実装するものなのです。

このようにFROMをずっと辿っていくとちゃんと16命令になり、最終的にFROM scratchという実装に行き当たります。scratchというイメージはもっとも基本的なイメージで、他のほぼすべてのイメージの基底になるものです（図16.2.1参照）。

Docker HubのImage hierarchyやLayersの行をいろいろクリックすると、どこまでがどのイメージによるものかを確認したりもできます（スクリーンショット16.2.5参照）。

履歴（レイヤとメタデータ）とDockerfileの関係が感じ取れたでしょうか。

図16.2.1 DockerfileのFROMの連鎖

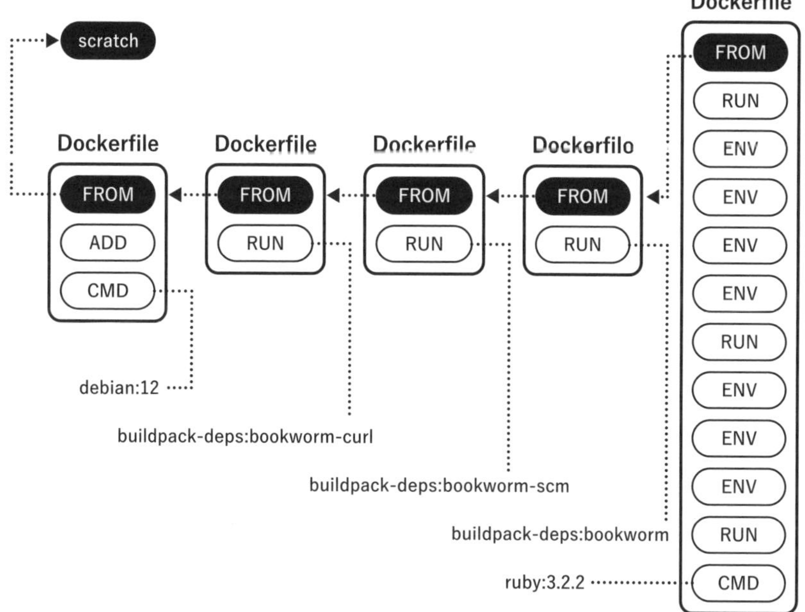

スクリーンショット16.2.5 各Dockerfileの範囲などを確認

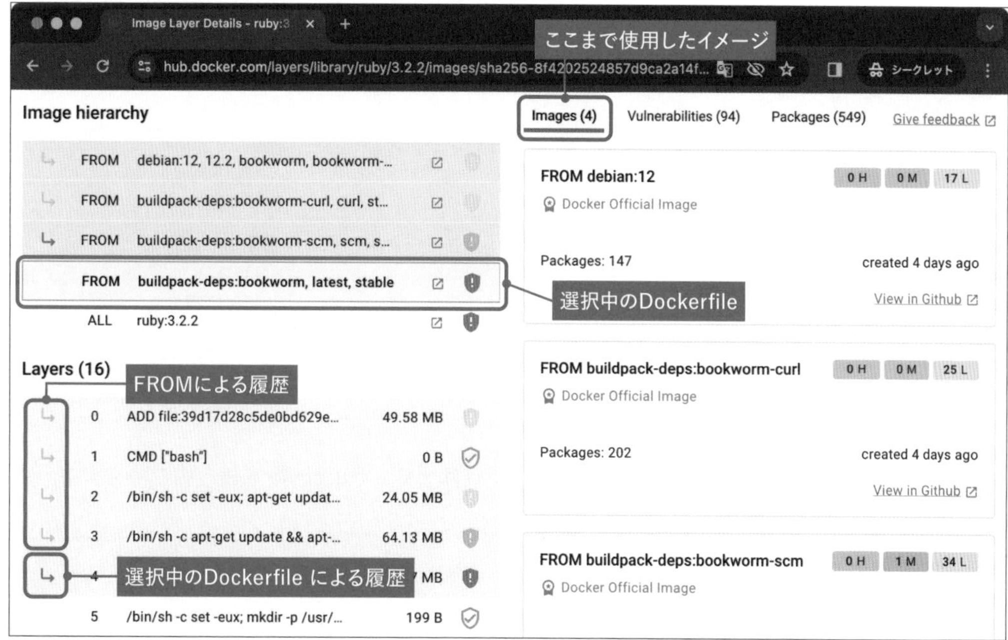

●出典

文献 16.1 「GitHub」https://github.com/opencontainers/image-spec/blob/main/config.md#properties より

16.3 Dockerfileの命令リスト

Dockerfile で利用できる命令の一部を掲載します。

命令	説明	解説	本書における扱い	備考
FROM	ベースイメージを指定する	第 17 章	ー	ー
RUN	コマンドを実行しレイヤとして確定する	第 17 章	レイヤの追加	ー
ENV	イメージの環境変数を指定する	第 18 章	メタデータの追加	類似：ARG ENV はイメージビルド時とコンテナ実行時に有効
ARG	イメージビルド時の変数を定義する	ー	メタデータの追加	類似：ENV ARG イメージビルド時のみ有効
COPY	ホストマシンのファイルをイメージにコピーする	第 18 章	レイヤの追加	類似：ADD COPY はシンプル
ADD	ホストマシンやインターネットのファイルをイメージに追加する	ー	レイヤの追加	類似：COPY ADD は多機能
ENTRYPOINT	コンテナ起動時に実行するコマンドを指定する	ー	メタデータの追加	類似：CMD ENTRYPOINT はコンテナ起動時に変更しない
CMD	コンテナ起動時に実行するコマンドのデフォルト部を指定する	第 19 章	メタデータの追加	類似：ENTRYPOINT CMD はコンテナ起動時に柔軟に変更する

すべてではありませんが、これくらいを知っていれば十分 Dockerfile を読み書きできます。

まとめ

- ☑ tar アーカイブファイルのやりとりではどのようなイメージなのか把握できない
- ☑ 手作業をベースにする運用では再現性がない
- ☑ Dockerfile を用いるイメージ拡張は、明示的で再現性がある
- ☑ Dockerfile は FROM でベースイメージを指定し、レイヤとメタデータを追加できる

第17章

viの使える
Ubuntuイメージを作る

この章では、すべてのDockerfileで必ず使うFROM命令と構築の基本になるRUN命令、そしてDockerfileでイメージをビルドするコマンドを学びます。

既存のイメージに任意の変更を加えられるようになりましょう。

17.1 ベースイメージを指定する FROM

命令説明

FROM 命令は、ベースイメージを指定します。

```
FROM [--platform=<platform>] <image> [AS <name>]
```

この章では <image> のみ指定します。

FROM 命令とベースイメージ選び

Dockerfile の FROM 命令は、ベースとなるイメージを指定します。基本的に Dockerfile の 1 行目は FROM であり、「これからこのイメージを拡張するぞ」という書き出しで始まります。ですから Dockerfile を書くためにはまずベースイメージを決めなければなりません、Docker Hub で探しましょう。

Docker Hub には多くの公式リポジトリがあります。イメージを探すときはまず Docker Official Image をチェックして公式リポジトリを探しましょう。

スクリーンショット17.1.1　公式リポジトリから探す

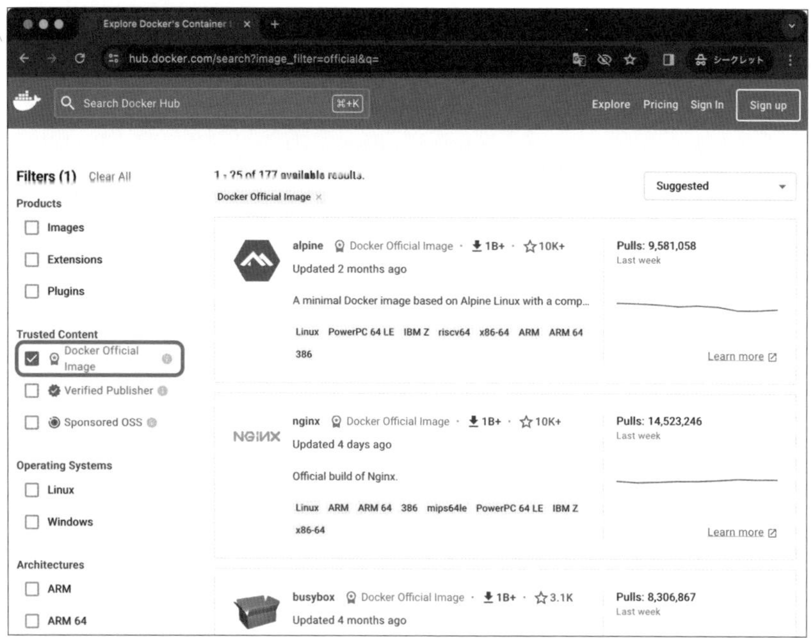

リポジトリは、作成したいイメージと近しいものを探します。たとえば「○△できるPHPが必要」であればPHPリポジトリを、「○△可能なデータベースサーバが必要」ならMySQLリポジトリやPostgreSQLリポジトリを使います。この章はイメージ操作の学習が目的なため、なんらかのLinuxディストリビューションを使います。

Linuxのベースイメージに迷ったら、Ubuntuを使うとよいでしょう。UbuntuはDebianベースのLinuxディストリビューションで、広く使われています。他の章で使っているPHPイメージなどもDebian系ですし、この章で使用するリポジトリは公式のUbuntuリポジトリに決めます。

次に決めるのはタグです。

第12章で解説したとおり、安易に`latest`タグを使用する（もしくはタグを指定せず自動で`latest`を使う）のは避けるべきですので、バージョンを決めなければなりません。バージョンを決めるには`latest`がどう付けられているか確認する他、Docker HubではなくUbuntuのサイトなどで長期サポート版について調べる必要があります。

スクリーンショット17.1.2　Docker Hubでlatestタグを確認する

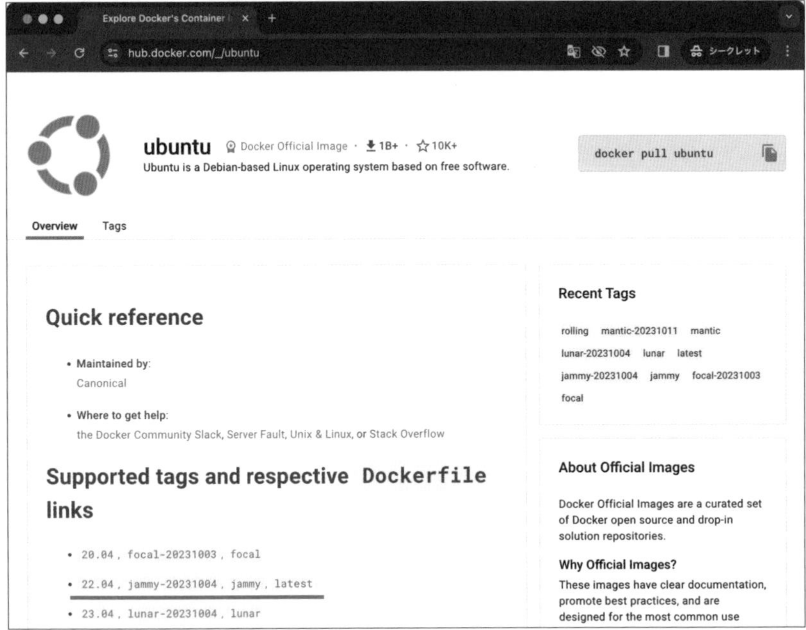

Docker Hubでは`22.04`タグと`latest`タグが同じイメージに付いています。またUbuntuのサイトでも2023年11月現在の最新長期サポート版は22.04となっていました。以上のことからバージョンは22.04にします。

イメージ選びはこのような流れで行います。今回利用するイメージは`ubuntu:22.04`に決まりました。

はじめてのDockerfile

ホストマシンの任意の場所にディレクトリを作成し、`Dockerfile`というファイルを作ってみましょう。慣例としてDockerfileには拡張子をつけずそのまま`Dockerfile`というファイル名をつけます。`FROM`には`container run`や`image inspect`と同じように`REPOSITORY[:TAG]`形式でイメージを指定します。

コード17.1.1　FROMしかないDockerfile

```
FROM ubuntu:22.04
```

このDockerfileは「これから`ubuntu:22.04`を拡張するぞ」という書き出しで始まっています。まだ`FROM`しか書いていないため、このDockerfileからイメージを作っても`ubuntu:22.04`と同じイメージができるだけですが、まずはここからです。この章で`vi`コマンドをインストールするDockerfileまで育てます。

17.2

Dockerfileでイメージをビルドする
image build

コマンド説明

Dockerfile でのイメージビルドは image build で行います。

```
$ docker image build [OPTIONS] PATH | URL | -
```

この章で扱う [OPTIONS] は次のとおりです。

ショート	ロング	意味	用途
-f	--file	Dockerfile を指定	Dockerfile を使い分ける
-t	--tag	作成したイメージにタグをつける	意味のとおり

| は or を示しており、PATH と URL と - のいずれかを必ず指定せよと示しています。本書では PATH のみ解説します。

Dockerfile でイメージをビルドする

先ほど作成した Dockerfile を保存して、さっそく image build でイメージをビルドしましょう。

タグを指定せずビルドすると、できたイメージをランダムなイメージ ID で扱うことになってしまい不便なため、--tag でタグを付けます。リポジトリとタグは自分で決めます。完成系を意識して my-ubuntu:22.04 としましょう。

PATH | URL | - 引数はコンテキストと呼ばれ、ビルド時に参照するファイルのある場所を指定します。PATH でディレクトリのパスを指定する他、URL で GitHub リポジトリや tar アーカイブファイルのある URL を指定したり、- でテキストを指定できます。本書では PATH によるディレクトリのパス指定のみ利用します。今回は Dockerfile 以外に必要なファイルはないため、カレントディレクトリを示す . とします。

--file は Dockerfile のパスを指定するオプションですが、コンテキストに Dockerfile というファイル名で Dockerfile がある場合は省略できます。

まとめると、実行するコマンドは次のようになります。

指定	補足
--tag my-ubuntu:22.04	ビルドしたイメージにタグをつける
PATH に .	ビルドに使うファイルがある場所を指定する ここに Dockerfile がある場合、--file は不要

文法 `$ docker image build [OPTIONS] PATH | URL | -`

↓ ↓

入力 `$ docker image build --tag my-ubuntu:22.04 .`

ターミナル17.2.1 Dockerfileでイメージをビルド

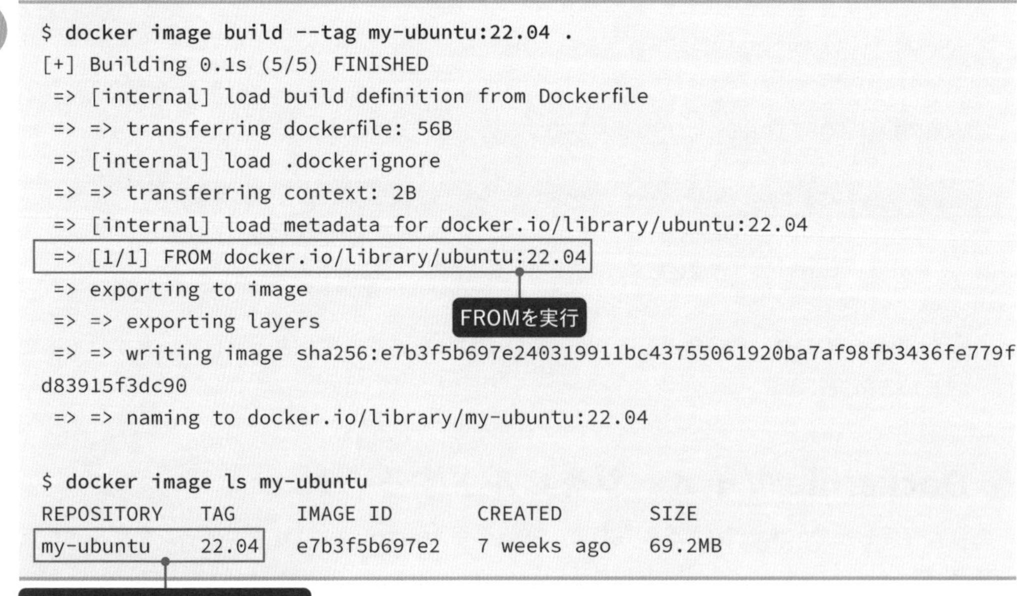

```
$ docker image build --tag my-ubuntu:22.04 .
[+] Building 0.1s (5/5) FINISHED
 => [internal] load build definition from Dockerfile
 => => transferring dockerfile: 56B
 => [internal] load .dockerignore
 => => transferring context: 2B
 => [internal] load metadata for docker.io/library/ubuntu:22.04
 => [1/1] FROM docker.io/library/ubuntu:22.04
 => exporting to image
 => => exporting layers
 => => writing image sha256:e7b3f5b697e240319911bc43755061920ba7af98fb3436fe779f
d83915f3dc90
 => => naming to docker.io/library/my-ubuntu:22.04

$ docker image ls my-ubuntu
REPOSITORY   TAG     IMAGE ID       CREATED        SIZE
my-ubuntu    22.04   e7b3f5b697e2   7 weeks ago    69.2MB
```

FROMを実行
myubuntu:22.04 が作成された

まだ vi コマンドは使えませんが、ビルドした my-ubuntu:22.04 イメージからコンテナを起動してみましょう。

ターミナル17.2.2　my-ubuntu:22.04イメージでコンテナを起動

```
$ docker container run my-ubuntu:22.04 echo 'hello'
hello

$ docker container run my-ubuntu:22.04 which vi

```

which viの返事はなし

Docker Hubから取得したイメージと同じように、自分のDockerfileでビルドしたイメージでもコンテナが起動できました。ところで起動したついでにwhich viでviコマンドのパスを確認しましたが、インストールしていないためやはり何も表示されませんでした。

最後に履歴情報を確認してみます。DockerfileにはFROM命令しか書かなかったため、作成したmy-ubuntu:22.04とベースイメージにしたubuntu:22.04の履歴情報は同じです。

ターミナル17.2.3　my-ubuntu:22.04の履歴情報

```
$ docker image history my-ubuntu:22.04
IMAGE          CREATED      CREATED BY                                      SIZE
e7b3f5b697e2   4 days ago   /bin/sh -c #(nop)  CMD ["/bin/bash"]            0B
<missing>      4 days ago   /bin/sh -c #(nop)  ADD file:50f947da69b3b…     69.3MB
<missing>      4 days ago   /bin/sh -c #(nop)  LABEL org.opencontain…      0B
<missing>      4 days ago   /bin/sh -c #(nop)  LABEL org.opencontain…      0B
<missing>      4 days ago   /bin/sh -c #(nop)  ARG LAUNCHPAD_BUILD_ARCH     0B
<missing>      4 days ago   /bin/sh -c #(nop)  ARG RELEASE                  0B
```

ターミナル17.2.4　ubuntu:22.04の履歴情報

```
$ docker image history ubuntu:22.04
IMAGE          CREATED      CREATED BY                                      SIZE
e343402cadef   4 days ago   /bin/sh -c #(nop)  CMD ["/bin/bash"]            0B
<missing>      4 days ago   /bin/sh -c #(nop)  ADD file:50f947da69b3b…     69.3MB
<missing>      4 days ago   /bin/sh -c #(nop)  LABEL org.opencontain…      0B
<missing>      4 days ago   /bin/sh -c #(nop)  LABEL org.opencontain…      0B
<missing>      4 days ago   /bin/sh -c #(nop)  ARG LAUNCHPAD_BUILD_ARCH     0B
<missing>      4 days ago   /bin/sh -c #(nop)  ARG RELEASE                  0B
```

17.3 コマンドを実行してレイヤを確定する RUN

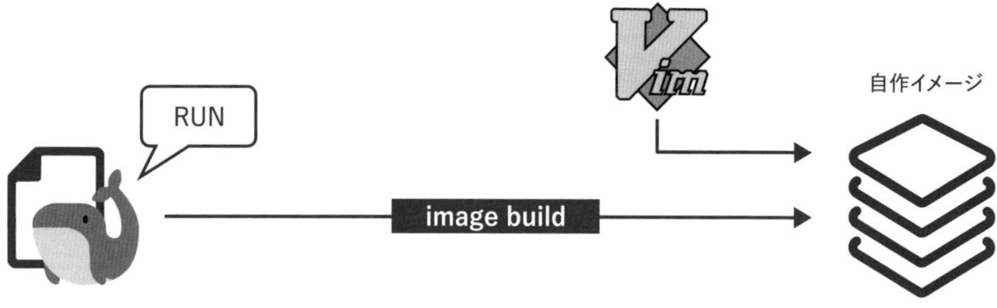

命令説明

RUN 命令は、新しいレイヤでコマンドを実行しその結果を新たなレイヤとして確定します。

```
RUN <command>
```

RUN 命令で vi コマンドをインストールする

RUN 命令は、Linux コマンドを実行してその結果をレイヤとして確定します。

第 15 章で vi コマンドをインストールした時は apt update と apt install vim でしたが、今回実行するコマンドは少し違います。次の コード 17.3.1 をみてください。

コード17.3.1 viコマンドをインストールするDockerfile

```
FROM ubuntu:22.04

RUN apt-get update
RUN apt-get install -y vim
```

apt-get コマンドも apt コマンドと同様にパッケージを管理するコマンドです。apt は apt-get のラッパーコマンドで、よりユーザーフレンドリーに作られています。たとえば出力が標準でカラフルだったり、プログレスバーが表示されるなどの違いがあります。ただしよりよいユーザーインターフェースのためには下位互換を損なう更新をする可能性があるとマニュアルで明言されており、スクリプトなどでの利用は apt-get が推奨されます。実際に Docker Hub 公式の Dockerfile をみても、どのリポジトリも apt-get を利用しています。

もう一点の違いは install の -y オプションです。これはスクリプト実行では Do you want to continue? [Y/n] のような対話操作に対応できないため、自動で y を入力したことにするオプションです。

このように、RUN 命令を書くには Docker の知識だけではなく Linux の知識も要求されます。

Dockerfile でイメージをビルドする

Dockerfile を更新したので、再ビルドしましょう。

ターミナル17.3.1 Dockerfileでイメージをビルド

```
$ docker image build --tag my-ubuntu:22.04 .
[+] Building 26.6s (7/7) FINISHED
 => [internal] load build definition from Dockerfile
 => => transferring dockerfile: 94B
 => [internal] load .dockerignore
 => => transferring context: 2B
 => [internal] load metadata for docker.io/library/ubuntu:22.04
 => CACHED [1/3] FROM docker.io/library/ubuntu:22.04
 => [2/3] RUN apt-get update
 => [3/3] RUN apt-get install -y vim
 => exporting to image
 => => exporting layers
 => => writing image sha256:a236f752d24d84f7b00f642bfec17bc11a4f08baacde22514508
8c8130e78dce
 => => naming to docker.io/library/my-ubuntu:22.04
```

apt-get update が実行された

apt-get install -y vim が実行された

FROM しかなかった Dockerfile よりビルドに時間がかかったはずです。

ビルドした my-ubuntu:22.04 イメージからコンテナを起動して、vi コマンドが使えるか確認しましょう。

ターミナル17.3.2 my-ubuntu:22.04イメージでコンテナを起動

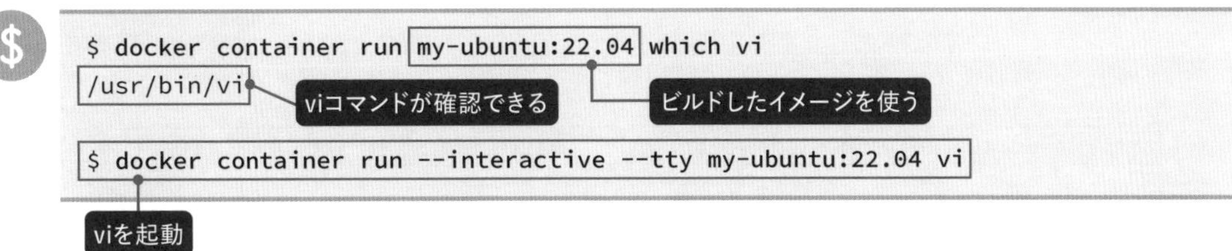

```
$ docker container run my-ubuntu:22.04 which vi
/usr/bin/vi

$ docker container run --interactive --tty my-ubuntu:22.04 vi
```

viコマンドが確認できる
ビルドしたイメージを使う
viを起動

vi が起動できるはずです。これで vi の使えるイメージを作れました。

Point vi の終了は : q + Enter です。

コンテナではなくイメージに vi コマンドをインストールしたので、今後はコンテナを起動するたびに vi コマンドをインストールする必要はありません。Dockerfile を使うイメージ拡張の流れが感じ取れたでしょうか。

ちなみに RUN という単語から勘違いしてしまいがちですが、RUN 命令は container run とは関係ありません。RUN 命令に指定したコマンドが実行されるのは image build のタイミングです。間違えないようにしましょう。

COLUMN

いきなり RUN 命令に Linux コマンドを書けるのか

vi コマンドのインストールはとても簡単で、かつ筆者は何度も実行して覚えていたため、Dockerfile に RUN 命令をいきなり書きました。今回のように極めてシンプルなケースなら、Dockerfile から書くこともあります。

しかし実際のケースではいきなり Dockerfile を書くことは多くなく、RUN 命令に書くべきコマンドを試行錯誤する作業が必要になるでしょう。筆者が Dockerfile を書くときは、まずベースイメージのコンテナを起動して、bash でいろいろコマンドを実行し、うまく動いたコマンドを Dockerfile にコピペして作っています。

筆者にとって image build の実行は「RUN 命令に書いたコマンドを動かしてみる」ではなく「コピペ不備がないか最終チェック」くらいの感覚に近いです。

RUN の && 記号

本書は Dockerfile のベストプラクティスには深く踏み込みませんが、RUN の && 記号についてだけ簡単に解説します。

Dockerfile や履歴情報を見ていると、RUN 命令の Linux コマンドが頻繁に && で繋がれている記述をみかけます。

コード17.3.2 RUNが&&で繋がれたDockerfile

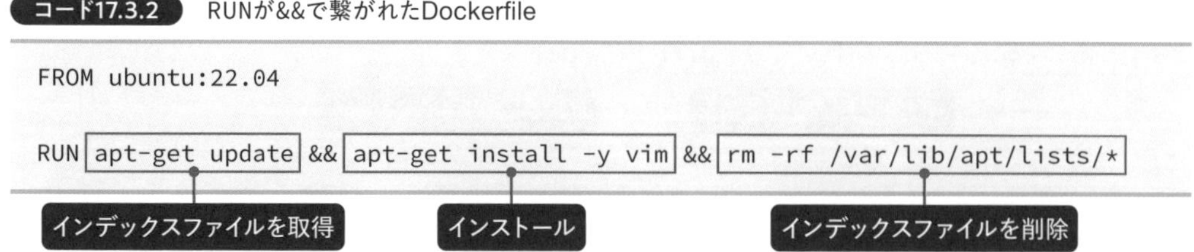
```
FROM ubuntu:22.04

RUN apt-get update && apt-get install -y vim && rm -rf /var/lib/apt/lists/*
```

Linux コマンドにおける command1 && command2 は、command1 が成功したときに command2 を実行することを意味します。RUN は 1 命令で 1 レイヤを確定するため、コマンドを全部 && で繋げばどれだけコマンドを実行しても 1 レイヤにできるというわけです。レイヤをまとめる理由のひとつはイメージサイズを小さくできることです。

次の Dockerfile はコード 17.3.2と同じコマンドを 1 つずつの RUN に分解したものです。

コード17.3.3　RUNを1行ずつ書いたDockerfile

```
FROM ubuntu:22.04

RUN apt-get update
RUN apt-get install -y vim
RUN rm -rf /var/lib/apt/lists/*
```

2 つの Dockerfile でイメージをビルドして、イメージサイズを見比べます。それぞれの Dockerfile を Dockerfile-1layer と Dockerfile-3layers とし、my-ubuntu:1layer と my-ubuntu:3layers をビルドします。ファイル名が Dockerfile ではないため、image build の --file による明示が必要です。

ターミナル17.3.3　ビルドしてイメージサイズを比較

```
$ docker image build --file Dockerfile-1layer --tag my-ubuntu:1layer .
略
 => => naming to docker.io/library/my-ubuntu:1layer

$ docker image build --file Dockerfile-3layers --tag my-ubuntu:3layers .
略
 => => naming to docker.io/library/my-ubuntu:3layers

$ docker image ls my-ubuntu
REPOSITORY   TAG        IMAGE ID       CREATED              SIZE
my-ubuntu    1layer     96d2d586ebe2   49 seconds ago       128MB
my-ubuntu    3layers    30d79e3d86dc   About a minute ago   170MB
my-ubuntu    22.04      51e7a8a202c5   29 minutes ago       170MB
```

1layerの方が小さい

RUN をまとめた方の Dockerfile はインデックスファイルの削除までした後にレイヤを確定しているため、レイヤにインデックスファイルが認識されていません。しかし RUN を分割した方の Dockerfile はインデックスファイルを作成した瞬間が一度レイヤとして確定してしまっています。インデックスファイルは最終的なイメージには含まれませんが、イメージサイズは tar アーカイブファイルの合計なので容量削減にはなっていないのです。

図17.3.1　レイヤとイメージ容量

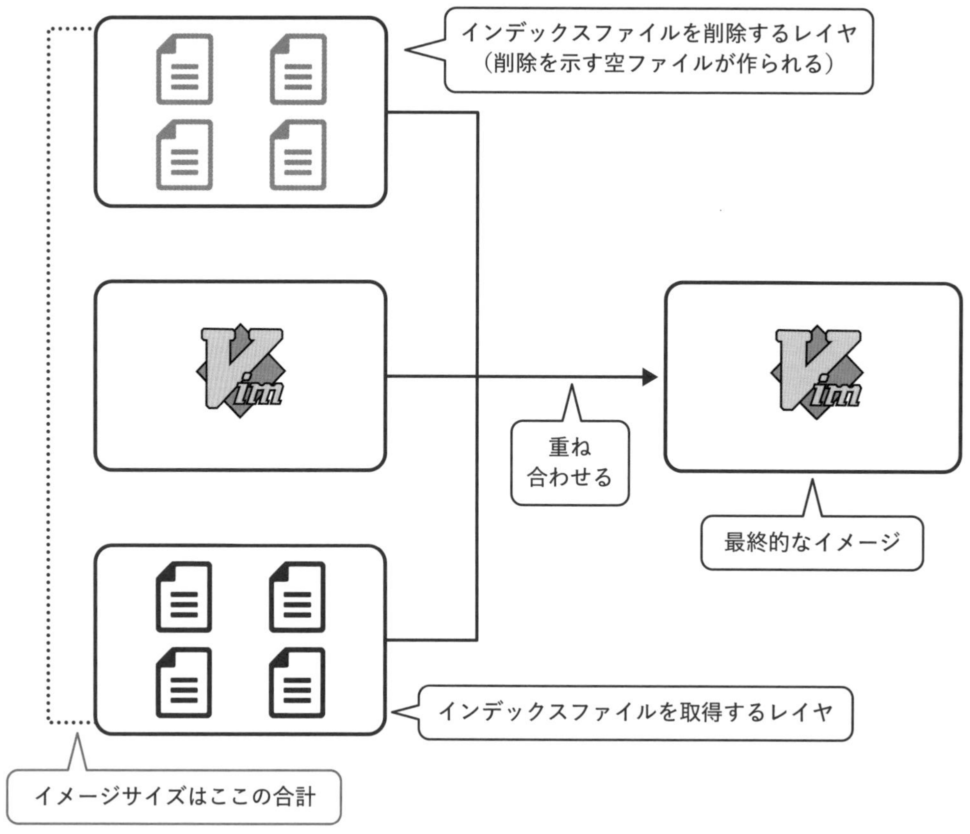

ちなみに、当然ですが && の恩恵は適切な掃除をする Dockerfile でしか得られません。`apt-get install -y git` と `apt-get install -y vim` を何レイヤで実現しても、レイヤの総容量は同じです。また今回のケースのように「なんらかの操作の成果物だけ残したい」という場合は、Dockerfile のマルチステージビルドという仕組みを活用するとシンプルに実現できます。興味のある方は調べてみてください。

&& で繋がれた RUN との付き合い方

Docker に不慣れな間やローカルの開発環境の構築が目的の間は、Dockerfile のチューニングにはそこまでこだわらなくてよいでしょう。イメージサイズが多少大きくなったところで、当面のデメリットはホストマシンでちょっとかさばるくらいでしかありません。Dockerfile を書くときは「コンテナを起動してコマンドを試す、動いたコマンドを 1 行ずつ Dockerfile にコピペして RUN 命令にする」くらいから始めましょう。

慣れてきたら && で繋いで容量を削減してみたり、ビルド時のレイヤのキャッシュについて調べてみたり、工夫を広げてみてください。

第18章

タイムゾーンとログ出力が設定されたMySQLイメージを作る

この章では、ENVとCOPYという命令でイメージを拡張する方法を学びます。

Docker Hubで公開されているイメージは、機能は十分なことが多いですが、自分の用途に合わせるには細部の設定も必要になります。この章の命令を使いこなして、既存イメージを自分用に調整する方法を身につけましょう。

18.1 イメージの環境変数を指定する ENV

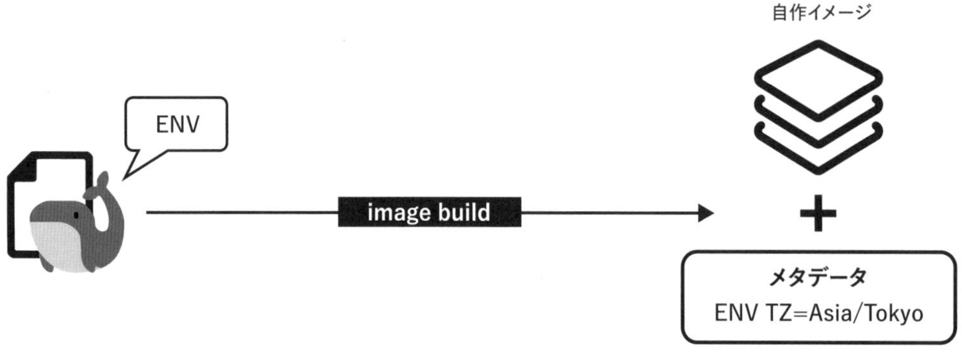

命令説明

ENV 命令は、メタデータに環境変数を追加します。

```
ENV <key>=<value> ...
```

MySQL コンテナのタイムゾーンを確認する

MySQL イメージからコンテナを起動し、現在時刻がどうなっているか確認してみましょう。

MySQL コンテナを起動するのも何度目かになりましたね、もうオプションには慣れてきたでしょうか。コンテナ名と自動削除とバックグラウンド実行はいつものセットで、必須の環境変数を指定し、ホストマシンから接続するためにポートの公開を指定します。使うイメージは 2023 年 11 月現在で `latest` タグと同等の `8.2.0` にします。

ターミナル18.1.1 MySQLイメージからコンテナを起動し現在時刻を確認

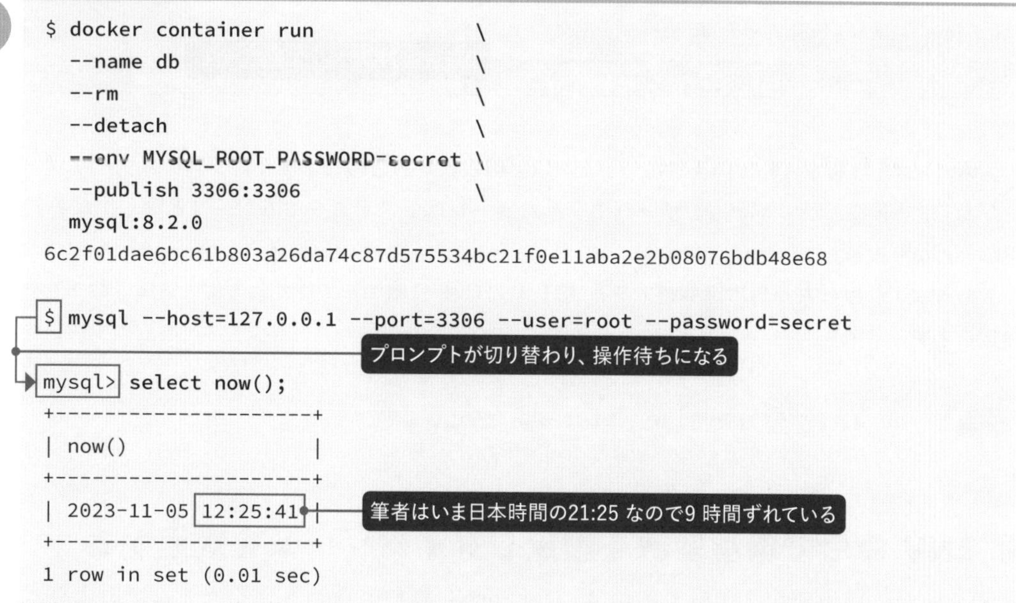

```
$ docker container run                   \
  --name db                              \
  --rm                                   \
  --detach                               \
  --env MYSQL_ROOT_PASSWORD=secret \
  --publish 3306:3306                    \
  mysql:8.2.0
6c2f01dae6bc61b803a26da74c87d575534bc21f0e11aba2e2b08076bdb48e68

$ mysql --host=127.0.0.1 --port=3306 --user=root --password=secret
mysql> select now();
+---------------------+
| now()               |
+---------------------+
| 2023-11-05 12:25:41 |
+---------------------+
1 row in set (0.01 sec)
```

プロンプトが切り替わり、操作待ちになる
筆者はいま日本時間の21:25 なので9 時間ずれている

select now() の結果が日本時間と 9 時間ずれてしまっています。
MySQL サーバのタイムゾーン設定を確認してみます。

ターミナル18.1.2 MySQLサーバのタイムゾーン設定を確認

```
mysql> show variables like '%time_zone%';
+------------------+--------+
| Variable_name    | Value  |
+------------------+--------+
| system_time_zone | UTC    |
| time_zone        | SYSTEM |
+------------------+--------+
2 rows in set (0.00 sec)
```

system_time_zone | UTC は、MySQL サーバ起動時のシステムタイムゾーンがUTC だったことを示しています。Docker Hub はグローバルに公開されているのですから、配布されているサービスのタイムゾーンが日本（UTC+9 時間）になっているわけはありませんよね。time_zone | SYSTEM は、MySQL サーバのタイムゾーンがシステムタイムゾーンと同じことを意味しています。

システムタイムゾーンとは、コンピュータの時刻をどの地域の標準時に合わせるか決める設定のことで、環境変数 TZ で設定できます。新たなターミナルを開き、container exec で実行中の db コンテナの環境変数 TZ を printenv で確認しましょう。

ターミナル18.1.3　MySQLコンテナの環境変数を確認

```
$ docker container exec db printenv TZ
```

環境変数TZ は設定されていない

環境変数 TZ は設定されていませんでした。以上のことからこのコンテナはシステムタイムゾーンが UTC であり、かつ MySQL サーバのタイムゾーンはシステムタイムゾーンと同じになる設定だとわかりました。

この MySQL サーバが日本標準時である JST（UTC + 9 時間）で動くように、環境変数 TZ を設定します。

Point　db コンテナを `container stop db` で停止します。

ENV 命令で環境変数を設定しタイムゾーンを変更する

イメージに環境変数を設定するには、Dockerfile の ENV 命令を使います。次のような `Dockerfile` を作り、`<key>=<value>` 形式で環境変数を指定します。環境変数 TZ の値は `Asia/Tokyo` です。

コード18.1.1　環境変数を設定するDockerfile

```
FROM mysql:8.2.0

ENV TZ=Asia/Tokyo
```

`Dockerfile` を保存したらさっそく `image build` でビルドしてイメージを作りましょう。できあがったイメージのタグは、`my-mysql` シリーズの `tokyo` とします。

ターミナル18.1.4　Dockerfileからイメージを作成

```
$ docker image build --tag my-mysql:tokyo .
```

ビルドした `my-mysql:tokyo` イメージからコンテナを起動して現在時刻を確認すると、JST になっていることが確認できるはずです。

ターミナル18.1.5　`my-mysql:tokyo`イメージからコンテナを起動して現在時刻を確認

```
$ docker container run                \
  --name db                           \
```

```
  --rm                          \
  --detach                      \
  --env MYSQL_ROOT_PASSWORD=secret \
  --publish 3306:3306           \
  my-mysql:tokyo
1ff5d0e547a90e490cb8c8921d503894a543f1387643ae7590211cb44c3b4446

$ mysql --host=127.0.0.1 --port=3306 --user=root --password=secret

mysql> select now();
+---------------------+
| now()               |
+---------------------+
| 2023-11-05 21:56:00 |
+---------------------+
1 row in set (0.01 sec)
```

ビルドしたイメージを使う

プロンプトが切り替わり、操作待ちになる

筆者はいま日本時間の21:56なのでJSTになっている

MySQL サーバのタイムゾーン設定を確認してみます。

ターミナル18.1.6　MySQLサーバのタイムゾーン設定を確認

```
mysql> show variables like '%time_zone%';
+------------------+--------+
| Variable_name    | Value  |
+------------------+--------+
| system_time_zone | JST    |
| time_zone        | SYSTEM |
+------------------+--------+
2 rows in set (0.00 sec)
```

JSTになっている

新たなターミナルを開き、環境変数 TZ も確認してみます。

ターミナル18.1.7　MySQLコンテナの環境変数を確認

```
$ docker container exec db printenv TZ
Asia/Tokyo
```

環境変数TZ が設定されている

ENV 命令で環境変数が設定できましたね。このように、既存のイメージの機能はそのままに、環境変数で細部を少しだけ設定するようなケースはよくあります。

COLUMN

似てるけど違うもの 2 − ENV と container run --env

container run の --env もコンテナの環境変数を指定できます。ENV と container run の --env は何が違うのでしょうか。

ENV 命令はイメージに設定をするため、コンテナ起動をするときに環境変数を意識する必要がなくなります。コンテナを起動するときに指定を忘れたり間違えるブレがなく、「これは JST のイメージだ」と定義づけるような使い方をします。

対して container run の --env はコンテナに対する起動時オプションなので、コンテナ単位で設定できます。たとえば第 10 章で利用した MYSQL_USER=app のように、「このコンテナにはユーザーを作ろう」などと起動のたびに柔軟に指定します。

図18.1.1 ENV命令と--envオプションの違い

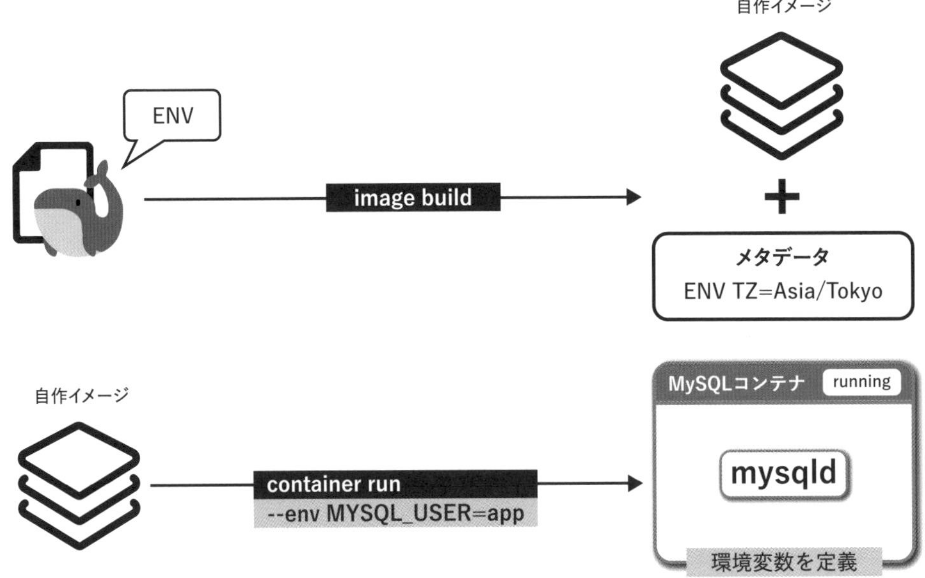

2 つの操作が何に対して設定をしているか整理するのがポイントです。

18.2 ホストマシンのファイルをイメージに追加する COPY

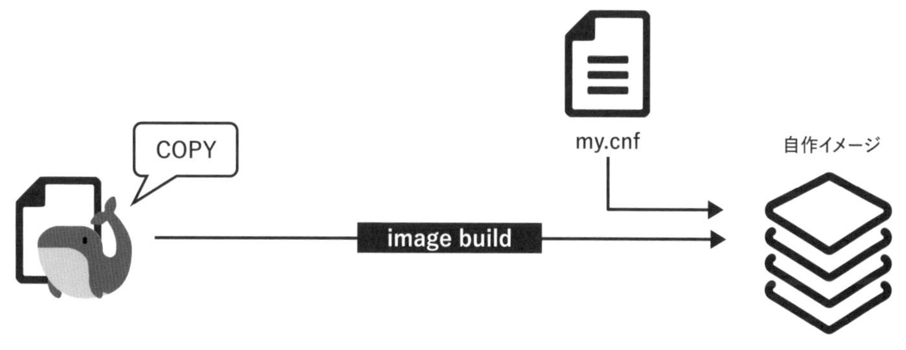

命令説明

COPY 命令は、ホストマシンのファイルをイメージへコピーしてレイヤを作成します。

```
COPY [--chown=<user>:<group>] [--chmod=<perms>] <src>... <dest>
```

この章では <src>... <dest> のみ指定します。<src>... の部分は複数のコピー元ファイルを <dest> にコピーできるという意味ですが、本書では <src> を複数指定するケースはありません。

ログ出力の設定と設定ファイル

今起動している MySQL コンテナは、クエリを実行しても一般クエリログが出ません。不特定多数のリクエストが来る環境で一般クエリログを出力するとログファイルのサイズが大きくなり過ぎてしまうため、一般クエリログはデフォルトでは出力されない設定になっています。しかし開発やデバッグには有用ですし、個人が使うコンテナならログファイルのサイズが大きくなりすぎる心配もないので、ログ出力を有効化しましょう。ログを有効化して出力先を設定するためには、MySQL サーバの設定ファイル（/etc/my.cnf）を作る必要があります。

コンテナに設定ファイルを設置する必要がありますが、コンテナ内の vi コマンドで設定ファイルを作ってもそのコンテナ限りで消えてしまうということはもう知っていますね。

図18.2.1　コンテナの変更は他のコンテナに反映できない（再掲）

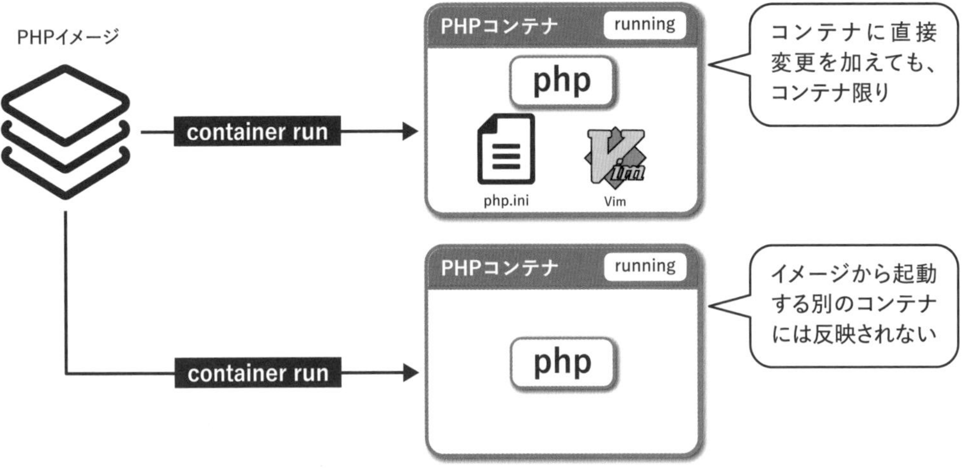

今後起動するすべてのコンテナ内に設定ファイルを置きたいのであれば、イメージに設定ファイルを入れておく必要があるのでした。

図18.2.2　イメージの変更はすべてのコンテナに反映される（再掲）

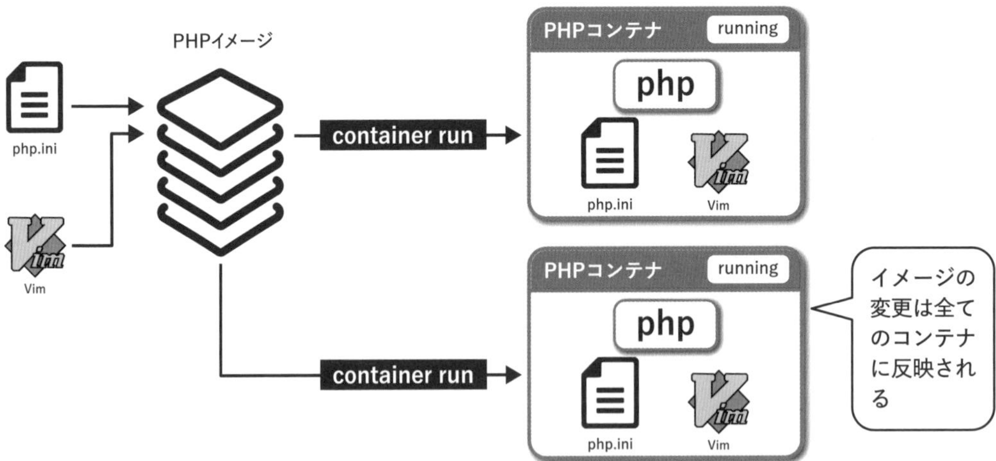

COPY 命令で設定ファイルを設置しログ出力先を有効化する

ホストマシンでMySQLサーバの設定ファイル（my.cnf）を作りましょう。general_log = 1は一般クエリログを有効化するための設定で、general_log_file = /var/log/query.log出力先ファイル名の設定です。

コード18.2.1　MySQLサーバの設定ファイル（my.cnf）

```
[mysqld]
general_log      = 1
general_log_file = /var/log/query.log
```

次はDockerfileを作りましょう。my.cnfと同じディレクトリに作成します。

COPYは<src>... <dest>という指定でホストマシンのコピー元ファイルをイメージ内にコピーします。ホストマシンの相対パスは、image buildのPATH | URL | -引数で指定したコンテキストを基点とします。今回はmy.cnfとDockerfileを同じディレクトリに作っているので、PATHはカレントディレクトリ（.）にします。したがってコピー元ファイルのパスは./my.cnfとなります。コピー先は/etc/my.cnfです。

コード18.2.2　ホストマシンのファイルをコピーするDockerfile

```
FROM mysql:8.2.0

COPY ./my.cnf /etc/my.cnf
```

Dockerfileを保存したらさっそくimage buildでビルドしてイメージを作りましょう。できあがったイメージのタグは、my-mysqlシリーズのlogとします。

ターミナル18.2.1　Dockerfileからイメージを作成

```
$ docker image build --tag my-mysql:log .
```

確認のため、まずはビルドしたmy-mysql:logイメージからコンテナを起動してクエリを発行します。

ターミナル18.2.2　my-mysql:logイメージからコンテナを起動してクエリを実行確認

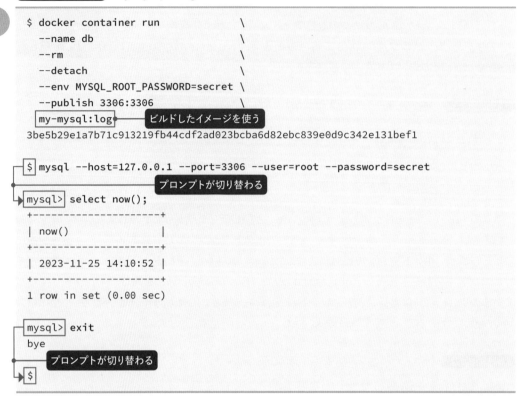

```
$ docker container run                 \
  --name db                            \
  --rm                                 \
  --detach                             \
  --env MYSQL_ROOT_PASSWORD=secret \
  --publish 3306:3306                  \
  my-mysql:log
3be5b29e1a7b71c913219fb44cdf2ad023bcba6d82ebc839e0d9c342e131bef1

$ mysql --host=127.0.0.1 --port=3306 --user=root --password=secret

mysql> select now();
+---------------------+
| now()               |
+---------------------+
| 2023-11-25 14:10:52 |
+---------------------+
1 row in set (0.00 sec)

mysql> exit
bye

$
```

ビルドしたイメージを使う

プロンプトが切り替わる

プロンプトが切り替わる

クエリを実行したので、次は一般クエリログを確認します。my.cnf で出力先に設定した /var/log/query.log を確認しましょう。ls でファイルが存在することをまず確認し、次に tail -n 5 でファイルの末尾 5 行を確認します。

ターミナル18.2.3　一般クエリログを確認

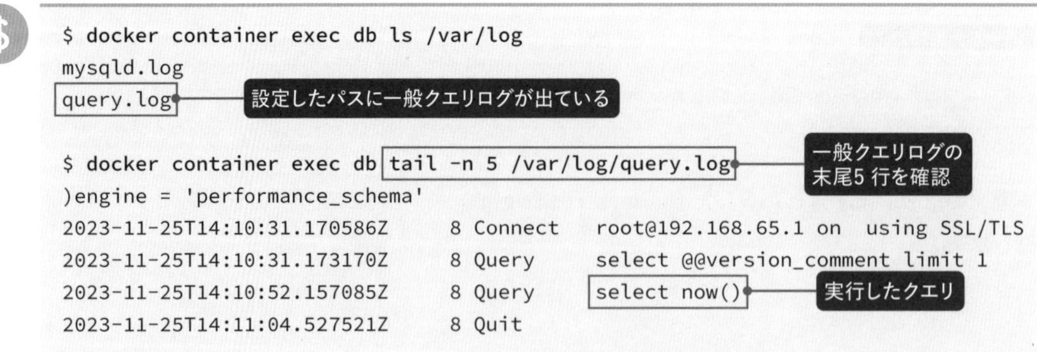

```
$ docker container exec db ls /var/log
mysqld.log
query.log

$ docker container exec db tail -n 5 /var/log/query.log
)engine = 'performance_schema'
2023-11-25T14:10:31.170586Z     8 Connect   root@192.168.65.1 on  using SSL/TLS
2023-11-25T14:10:31.173170Z     8 Query     select @@version_comment limit 1
2023-11-25T14:10:52.157085Z     8 Query     select now()
2023-11-25T14:11:04.527521Z     8 Quit
```


my.cnf による設定が反映されていることを確認できました。このような COPY を使った設定ファイルの設置は頻出ケースです。使えるようにしておきましょう。

COLUMN

Dockerfileを書くときに必要になる知識

RUN命令にはLinuxコマンドを指定するため、`apt`コマンドの使い方などLinuxコマンドの知識が必要になりました。ENV命令で環境変数TZを指定するときには、環境変数やタイムゾーンの知識が必要でした。そして今回解説したCOPY命令では、`my.cnf`の内容やコピー先などMySQLの知識が必要になりました。

Dockerでなにかをコンテナ化するときは、Dockerの知識以外にもそのなにかの知識が当然必要になります。Dockerコマンドを実行していてエラーが出たときやどうしたらいいかわからないときは、一呼吸してなにについて確認するべきかを考えるようにするとよいでしょう。冷静になってみると実はDockerは関係ないなんてことがしばしばありますよ。デバッグノウハウについては第7部でも少し解説します。

COLUMN

リファレンスをみよう 5 – Docker Docs の Dockerfile リファレンス

Docker Docs にはコマンドのリファレンスだけでなく Dockerfile などのファイルリファレンスも存在します。スクリーンショット 18.2.1 は、命令一覧を確認している様子です。

スクリーンショット18.2.1　Dockerfileの命令一覧

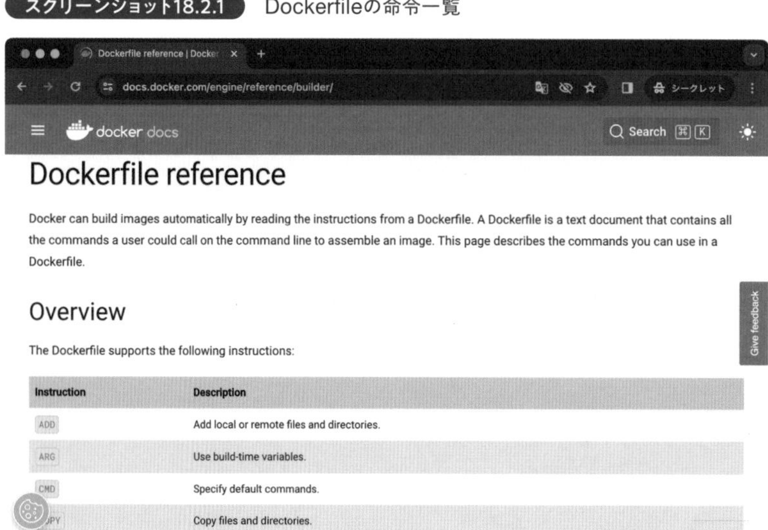

各命令の詳細画面では、オプションや各種注意などを確認できます。

スクリーンショット18.2.2　Dockerfileの命令詳細

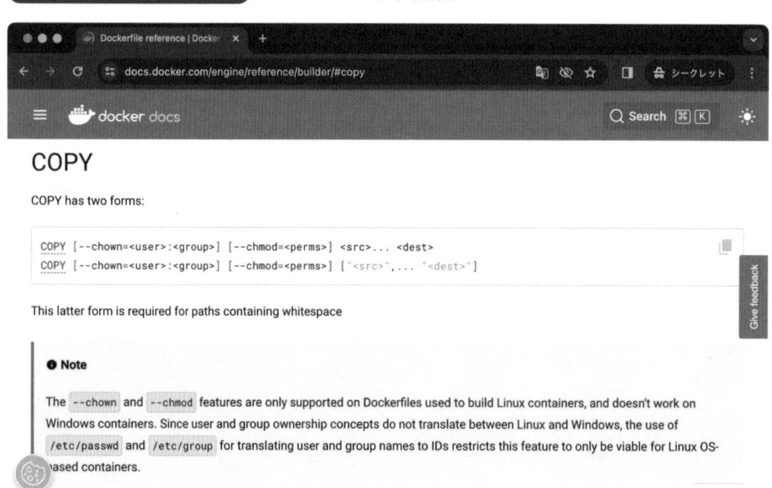

本書では触れなかったパーミッションなどについて、興味がある方は読んでみてください。

第19章

起動時にウェブサーバが起動するPythonイメージを作る

この章では、コンテナ起動時のコマンドを変更するCMDという命令を学びます。

実はここまで紹介したFROM,RUN,ENV,COPY命令で、最低限の開発環境構築はできるようになっています。最後にCMD命令を習得して、使いやすいイメージを作れるようになりましょう。

19.1 コンテナ起動時のコマンドを指定する CMD

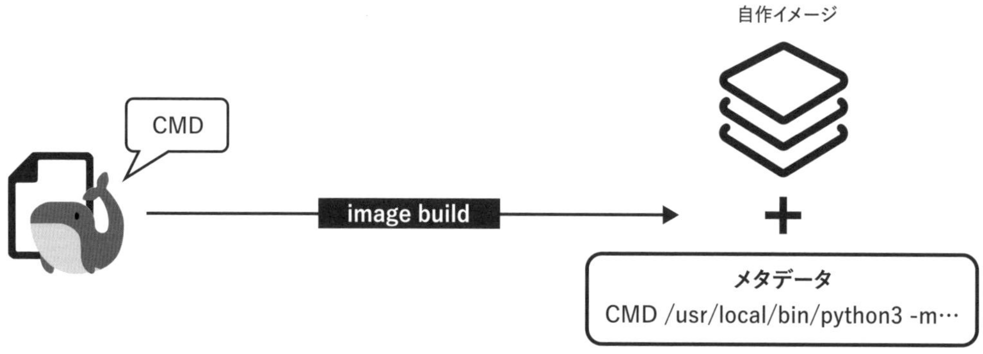

命令説明

CMD 命令は、メタデータにコンテナ起動時のコマンドを指定します。

```
CMD ["executable","param1","param2"]
```

[] は配列であり、1 つめの要素を executable として扱い、それ以降の要素を param として扱うと示しています。配列なので param の数は任意です。

コンテナ起動時のコマンドはコンテナのデフォルトの挙動

コンテナ起動時のコマンドを省略した場合、そのイメージのデフォルトのコマンドが実行されます。

たとえば MySQL イメージは mysqld コマンドにより MySQL サーバが起動しますし、Nginx イメージは nginx コマンドで Nginx サーバが起動します。これらのような特定のサービスを起動するイメージはコンテナの目的が明確ですね。MySQL イメージを使う目的は MySQL サーバの起動でしょう。

対してプログラミング言語イメージのデフォルトコマンドは、対話シェルになっていることが多いです。たとえば Ruby イメージは irb コマンドで対話シェルが起動しますし、Python イメージも python3 コマンドで対話シェルが起動します。対話シェルが起動するようになっているのは、イメージを配布する時点では動かすべきソースコードが存在しないためと、コンテナを動かす目的が配布側にはわからないためです。実際に「対話シェルを起動したい」ことももちろんありますが、それ以外に「開発用サーバを起動したい」とか「コンパイルがしたい」のような別の目的もあるはずです。

そのようなケースでイメージにコンテナ起動時のコマンドを設定するための命令が CMD です。

Python コンテナをウェブサーバにする

Python を使ってウェブサーバを起動してみます。イメージを拡張する前に、まず Python コンテナを操作してウェブサーバとして使えるか確認してみましょう。ウェブサーバと言ってもまだコンテナでウェブフレームワークのような大量のファイルを動かす方法は学んでいないので、簡素化してシンプルな静的ホスティングのみ行うウェブサーバを起動します。

Point 第 22 章まで進めば、ホストマシンのファイルをコンテナで実行できるようになります。そうすれば、大量のファイルを用いた大規模な Python ウェブフレームワークなどもコンテナで実行できるようになります。

Python で静的ホスティングを行うには `http.server` モジュールを利用します。`python3` コマンドは `-m` でモジュールをメイン文として直接起動できるため、`python3 -m http.server` だけでウェブサーバを起動できます。
起動するサーバのポート番号は 8000 番です。コンテナ名と自動削除とバックグラウンド実行はいつものセットで、ブラウザからアクセスするためにポートの公開オプションを指定します。利用する Python イメージのタグは、2023 年 11 月現在 `latest` に相当する `3.12.0` とします。

ターミナル19.1.1　Pythonコンテナでウェブサーバを起動

```
$ docker container run   \
  --name web             \
  --rm                   \
  --detach               \
  --publish 8000:8000    \
  python:3.12.0          \
  python3 -m http.server
927d7e4c4ae22e2d25c85eac8d811a335247b3c8bf654124848775d5848fb299
```

ブラウザで `http://localhost:8000` にアクセスすると、ファイル一覧が表示されるはずです。ファイル一覧が表示されるのは `index.html` などの HTML ファイルが存在しないためですが、この章ではウェブサーバが起動したのでこれでよしとします。

スクリーンショット19.1.1　ファイル一覧

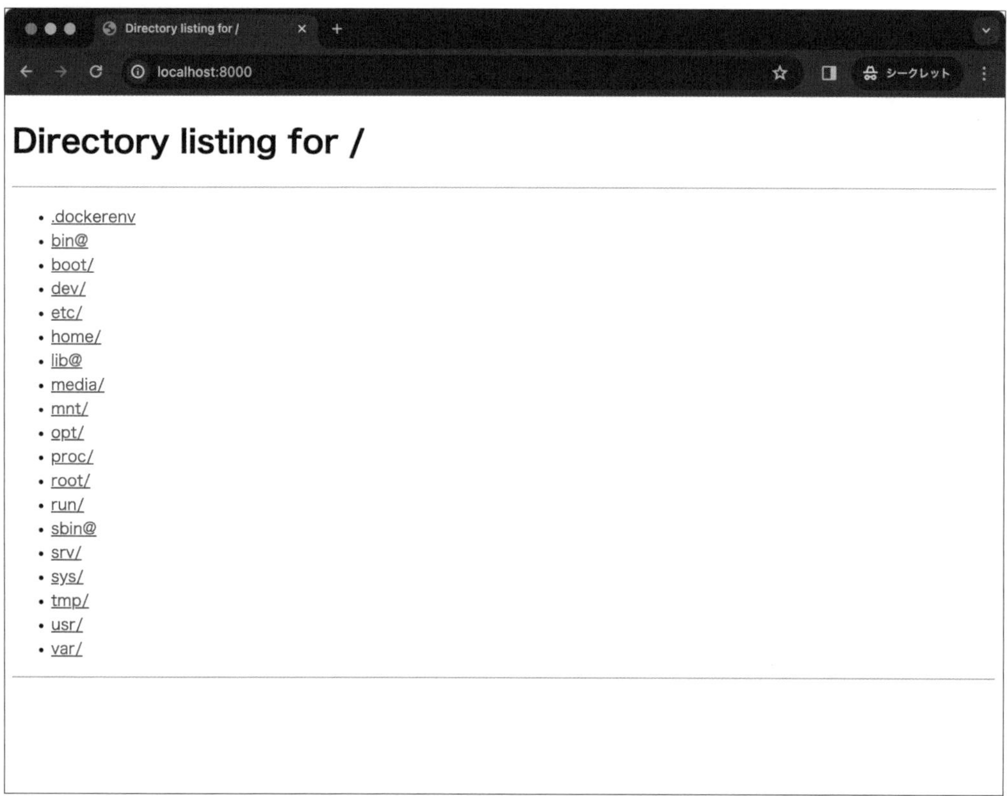

Point webコンテナは`container stop web`で停止します。

CMD命令でPythonコンテナをウェブサーバにする

Pythonコンテナで`python3`コマンドを使えばウェブサーバが起動できるとわかりました。しかしこのままでは`container run`で毎回`python3 -m http.server`を指定しなければなりません。書き方を忘れてしまうこともあるでしょうし、なにより面倒ですよね。

イメージごとに決まっているデフォルトのコンテナ起動時コマンドはCMD命令で変更できます。コマンド未指定時はウェブサーバが起動するPythonイメージを作ってみましょう。

CMD命令は`["executable","param1","param2"]`という配列形式でコマンドを指定します。先頭要素が実行可能なコマンド名で、それ以降が引数です。今回は`python3 -m http.server`を3つにわけて`["python3", "-m", "http.server"]`のような形式で指定することになります。先頭の`"executable"`は`$PATH`に左右されないようにフルパスで書くことが推奨されているため、Dockerfileを書く前に`python3`コマンドのパスを確認しておきましょう。

ターミナル19.1.2 python3のパスを確認

```
$ docker container run python:3.12.0 which python3
/usr/local/bin/python3
```

python3コマンドのパスを確認

python3 コマンドのパスもわかったので、Dockerfile を作成しましょう。

コード19.1.1 起動時コマンドを指定するDockerfile

```
FROM python:3.12.0

CMD ["/usr/local/bin/python3", "-m", "http.server", "8000"]
```

Dockerfile を保存したらさっそく image build でビルドしてイメージを作りましょう。できあがったイメージのタグは、my-python シリーズの web とします。

ターミナル19.1.3 Dockerfileからイメージを作成

```
$ docker image build --tag my-python:web .
```

ビルドした my-python:web イメージからコマンド未指定でコンテナを起動すると、ウェブサーバが起動するはずです。

ターミナル19.1.4 作成したイメージを起動

```
$ docker container run \
  --name web           \
  --rm                 \
  --detach             \
  --publish 8000:8000  \
  my-python:web
```

ビルドしたイメージを使う　コマンドは指定しない

ブラウザで http://localhost:8000 にアクセスして、先ほどと同じファイル一覧が表示されていれば成功です（図 19.1.1 参照）。

これで my-python:web は python:3.12.0 とまったく同じレイヤをもつウェブサーバを起動するイメージになりました。

Point web コンテナは container stop web で停止します。

第5部

Dockerコンテナの活用例 発展編

この部では発展編としてボリュームとバインドマウントとネットワークの利用について学びます。これらを活用すると、コンテナのファイルを消えないようにしたり、ホストマシンのエディタでコンテナのファイルを編集したり、コンテナ同士を通信させたりできるようになります。

この部をしっかり理解できれば、コンテナのファイルを自由に扱えるようになり、複数コンテナで構成される開発環境を構築できるようになります。

この部の章はそれぞれ独立しています。自分のやりたいことを実現する方法がわからなくなってしまったときは、いつでも戻ってきて確認してください。

第20章

ボリュームとネットワークの基礎

第5部ではボリュームとネットワークを活用したコンテナ利用の方法を学びます。

この章では、ボリュームとネットワークの基礎知識について整理し、それらの概要と必要性について解説します。

20.1 ボリュームとは

ここまで見てきたとおりコンテナは独立しており、あるコンテナでファイルを作成しても別のコンテナには影響しません。また一度コンテナを削除すれば、同じイメージから起動したコンテナでも以前のコンテナ内で作成したファイルは復元されません。

図20.1.1 コンテナの変更は他のコンテナに反映できない（再掲）

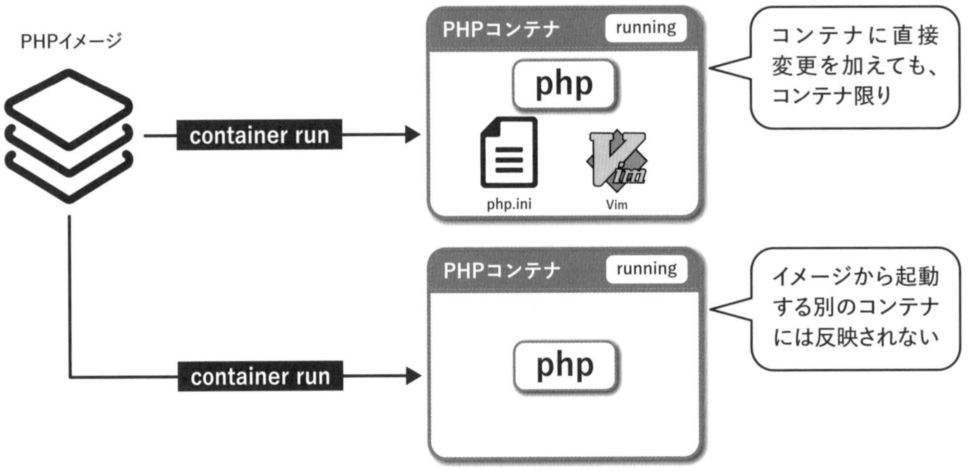

もしウェブサーバのアクセスログや MySQL サーバのデータなどをコンテナ終了後も消えないようにしたければ、ボリュームを利用します。ボリュームは Docker Engine 上のストレージであり、コンテナの任意のディレクトリにマウントすることで、コンテナのファイルをコンテナ外に保存する仕組みです。マウントとはストレージなどを OS に認識させて利用できるようにすることです。マウントの具体的な処理は Docker がやってくれるので、マウント先を決めるだけですぐに利用できます。

コンテナを削除したあとも消えないでほしいデータはボリュームに保存し、別のコンテナを起動したときに同じボリュームをマウントすれば、新しいコンテナでデータを継続して利用できます。**ボリュームを利用することで、データをコンテナの生死に連動させず保持し続けられる**のです。

図20.1.2 複数のコンテナでボリュームを利用

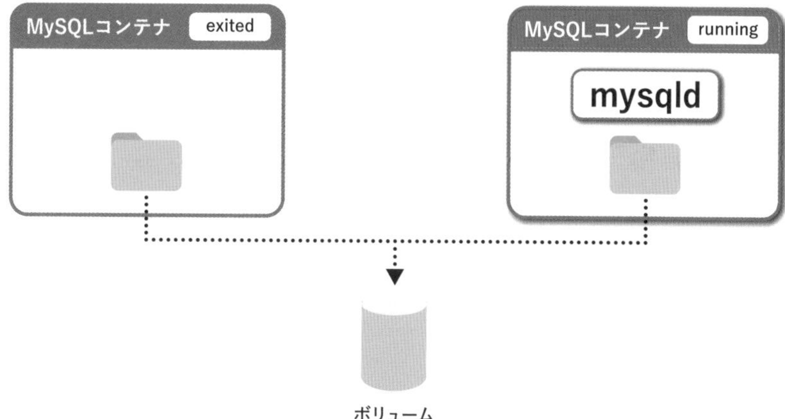

ボリュームはコンテナを起動する前にあらかじめ作成しておき、コンテナ起動時にcontainer run の --mount オプションでマウントして利用します。

●ボリュームのコマンド

docker container や docker image と同様に、ボリュームも docker volume サブコマンドが存在します。docker volume 配下の全コマンドを掲載します。

コマンド	説明	解説
ls	一覧を表示する	第21章
inspect	詳細を表示する	–
create	ボリュームを作成する	第21章
rm	ボリュームを削除する	–
prune	全未使用ボリュームを削除する	–

20.2 ネットワークとは

PHP プログラムが MySQL サーバにアクセスするように、PHP コンテナから MySQL コンテナにアクセスしたいというケースは Docker を用いた開発環境構築においても頻出します。

コンテナが他のコンテナと通信するためには、Docker のネットワーク機能を利用する必要があります。コンテナは特に起動時にネットワークを指定しない場合、デフォルトネットワークに自動で接続します。

●ネットワークドライバとブリッジネットワーク

ネットワークドライバとは、Docker のネットワーク機能が提供する仮想ネットワークを制御するソフトウェアのことで、複数の種類が存在します。ネットワークドライバを切り替えることで、仮想ネットワークの挙動を差し替えられる仕組みになっているということです。Docker 公式サイトではそのことをプラガブル（pluggable）と説明しています。

ネットワークドライバにはいくつかの種類がありますが、本書ではそのうちブリッジネットワークのみを解説します。このネットワークドライバは、ネットワーク作成時にネットワークドライバを指定しなかった場合のデフォルトドライバであり、同一 Docker Engine 上のコンテナが相互通信する場合に利用します。

Docker Engine を起動すると、デフォルトブリッジネットワークと呼ばれるブリッジネットワークが 1 つ作成されます。コンテナ起動時にネットワークを指定しなかった場合にコンテナが接続するデフォルトネットワークは、このデフォルトブリッジネットワークです。

図20.2.1 デフォルトブリッジネットワーク

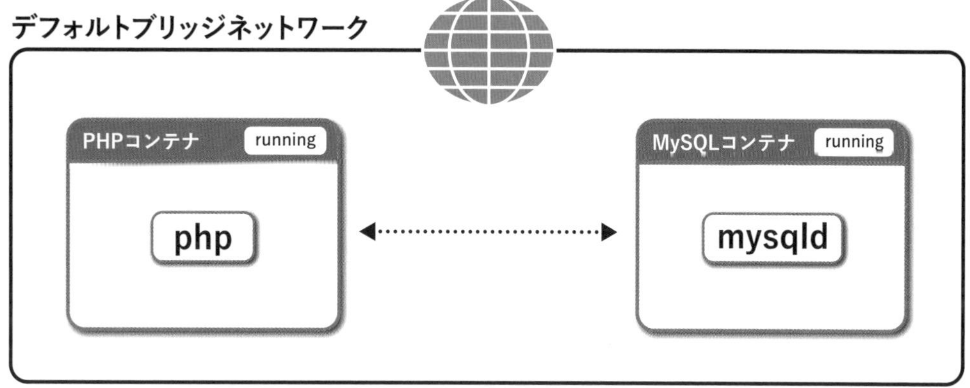

●ユーザー定義ブリッジネットワーク

デフォルトブリッジネットワークに対して、自分で作成したブリッジネットワークをユーザー定義ブリッジネットワークと呼びます。

デフォルトブリッジネットワークでもコンテナ同士の通信は可能ですが、いくつかの理由により非推奨とされており、ユーザー定義ブリッジネットワークを利用することが推奨されています。したがって本書ではコンテナ同士を通信させる場合はユーザー定義ブリッジネットワークを作成して利用することとします。

図20.2.2 ユーザー定義ブリッジネットワーク

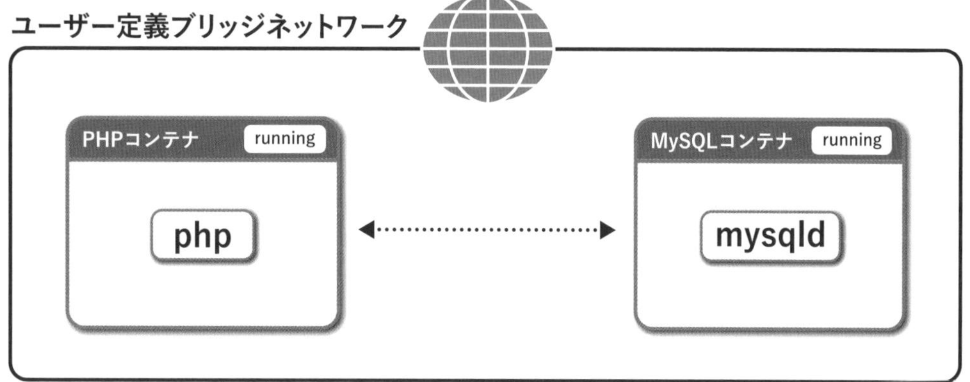

ネットワークもボリュームと同様にコンテナを起動する前にあらかじめ作成しておき、コンテナ起動時に `container run` の `--network` で指定して利用します。ボリュームと違い `network connect` で起動中コンテナをネットワークに接続させることも可能ですが、本書では `container run` による起動時指定のみ解説します。

Point デフォルトブリッジネットワークを用いたコンテナ同士の通信は、参考情報として第23章で紹介します。非推奨である理由もそこで解説します。

ネットワークのコマンド

docker network配下の全コマンドを掲載します。

コマンド	説明	解説	備考
connect	コンテナをネットワークに接続する	ー	docker container run の --network で起動時に接続可能
disconnect	ネットワークからコンテナを切断する	ー	ー
ls	一覧を表示する	第23章	ー
inspect	詳細を表示する	ー	ー
create	ネットワークを作成する	第23章	ー
rm	ネットワークを削除する	ー	ー
prune	全未使用ネットワークを削除する	ー	ー

まとめ

- ☑ ボリュームを利用すると、コンテナを削除したあともデータを残せる
- ☑ ネットワークを利用すると、コンテナ同士の通信を実現できる

第21章

MySQLコンテナのデータが消えないようにする

この章では、コンテナを削除してもコンテナのデータが消えないようにする方法を学びます。

ボリュームを活用できるようになれば、コンテナ内のアクセスログや動作確認に必要なデータが消えないようにできます。再度コンテナを起動したときに、スムーズに開発を再開できるようになるでしょう。

21.1 ボリュームの作成 volume create

コマンド説明

ボリュームの作成は volume create で行います。

```
$ docker volume create [OPTIONS] [VOLUME]
```

この章で扱う [OPTIONS] は次のとおりです。

ショート	ロング	意味	用途
–	--name	ボリューム名を指定する	ランダム値を避ける

ボリュームの作成

ボリュームを作成するには volume create を使います。

コンテナ起動時のコンテナ名やイメージビルド時のタグと同様に、ボリュームも任意の名前を指定しないとランダムな ID で扱わなくてはいけなくなるため、作成時にボリューム名を指定します。ボリューム名は --name オプションと [VOLUME] 引数どちらでも指定できますが、意味が衝突してしまうため両方同時には指定できません。どちらで指定しても結果は同じため、本書では明瞭な --name オプションを用います。名前は my-volume としましょう。

ターミナル21.1.1 ボリュームを作成して確認

```
$ docker volume create --name my-volume
my-volume
$ docker volume ls
DRIVER    VOLUME NAME
local     my-volume
```

作成したmy volume が確認できる

21.2 コンテナ起動時にボリュームをマウントする

container run --mount

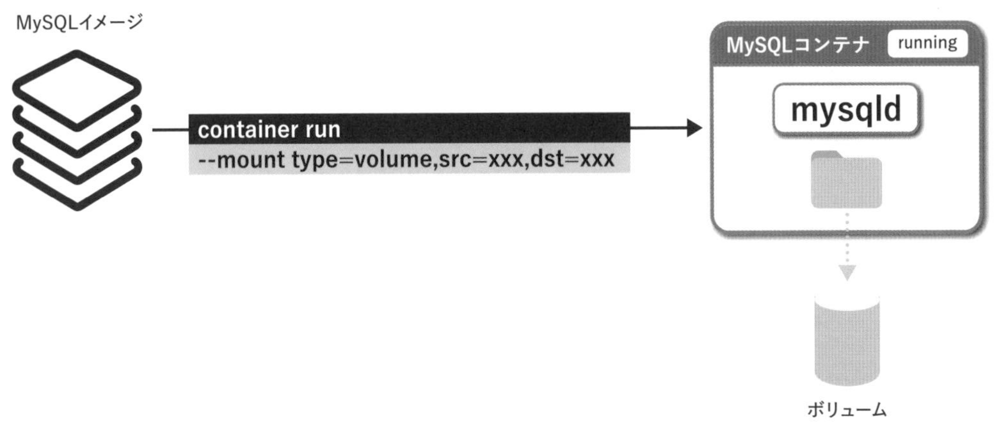

●オプション説明

この章で扱う container run の [option] は次のとおりです。

ショート	ロング	意味	用途
–	--mount	マウントする	コンテナ内の任意のディレクトリをコンテナ外で保持する

●作成したボリュームを Ubuntu コンテナにマウントする

コンテナを削除してもデータの消えない Ubuntu コンテナを起動してみましょう。この章の最終目標はデータの消えない MySQL コンテナの起動ですが、まずはシンプルな Ubuntu コンテナでボリュームに触れてみましょう。

作成したボリュームをコンテナにマウントするには、container run の --mount オプションを指定します。--mount は <key>=<value> 形式の設定をカンマ(,)で列挙して指定します。本処理で利用する <key> は、type と source と destination の 3 つです。それぞれ次のように設定します。

<key>	<value>	補足
type	volume	ボリュームをマウントする場合は volume
source	my-volume	マウント元 先ほど作成したボリュームの名前を指定
destination	/my-work	マウント先 任意のパスを指定できるため /my-work とした

container run の --mount オプション以外はすでに解説しているオプションです。コンテナ名を ubuntu1 とし、自動削除を設定します。bash コマンドで対話操作をしたいので --interactive と --tty を指定し、最新 LTS バージョンの ubuntu:22.04 イメージからコンテナを起動します。

ターミナル21.2.1 ボリュームをマウントしてUbuntuコンテナを起動

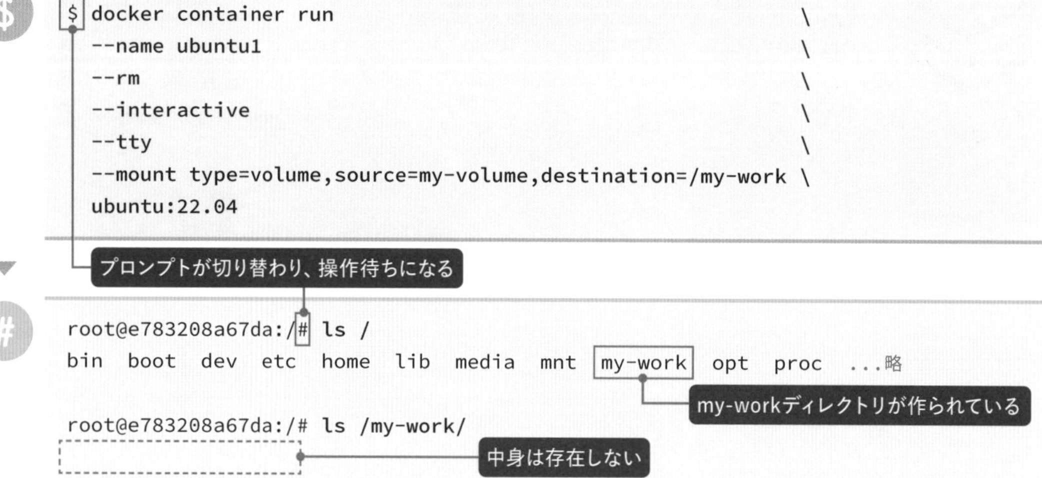

$ docker container run \
--name ubuntu1 \
--rm \
--interactive \
--tty \
--mount type=volume,source=my-volume,destination=/my-work \
ubuntu:22.04
プロンプトが切り替わり、操作待ちになる
root@e783208a67da:/# ls /
bin boot dev etc home lib media mnt my-work opt proc ...略
my-workディレクトリが作られている
root@e783208a67da:/# ls /my-work/
中身は存在しない

/my-work ディレクトリが作られていることを確認できました。このディレクトリに適当なファイルを作成しましょう。vi コマンドが使えればいいのですがこのイメージにはインストールされていないため、echo コマンドとリダイレクト（>）で適当なテキストファイルを作成することにします。

ターミナル21.2.2 /my-workディレクトリに適当なテキストファイルを作成

root@e783208a67da:/# echo 'hello from container.' > /my-work/hello.txt
root@e783208a67da:/# cat /my-work/hello.txt
hello from container.
/my-work/hello.txt を作成した

/my-work ディレクトリにファイルを作成しました。ubuntu1 コンテナを削除します。

ターミナル21.2.3　ubuntu1コンテナを削除

```
$ docker container stop ubuntu1
ubuntu1
```

新たに ubuntu2 コンテナを起動してみましょう。ubuntu1 コンテナにマウントした my-volume を ubuntu2 コンテナにも同じようにマウントします。

ターミナル21.2.4　同じボリュームをマウントしてubuntu2コンテナを起動

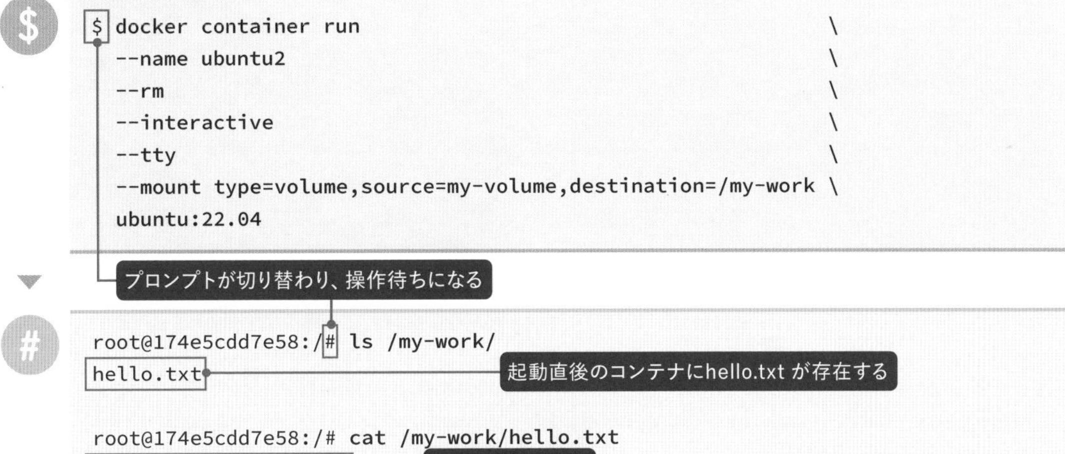

```
$ docker container run                                          \
  --name ubuntu2                                                \
  --rm                                                          \
  --interactive                                                 \
  --tty                                                         \
  --mount type=volume,source=my-volume,destination=/my-work \
  ubuntu:22.04
```

プロンプトが切り替わり、操作待ちになる

```
root@174e5cdd7e58:/# ls /my-work/
hello.txt

root@174e5cdd7e58:/# cat /my-work/hello.txt
hello from container.
```

起動直後のコンテナにhello.txt が存在する
中身も確認できた

起動直後の ubuntu2 コンテナで、削除済みの ubuntu1 コンテナで作成した hello.txt が確認できましたね。

Point ubuntu2 コンテナももう停止して大丈夫です。作成した my-volume は本書ではもう再利用しません、削除したい方は volume rm my-volume で削除できます。

●新たなボリュームを作成し MySQL コンテナにマウントする

次は MySQL コンテナで起動した MySQL サーバのデータが消えないようにしてみましょう。

まずは新たなボリュームを作成します。先ほど作った my-volume には hello.txt を作ってしまったので、MySQL サーバ用に別のまっさらなボリュームを用意する必要があります。ボリューム名は db-volume にしましょう。

ターミナル21.2.5　ボリュームを作成

```
$ docker volume create --name db-volume
db-volume
```

MySQL サーバのデータが消えないようにするためには、MySQL サーバがデータを保存するディレクトリにボリュームをマウントする必要があります。デフォルトの設定では、データの保存先は /var/lib/mysql になっています。

Point データの保存先は、第 18 章でも扱った MySQL 設定ファイル（/etc/my.cnf）で定義されています。興味のある方は cat コマンドなどで設定ファイルを参照してみてください。

ターミナル21.2.6 MySQL設定ファイルを確認

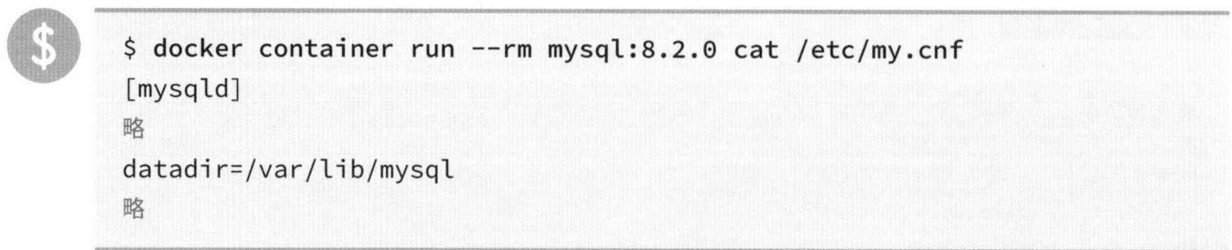

```
$ docker container run --rm mysql:8.2.0 cat /etc/my.cnf
[mysqld]
略
datadir=/var/lib/mysql
略
```

マウントしたいボリュームとマウント先が整理できたので、--mount オプションを整えます。

<key>	<value>	補足
type	volume	ボリュームをマウントする場合は volume
source	db-volume	マウント元 MySQL 用のボリューム名を指定
destination	/var/lib/mysql	マウント先 調べたデータの保存先

数は多いですが、container run の --mount オプション以外はすでに解説しているオプションです。コンテナ名を db1 とし、自動削除とバックグラウンド実行を設定します。必須の環境変数 MYSQL_ROOT_PASSWORD と、データベースを作るための環境変数 MYSQL_DATABASE を指定します。ホストマシンから接続するためのポート公開も設定します。イメージは latest 相当の 8.2.0 を使います。

コマンドを整理したら、ボリュームをマウントして MySQL コンテナを起動しましょう。

ターミナル21.2.7 ボリュームをマウントしてMySQLコンテナを起動

```
$ docker container run                                              \
  --name db1                                                        \
  --rm                                                              \
  --detach                                                          \
  --env MYSQL_ROOT_PASSWORD=secret                                  \
  --env MYSQL_DATABASE=sample                                       \
  --publish 3306:3306                                               \
  --mount type=volume,source=db-volume,destination=/var/lib/mysql \
  mysql:8.2.0
32197213fd4732fdb21a18d1c7378527f9a752e9e5944b40df12c29770137d98
```

MySQL コンテナが起動したら MySQL サーバに接続しましょう。接続には認証情報にくわえ sample データベースも指定しています。接続できたら create table 文で user テーブルを作成し、insert 文で John と Jane を user テーブルに追加します。

ターミナル21.2.8　MySQLサーバに接続してデータを作成

```
$ mysql --host=127.0.0.1 --port=3306 --user=root --password=secret sample
mysql> create table user ( id int, name varchar(32) );
Query OK, 0 rows affected (0.06 sec)

mysql> insert into user ( id, name ) values ( 1, 'John Doe' );
Query OK, 1 row affected (0.04 sec)

mysql> insert into user ( id, name ) values ( 2, 'Jane Doe' );
Query OK, 1 row affected (0.01 sec)

mysql> select * from user;
+------+----------+
| id   | name     |
+------+----------+
|    1 | John Doe |
|    2 | Jane Doe |
+------+----------+
2 rows in set (0.01 sec)

mysql> exit
Bye
$
```

プロンプトが切り替わり、操作待ちになる

プロンプトが切り替わり、操作待ちになる

MySQL サーバにデータを作ったので /var/lib/mysql に保存されたはずです。そのディレクトリはボリュームがマウントしてあるので、コンテナ内のディレクトリではなくボリュームにデータが保存されたはずです。

確認のため db1 コンテナを停止します。

ターミナル21.2.9　db1コンテナを停止

```
$ docker container stop db1
db1
```

新たに db2 コンテナを起動してみましょう。db1 コンテナにマウントした db-volume を db2 コンテナにも同じようにマウントします。ボリューム名やマウント先などの指定は db1 コンテナの起動と同じですが、db2 コンテナの起動に環境変数は不要です。環境変数 MYSQL_ROOT_PASSWORD などによりコンテナ起動時に MySQL サーバのデータが作成されますが、今回はボリュームを利用するのでデータはすでに作成済みです。ボリュームのデータをそのまま使うために、環境変数は指定しません。

ターミナル21.2.10　同じボリュームをマウントしてdb2コンテナを起動

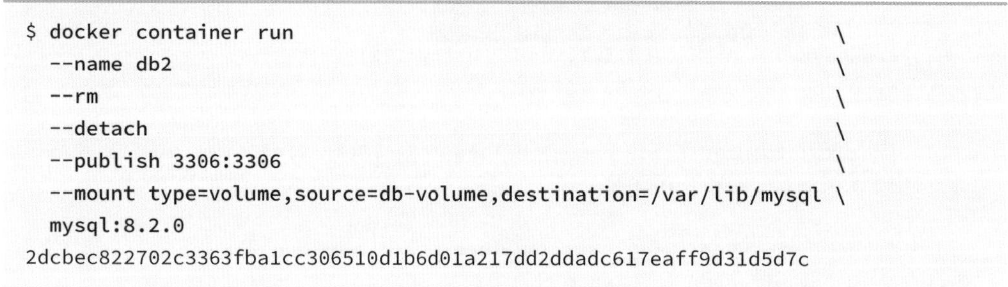

```
$ docker container run                                                    \
  --name db2                                                              \
  --rm                                                                    \
  --detach                                                                \
  --publish 3306:3306                                                     \
  --mount type=volume,source=db-volume,destination=/var/lib/mysql \
  mysql:8.2.0
2dcbec822702c3363fba1cc306510d1b6d01a217dd2ddadc617eaff9d31d5d7c
```

ボリュームにより MySQL サーバのデータは同じはずなので、接続情報は同じです。起動したばかりの db2 コンテナに John と Jane がいるか確認してみましょう。

ターミナル21.2.11　MySQLサーバに接続してデータを確認

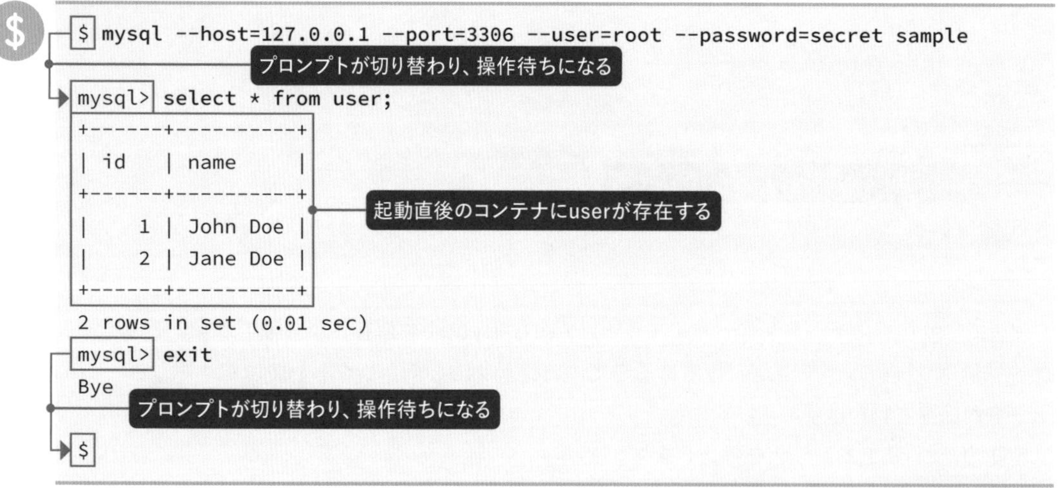

```
$ mysql --host=127.0.0.1 --port=3306 --user=root --password=secret sample
mysql> select * from user;
+------+----------+
| id   | name     |
+------+----------+
|    1 | John Doe |
|    2 | Jane Doe |
+------+----------+
2 rows in set (0.01 sec)
mysql> exit
Bye
$
```

プロンプトが切り替わり、操作待ちになる
起動直後のコンテナにuserが存在する
プロンプトが切り替わり、操作待ちになる

MySQL サーバのデータが消えないようになりましたね。MySQL コンテナの例は MySQL の知識も必要になるため大変だったでしょう、お疲れ様でした。ボリュームの仕組みそのものについて読み返したくなった場合は、シンプルな Ubuntu コンテナの例も役立ててください。

Point　db2 コンテナは停止しておきましょう。

第22章

ホストマシンで編集したファイルを Rubyコンテナで実行する

この章では、ホストマシンとコンテナのデータを同期する方法を学びます。

バインドマウントを活用できるようになれば、ホストマシンで編集したファイルを即時コンテナに反映できます。ホストマシンのエディタでコーディングしてコンテナで実行するという開発ができるようになりますよ。

バインドマウントの利用
container run --mount

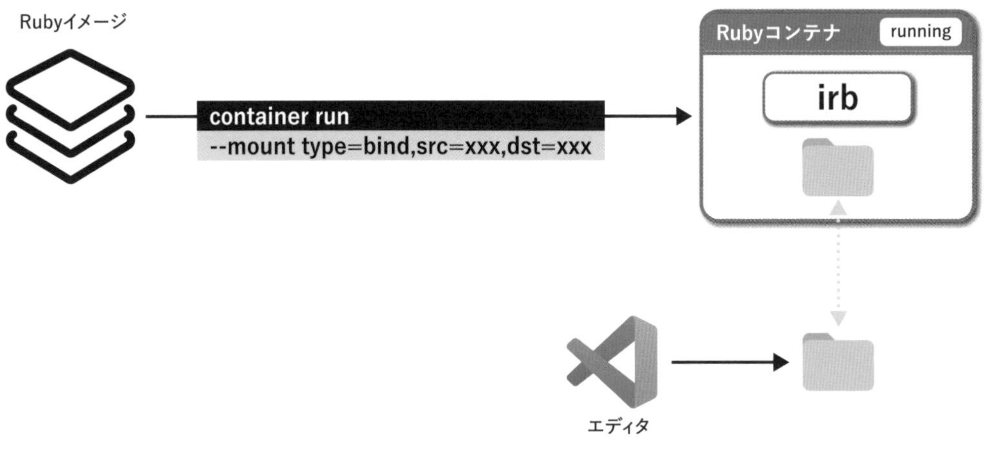

オプション説明

バインドマウントもボリュームと同様に`container run`の`--mount`で行います。この章で新たに登場するオプションはありません。

バインドマウントとは

第21章で解説したボリュームは、コンテナのデータをコンテナ外に保存するための仕組みでした。ボリュームそのものを`ls`コマンドで参照したり`vi`コマンドで編集することはせず、ボリュームの管理はDocker Engineに任せます。

対してバインドマウントはボリュームではなくホストマシンの任意のディレクトリをコンテナにマウントします。バインドマウントでマウントしたディレクトリは、ホストマシン側とコンテナ側どちらでも参照・編集できます。

この仕組みを使うと、ホストマシンのエディタでコーディングしてコンテナに同期させ実行する、という開発が行えるようになります。

コンテナにバインドマウントする

Rubyコンテナにホストマシンのディレクトリをバインドマウントして起動してみましょう。ホストマシンでコーディングしたRubyファイルをコンテナで実行できることを体験します。

まずはRubyファイルを作ります。ホストマシンの任意の場所にディレクトリを作成し、次の内容でhello.rbを作成してください。

コード22.1.1 Rubyファイル(hello.rb)

```
puts "hello from host-machine."
```

Rubyコンテナで実行したいRubyファイルができたので、次はcontainer runのオプションを整理します。

まず--mountオプションを整理します。バインドマウントの--mountオプションもボリュームのマウントと同じように<key>=<value>形式で指定します。使用する<key>も同じです。<key>と<value>は次の表のとおりです。

<key>	<value>	補足
type	bind	バインドマウントの場合はbind
source	"$(pwd)"	マウント元 pwdコマンドで作業ディレクトリのフルパスを展開
destination	/my-work	マウント先 任意のパスを指定できるため/my-workとした

Rubyファイルを作成したディレクトリをコンテナにバインドマウントしたいため、sourceにはpwdコマンドを使い作業ディレクトリのフルパスを指定します。pwdコマンドは、$()で囲われているためcontainer runの実行直前に実行され展開されます。展開結果に空白が入る可能性を考慮して、さらに外側をダブルクォート(")で囲っています。

残りのオプションと引数を整理します。bashを使いコンテナ内でファイルを操作したいため、[COMMAND]引数にbashを指定します。それに伴い--interactiveと--ttyが必要になります。コンテナ名をrubyにして、自動削除も指定します。

Rubyファイルとオプションが準備できたら、コンテナを起動してみましょう。hello.rbファイルを作ったディレクトリでcontainer runを実行します。

ターミナル22.1.1　バインドマウントでRubyコンテナを起動

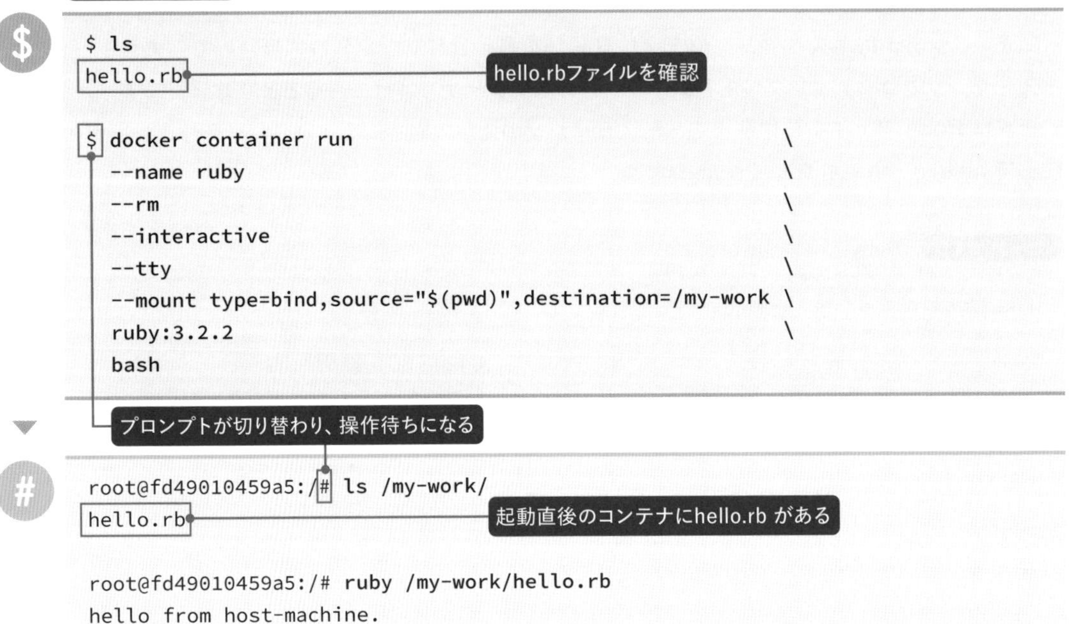

$ ls
hello.rb
hello.rbファイルを確認
$ docker container run \
--name ruby \
--rm \
--interactive \
--tty \
--mount type=bind,source="$(pwd)",destination=/my-work \
ruby:3.2.2 \
bash
プロンプトが切り替わり、操作待ちになる
root@fd49010459a5:/# ls /my-work/
hello.rb
起動直後のコンテナにhello.rb がある
root@fd49010459a5:/# ruby /my-work/hello.rb
hello from host-machine.

ホストマシンで作成した hello.rb を Ruby コンテナで実行できましたね。ホストマシンに Ruby をインストールしていないのに、ホストマシンで書いたコードを実行できるようになりました。

コンテナで hello.rb を削除するとホストマシンがどうなるか確認してみます。

ターミナル22.1.2　コンテナでhello.rbを削除

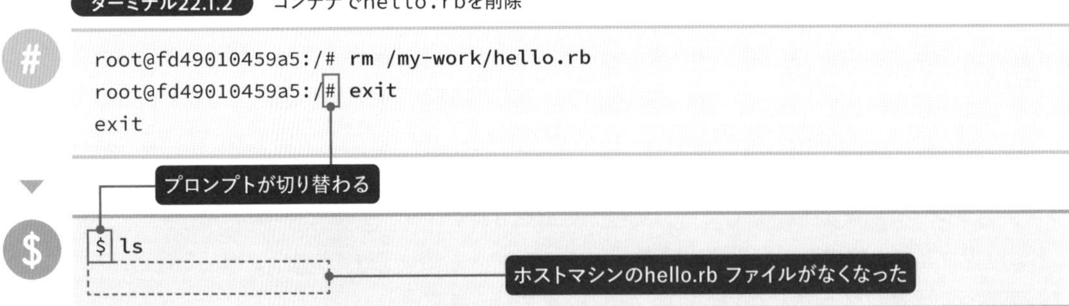

root@fd49010459a5:/# rm /my-work/hello.rb
root@fd49010459a5:/# exit
exit
プロンプトが切り替わる
$ ls
ホストマシンのhello.rb ファイルがなくなった

コンテナで hello.rb ファイルを削除すると、ホストマシンからもなくなりました。このようにバインドマウントはコンテナの操作がホストマシンに影響するので、便利ですが利用には注意が必要です。

Point　ruby コンテナは停止して大丈夫です。

COLUMN

似てるけど違うもの 3 − --mount と --volume

container run でボリュームを利用するために -v もしくは --volume オプションを使う方法をご存知の方もいらっしゃるでしょう。--volume と --mount はどちらもマウントを行うオプションですが、いくつかの違いがあります。

--volume は 3 つの項目を : で区切って指定するという書式になっています。1 つめはボリューム名もしくはパス、2 つめはマウント先ディレクトリ、3 つめは任意のオプションです。--mount のように type の明示はなく、1 つめがボリュームを指定しているとボリュームのマウントと解釈され、パスを指定しているとバインドマウントと解釈されます。

いくつか例を並べてみると、次の表のようになります。

やりたいこと	指定方法
ボリュームのマウント	--mount type=volume,source=my-volume,destination=/my-work
バインドマウント	--mount type=bind,source="$(pwd)",destination=/my-work
ボリュームのマウント	--volume my-volume:/my-work
バインドマウント	--volume "$(pwd)":/my-work

--volume オプションの方が短く簡潔に書けますが、--mount オプションの方が type などを明示的に指定するため意味が明瞭です。また、存在しないディレクトリをマウント元として指定した場合、--mount オプションはエラーになりますが --volume オプションはホストマシンにディレクトリを作成してしまいます。タイプミスなどをしてしまった場合に気付かず意図しないディレクトリを作成してしまう事故に繋がるため、エラーが発生する --mount オプションの方が安全です。

以上の理由から、本書では明瞭で安全な --mount オプションに統一して解説しています。

22.2 ボリュームとバインドマウントの違い

第21章で解説したボリュームと本章で解説したバインドマウントの使い分けについて理解しておきましょう。

まずこの2つはコンテナがどことデータ同期しているかが違います。バインドマウントはホストマシンのディレクトリをコンテナにマウントし、ボリュームはDocker Engineが管理するストレージをコンテナにマウントします。コンテナ内でマウント先ディレクトリを破損させてしまった場合、バインドマウントはホストマシンにまで影響が及びますが、ボリュームの破損はDocker Engine内で食い止められます。また、ボリュームはDocker Engineが管理しており、ホストマシンのファイルのように自分で直接操作することはありません。

図22.2.1 バインドマウントとボリュームの比較

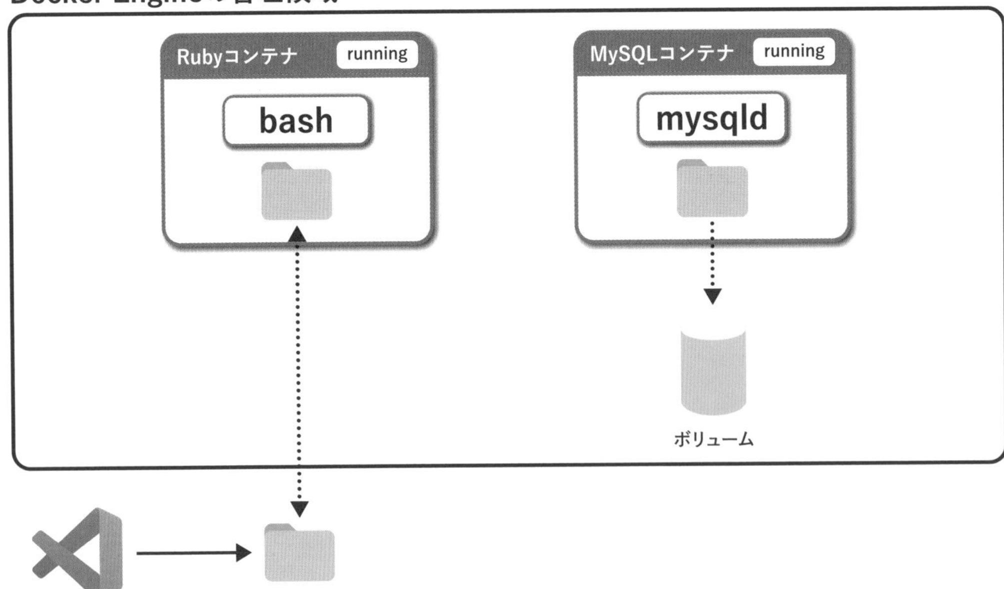

以上のことから、ボリュームは「コンテナのデータを残したい、けど別に自分は触らないしどこに保存されていても構わない」というケースに適しています。代表的な例は第 21 章で体験したデータベースサーバのデータ保持などでしょう。このようにボリュームは Docker Engine に管理してもらえて事故が起きてもホストマシンに影響しにくいという利点があり、公式サイトでもまずボリュームの利用を検討するようにと説明されています。

対してバインドマウントは本章で確認したとおり、ホストマシンとコンテナでディレクトリを共有できます。これは「ホストマシンのエディタでファイルを編集し、コンテナで実行する」という開発では必須の仕組みとなります。

用途に応じてふさわしい仕組みを選択できるように、特徴やリスクを把握しておきましょう。

COLUMN

リファレンスをみよう 6 – Docker Docs の検索ボックス

Docker Docs 画面右上の検索ボックスを使うと、ポップアップウィンドウでページを検索できます。

`volume` と検索すれば概要ページが、`volume create` と検索すればコマンドページがヒットします。

スクリーンショット22.2.1 ボリュームの概要ページ

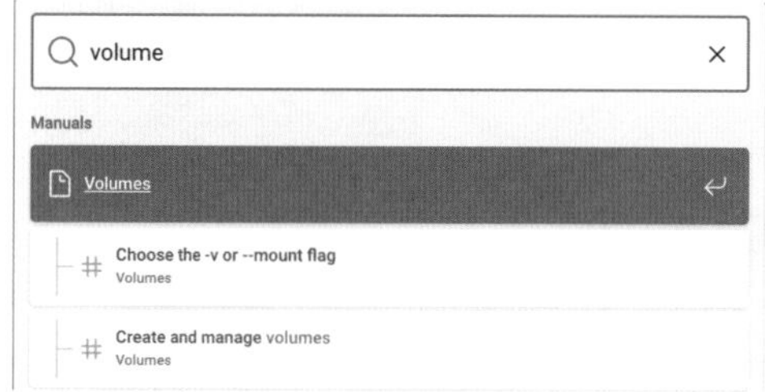

スクリーンショット22.2.2 ボリュームのコマンドページ

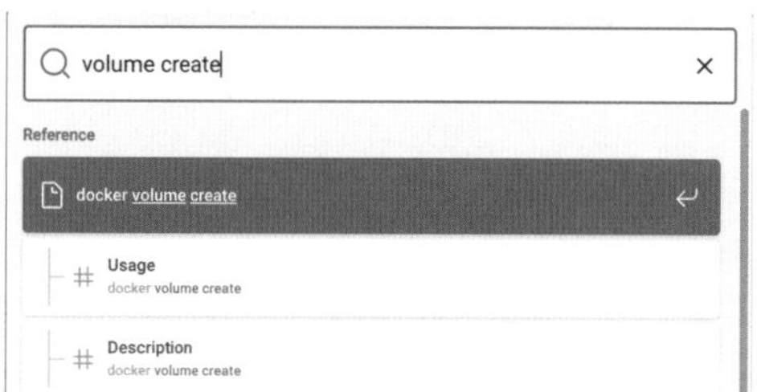

この検索はとても強力で、ある程度適当に単語を入力しても「あぁこれが知りたかった」というページにたどり着けることが多いです。ぜひ活用してみてください。

COLUMN

似てるけど違うもの 4 - バインドマウントと COPY

ホストマシンのファイルをコンテナ内に配置するという点で、バインドマウントとDockerfile の COPY 命令が似ていると感じる方もいらっしゃるでしょう。

しかしちゃんと整理するとこの 2 つはまったく異なる操作です。バインドマウントはコンテナにマウントするのに対して、COPY 命令はイメージにファイルをコピーしています。

COPY 命令はイメージにファイルをコピーする命令なので「これはこういう設定ファイルをもつイメージです」と定義づけるような使い方をします。対してバインドマウントは「このコンテナにはソースコードをマウントしよう」などと起動のたびに柔軟に指定します。

図22.2.2　バインドマウントとCOPY命令の比較

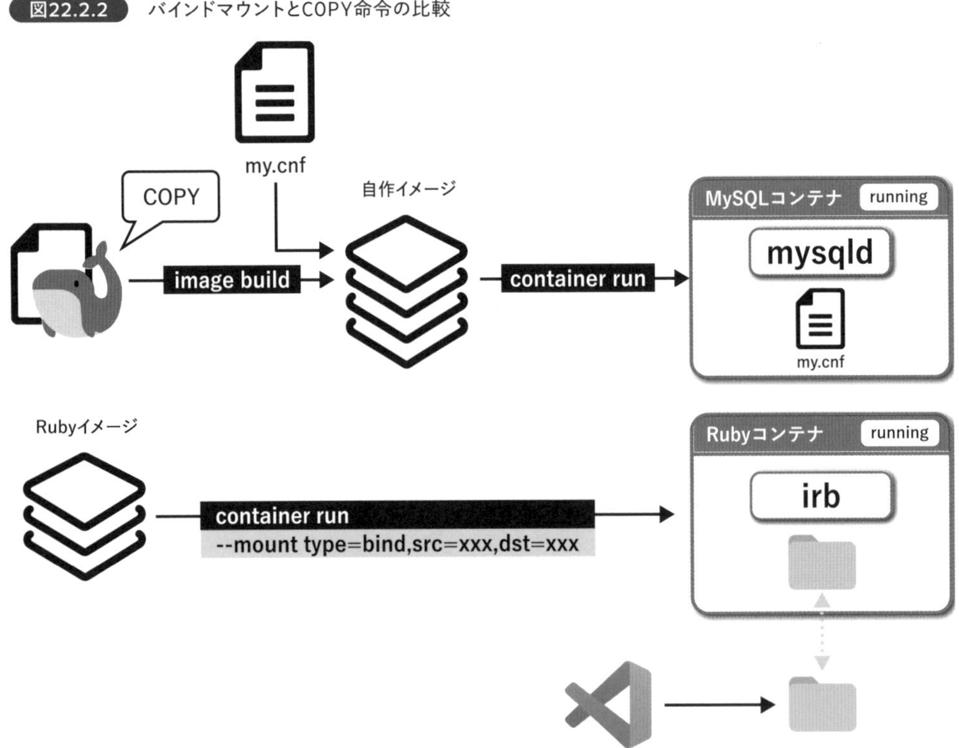

これら 2 つの仕組みも、適切に選択できるようになるとよいでしょう。

第23章

PHPコンテナから MySQLコンテナに通信する

この章では、コンテナからコンテナへ通信する方法を学びます。

コンテナ同士を通信させる方法を学べば、PHPコンテナがMySQLコンテナからデータを取得するような構成を作れるようになります。

ネットワークの作成
network create

コマンド説明

ネットワークの作成はnetwork createで行います。

```
$ docker network create [OPTIONS] NETWORK
```

この章で扱う[OPTIONS]はありません。

ネットワークの作成

第20章で解説したとおり、コンテナ同士が通信するためにはネットワーク機能の利用が必要になります。ネットワークにはいくつかの種類がありますが、同一Docker Engine上のコンテナ同士で通信するためにはブリッジというドライバのネットワークを使用します。ブリッジネットワークを1つ作成してみましょう。

ネットワークを作成するにはnetwork createを使います。ドライバの種類を明示的に指定しない場合はブリッジネットワークとして作成されるため、ネットワーク名のみ決めれば大丈夫です。ここではmy-networkとします。

ターミナル23.1.1 ネットワークを作成

```
$ docker network create my-network
c86e0a73d2a674ecd5f9dab7c5f7d845a51bc4364b0894a2f706c9229fd23f28
```

ネットワークの一覧確認もvolume lsと同じようにnetwork lsで行います。作成したmy-networkの他に、3つのネットワークが確認できるはずです。

ターミナル23.1.2　ネットワークの一覧を確認

この3つは
必ず存在する
作成したmy network が確認できる
ドライバはブリッジ

```
$ docker network ls
NETWORK ID      NAME                     DRIVER    SCOPE
d6647fc51aea    bridge                   bridge    local
020796afd108    host                     host      local
511a30258fdd    none
c86e0a73d2a6    my-network               bridge    local
```

bridgeとhostとnoneというネットワークは、Dockerが自動で作成するデフォルトのネットワークです。第20章で紹介したデフォルトブリッジネットワークがこのbridgeという名前のネットワークで、今まで起動したコンテナはネットワークを明示していないためすべてこのネットワークに接続していました。

my-networkも確認できるはずです。

PHPイメージにpingコマンドをインストールしておく

この章ではPHPコンテナとMySQLコンテナの2つを起動して、PHPコンテナからMySQLコンテナに接続します。最終目標はPHPファイルにselect文を実装して動かしてみることですが、はじめはpingというコマンドを使いながら確認しつつ構築を進めます。pingコマンドはネットワークの疎通確認を行うコマンドですが、PHPイメージにはインストールされていないため、準備としてpingコマンドの使えるPHPイメージを作成します。

Dockerfileを作ってイメージをビルドしましょう。FROM命令に指定するベースイメージには、2023年11月現在のlatestに相当するphp:8.2.12を使います。PHPイメージのディストリビューションはDebianなので、RUN命令で使うパッケージ管理コマンドはapt-getです。pingコマンドはiputils-pingというパッケージでインストールできます。ビルドするイメージのタグはmy-php:pingとしましょう。

コード23.1.1　pingコマンドをインストールするDockerfile

```
FROM php:8.2.12

RUN apt-get update
RUN apt-get install -y iputils-ping
```

ターミナル23.1.3　Dockerfileでイメージをビルド

```
$ docker image build --tag my-php:ping .
略
  => => naming to docker.io/library/my-php:ping
```

my-php:pingイメージを作成しました。ためしにpingコマンドを使ってlocalhostと疎通確認をしてみましょう。container runでビルドしたイメージを起動しpingコマンドを実行します。-cオプションでリクエスト回数を、-tオプションでタイムアウト秒数を指定します。

ターミナル23.1.4 pingコマンドでlocalhostと疎通確認

```
$ docker container run my-php:ping ping -c 3 -t 1 localhost
PING localhost (127.0.0.1) 56(84) bytes of data.
64 bytes from localhost (127.0.0.1): icmp_seq=1 ttl=64 time=0.163 ms
64 bytes from localhost (127.0.0.1): icmp_seq=2 ttl=64 time=0.058 ms
64 bytes from localhost (127.0.0.1): icmp_seq=3 ttl=64 time=0.211 ms

--- localhost ping statistics ---
3 packets transmitted, 3 received, 0% packet loss, time 2066ms
rtt min/avg/max/mdev = 0.058/0.144/0.211/0.063 ms
```

3パケット送信して3パケット受信された、消失0%

0% packet lossの表記を確認できれば、疎通に成功しています。

この章ではmy-php:pingイメージを使いPHPコンテナを構築します。Dockerfileはまだ使うので、消さずに取っておいてください。

23.2 コンテナ起動時にネットワークに接続する container run --network

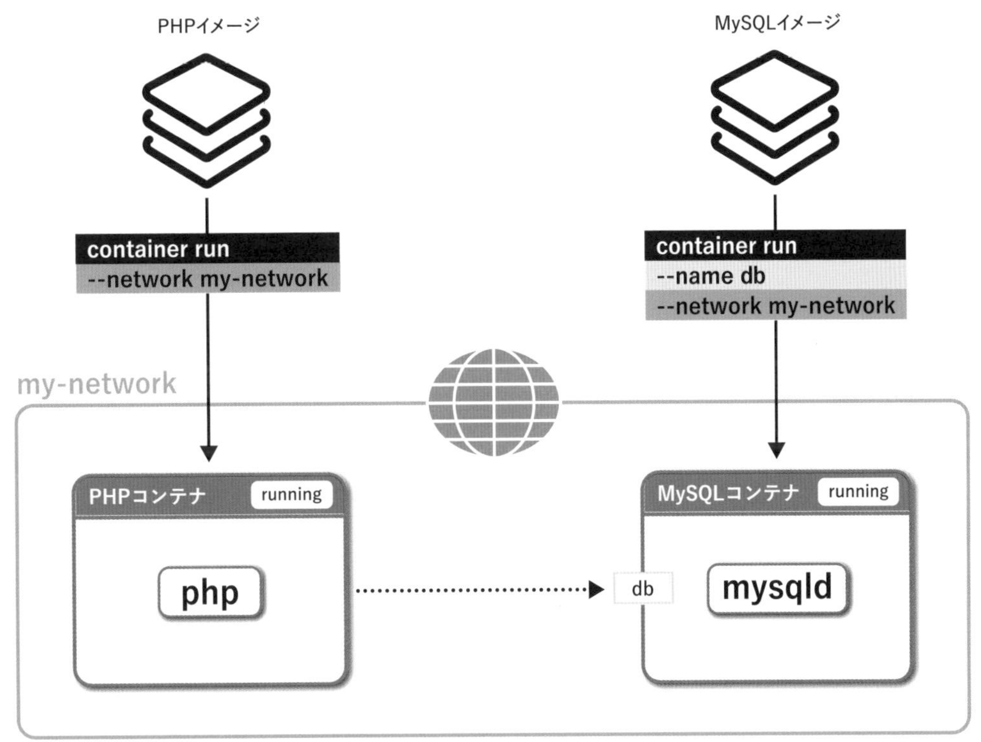

●オプション説明

この章で扱う container run の [OPTIONS] は次のとおりです。

ショート	ロング	意味	用途
—	--network	コンテナをネットワークに接続	他のコンテナと通信できるようにする

MySQL コンテナを起動する

2 つのコンテナを起動し、先ほど作成した my-network に接続して通信できるようにします。まずは 1 つめのコンテナを起動しましょう。呼び出される側になる MySQL コンテナから起動します。

MySQL コンテナを起動する container run のオプションを整理します。コンテナ名を db とし、自動削除とバックグラウンド実行を指定します。この章ではボリュームを使いません。かわりに環境変数を指定して sample データベースを作成します。ポートの公開はコンテナ同士の通信には関係しませんが、ホストマシンから接続できるとデバッグなどに便利なため、3306 番同士をマッピングします。my-network に接続させるため --network オプションを指定します。

ターミナル23.2.1　ネットワークを指定してMySQLコンテナを起動

```
$ docker container run                   \
  --name db                              \
  --rm                                   \
  --detach                               \
  --env MYSQL_ROOT_PASSWORD=secret \
  --env MYSQL_DATABASE=sample            \
  --publish 3306:3306                    \
  --network my-network                   \
  mysql:8.2.0
14ac0265ebc97fbe08dbf2b387e68aaf72ff60de3f3c92fd5c2d7c0caf18cb74
```

MySQL コンテナが起動したら MySQL サーバに接続し、動作確認のために user テーブルを作成して John と Jane を追加します。

ターミナル23.2.2　MySQLサーバに接続してデータを作成

```
$ mysql --host=127.0.0.1 --port=3306 --user=root --password=secret sample

mysql> create table user ( id int, name varchar(32) );
Query OK, 0 rows affected (0.06 sec)

mysql> insert into user ( id, name ) values ( 1, 'John Doe' );
Query OK, 1 row affected (0.04 sec)

mysql> insert into user ( id, name ) values ( 2, 'Jane Doe' );
Query OK, 1 row affected (0.01 sec)

mysql> select * from user;
+------+----------+
| id   | name     |
```

プロンプトが切り替わり、操作待ちになる

```
+------+----------+
|    1 | John Doe |
|    2 | Jane Doe |
+------+----------+
2 rows in set (0.01 sec)

mysql> exit
Bye
$
```

プロンプトが切り替わり、操作待ちになる

準備ができたら、次はPHPコンテナの起動に進みます。

PHPコンテナからMySQLコンテナに通信できるか確認する

この章の最終目標はPHPファイルを実行してMySQLサーバに接続することですが、まずはコンテナ同士が通信できるのか確認するところから始めましょう。いきなりPHPのコーディングをはじめてしまうとなにか問題があったときに疑う範囲が広がってしまうため、少しずつ確認しながら進めていきます。

先ほどビルドしたmy-php:pingイメージを使い、起動したdbコンテナにpingコマンドを実行してみます。pingコマンドを実行するPHPコンテナ側も--networkオプションでmy-networkに接続する必要があります。MySQLコンテナへはコンテナ名で通信できます。したがってpingの宛先は--nameで指定したdbです。

ターミナル23.2.3　pingコマンドでdbコンテナと疎通確認

```
$ docker container run --network my-network my-php:ping ping -c 3 -t 1 db
PING db (172.27.0.2) 56(84) bytes of data.
64 bytes from db.my-network (172.27.0.2): icmp_seq=1 ttl=64 time=3.07 ms
64 bytes from db.my-network (172.27.0.2): icmp_seq=2 ttl=64 time=0.130 ms
64 bytes from db.my-network (172.27.0.2): icmp_seq=3 ttl=64 time=0.302 ms

--- db ping statistics ---
3 packets transmitted, 3 received, 0% packet loss, time 2011ms
rtt min/avg/max/mdev = 0.130/1.166/3.068/1.346 ms
```

3パケット送信して3パケット受信された、消失0%

PHPコンテナからMySQLコンテナに向けたpingによる疎通確認が成功しました。まずは第一歩です。

PHP コンテナで MySQL サーバに接続するコードを実装する

次は PHP コンテナから PHP コードで MySQL サーバに接続します。さっそくコーディングといきたいところですが、その前に my-php:ping イメージをさらに拡張する必要があります。

PHP で MySQL サーバに接続するためには pdo_mysql というモジュールが必要になります。PHP イメージには pdo_mysql はインストールされていないため、インストールが必要です。公式の PHP イメージは docker-php-ext-install という便利なコマンドを用意してくれているので、インストールにはこれを使います。

先ほど ping をインストールするために使用した Dockerfile を再度開き、RUN 命令を追加しましょう。ビルドするイメージのタグは my-php:pdo_mysql とします。

コード23.2.1　pdo_mysqlコマンドをインストールするDockerfile

```
FROM php:8.2.12

RUN apt-get update
RUN apt-get install -y iputils-ping

RUN docker-php-ext-install pdo_mysql
```

ターミナル23.2.4　Dockerfileでイメージをビルド

```
$ docker image build --tag my-php:pdo_mysql .
略
  => => naming to docker.io/library/my-php:pdo_mysql
```

これで PHP イメージの準備は完了です。

最後の仕上げに、PHP コンテナで実行する PHP ファイルを実装しましょう。ホストマシンで任意のディレクトリを作成し、次に示す main.php を作成してください。コード 23.2.2 は、PDO というクラスを利用して MySQL データベースを操作します。host には MySQL コンテナの --name で設定した db を指定します。それ以外の接続情報は、ホストマシンから mysql コマンドで接続する時と同じ値です。$pdo が生成できたら、query メソッドでクエリを実行し結果を echo で表示しています。

コード23.2.2　データベースにアクセスするコード(main.php)

```
<?php

// データベースに接続
$dsn = 'mysql:host=db;port=3306;dbname=sample';
$username = 'root';
$password = 'secret';
$pdo = new PDO($dsn, $username, $password);

// user テーブルの中身を全出力
$statement = $pdo->query('select * from user');
$statement->execute();
while ($row = $statement->fetch()) {
    echo '- id: ' . $row['id'] . ', name: ' . $row['name'] . PHP_EOL;
}

// 切断する
$pdo = null;
```


これでPHPコンテナの準備もすべて整いました。

PHPコンテナからMySQLコンテナに通信する

ここまでにやったことを整理します。

my-networkを作成し、MySQLコンテナをそこに接続させました。PHPコンテナからMySQLコンテナにはコンテナ名でアクセスできるため、接続先データベースのホストはdbになります。PHPコンテナも同じmy-networkに接続させ、pingコマンドでMySQLコンテナとの疎通確認を行いました。

最後に、main.phpをPHPコンテナで実行してみましょう。

container runを整理します。コンテナは使い捨てるのでいつもどおり自動削除を指定します。ホストマシンで作成したmain.phpをコンテナで実行したいので、"$(pwd)"を/my-workにバインドマウントします。MySQLコンテナと同じネットワークに接続しないと通信できないため、--networkの指定が必要です。イメージはpdo_mysqlをインストールしたmy-php:pdo_mysqlで、実行するコマンドはphp /my-work/main.phpです。container runはmain.phpを作ったディレクトリで実行しないとバインドマウントの"$(pwd)"とずれてしまうので注意してくださいね。

ターミナル23.2.5　PHPコンテナでPHPファイルを実行

```
$ ls
main.php                                               main.phpファイルを確認

$ docker container run                                     \
  --rm                                                     \
  --mount type=bind,source="$(pwd)",destination=/my-work \
  --network my-network                                     \
  my-php:pdo_mysql                                         \
  php /my-work/main.php
- id: 1, name: John Doe                                 userテーブルの中身を取得できた
- id: 2, name: Jane Doe
```

ホストマシンで作成したPHPファイルをコンテナで実行し、MySQLコンテナのデータを取得できましたね。お疲れ様でした。

Point dbコンテナは停止して大丈夫です。

うまくいかないときは

うまくいかなくても大丈夫です。一呼吸してからコンテナとプログラムを見直しましょう。

コンテナの起動オプションには`--detach`が付いているため、コンテナがエラー終了していることに気付けていない可能性があります。`container ls --all`でコンテナが起動しているか確認したり、`--detach`を外してなぜエラーになっているか確認してみましょう。

コンテナをネットワークに接続し忘れている可能性があります。`network inspect`で`my-network`を詳しく調べると、接続しているコンテナが列挙されています。

ターミナル23.2.6　my-networkネットワークを調べる

```
$ docker network inspect my-network
[
    {
        "Name": "my-network",
        略,
        "Containers": {
            "14ac0265ebc97fbe08dbf2b387e68aaf72ff60de3f3c92fd5c2d7": {
                "Name": "db",          dbコンテナが接続していることを確認
                略,
            },
        },
    }
]
```

MySQL コンテナにはちゃんと db というコンテナ名が設定されているでしょうか。コンテナ名は container ls で確認できます。

ターミナル23.2.7　コンテナ名を調べる

```
$ docker container ls
CONTAINER ID   IMAGE          ...略...    NAMES
d5896ec496f6   mysql:8.2.0    ...略...    db
```

PHP コンテナの起動を main.php があるディレクトリで実行しているでしょうか。

ターミナル23.2.8　main.phpファイルの場所を確認する

```
$ ls
main.php
```

存在しない場合は container run を実行するディレクトリを、存在する場合は --mount オプションを見直します。

PHP のエラーが出る場合は main.php を見直しましょう。

意図したように動かないときはどこかにうっかりがあるということになりますが、ちゃんと調べれば必ずみつけられます。安心してください。

Point デバッグノウハウは第 32 章でも解説します。

23.3 デフォルトブリッジネットワークを使用したコンテナ通信

ここから先は参考情報です。

第20章でデフォルトブリッジネットワークを使用したコンテナ通信が非推奨と書いた理由を解説します。IPアドレスを用いた通信と、`container run`の`--link`を用いた方法を紹介しますが、いずれも新たに構築する場合に使う必要はありません。

呼び出される方のコンテナは、止めるまで起動し続けてくれればいいので`nginx:1.25`のコンテナとします。MySQLコンテナは環境変数の指定が面倒ですからね。コンテナ名は`called`とします。

呼び出す方のコンテナは、`ping`コマンドを使いたいので`my-php:ping`イメージのPHPコンテナとします。コンテナ名は`calling`とします。

IPアドレスを用いた通信

`--network`を指定しないケースでのコンテナ通信を確認します。

呼び出される方のコンテナを起動します。`--network`を指定していないため、デフォルトブリッジネットワークに接続されます。

ターミナル23.3.1 calledコンテナを起動

```
$ docker container run --name called --rm --detach nginx:1.25
de7e27adea4ca8a4414c67a34f4c865812abc07bf517cbe3378e0178cc1bd9d2
```

IPアドレスで`called`コンテナと通信したいので、`called`コンテナを`container inspect`で調べます。

ターミナル23.3.2　calledコンテナのIPアドレスを調べる

```
$ docker container inspect called
[
    {
        略
        "NetworkSettings": {
            略
            "Networks": {
                "bridge": {
                    略
                    "IPAddress": "172.17.0.2",
                    略
                }
            }
        }
    }
]
```

bridgeに接続されていることを確認

IPアドレスを確認（本書とは一致しない可能性があります）

calling コンテナで 172.17.0.2 に ping コマンドを実行してみましょう。called コンテナがデフォルトブリッジネットワークに接続されているので、calling コンテナも --network は指定しません。

ターミナル23.3.3　callingコンテナからcalledコンテナにpingする（IPアドレス）

```
$ docker container run                  \
  --name calling                        \
  --rm                                  \
  my-php:ping ping -c 3 -t 1 172.17.0.2

PING 172.17.0.2 (172.17.0.2) 56(84) bytes of data.
64 bytes from 172.17.0.2: icmp_seq=1 ttl=64 time=0.144 ms
64 bytes from 172.17.0.2: icmp_seq=2 ttl=64 time=0.049 ms
64 bytes from 172.17.0.2: icmp_seq=3 ttl=64 time=0.063 ms

--- 172.17.0.2 ping statistics ---
3 packets transmitted, 3 received, 0% packet loss, time 2027ms
rtt min/avg/max/mdev = 0.049/0.085/0.144/0.041 ms
```

3パケット送信して3パケット受信された、消失0%

接続はできましたが、面倒ですよね。毎回変わる可能性がある IP アドレスを調べなければなりませんし、頻繁に変わる値をプログラムなどに定義するのも難しいです。

デフォルトブリッジネットワークでは通信先をコンテナ名で指定できないため、IP アドレスを調べる面倒は避けられません。

--link を用いた通信

IPアドレスを調べるかわりに、昔はcontainer runの--linkという機能を使っていました。

calledコンテナはそのままで、callingコンテナ起動時に--linkオプションを追加します。:の前が相手のコンテナ名、後ろがエイリアスです。IPアドレスではなく指定したエイリアスでpingコマンドを実行してみます。

ターミナル23.3.4　callingコンテナからcalledコンテナにpingする(--link)

```
$ docker container run        \
  --name calling              \
  --rm                        \
  --link called:web-server    \
  my-php:ping                 \
  ping -c 3 -t 1 web-server

PING web-server (172.17.0.2) 56(84) bytes of data.
64 bytes from web-server (172.17.0.2): icmp_seq=1 ttl=64 time=0.358 ms
64 bytes from web-server (172.17.0.2): icmp_seq=2 ttl=64 time=0.092 ms
64 bytes from web-server (172.17.0.2): icmp_seq=3 ttl=64 time=0.222 ms

--- web-server ping statistics ---
3 packets transmitted, 3 received, 0% packet loss, time 2070ms
rtt min/avg/max/mdev = 0.092/0.224/0.358/0.108 ms
```

3パケット送信して3パケット受信された、消失0%

web-serverという名前でcalledコンテナと通信できました。

一見問題はなさそうですが、ユーザー定義ブリッジネットワークと比べて2つのデメリットがあります。

1つは、--networkを指定していないすべてのコンテナがデフォルトブリッジネットワークに接続しているため、本来は関係ないはずのコンテナ同士も通信させることが可能な点です。これは--linkに限らずIPアドレスでも同様です。誤って本来発生させるべきではない通信をさせてしまうリスクがあるため、ユーザー定義ブリッジネットワークを作成して明示的に接続した方が隔離度を高められます。

もう1つは、--linkが相手コンテナの環境変数を自コンテナにコピーする点です。bashを使って確認してみましょう。envコマンドですべての環境変数を表示し、ソートしてからWEB_SERVER_ENV_ではじまるものだけ抽出します。

ターミナル23.3.5　callingコンテナの環境変数を確認する

```
$ docker container run                              \
  --name calling                                    \
  --rm                                              \
  --interactive                                     \
  --tty                                             \
  --link called:web-server my-php:ping              \
  bash
```

プロンプトが切り替わり、操作待ちになる

```
root@ad043a56aa84:/# env | sort | grep WEB_SERVER_ENV_
WEB_SERVER_ENV_NGINX_VERSION=1.25.3
WEB_SERVER_ENV_NJS_VERSION=0.8.2
WEB_SERVER_ENV_PKG_RELEASE=1~bookworm
```

相手コンテナの環境変数をコピーしている

相手コンテナの環境変数に機密情報などが含まれている場合、セキュリティリスクになってしまします。

以上の理由などから --link は公式に非推奨とされており、公式ドキュメントではネットワークを作成してそれを使うように警告されています。

第6部

ウェブサービス開発環境の構築例

この部では応用編としてウェブサービス開発環境の構築例を提示します。アプリケーションコンテナ、データベースコンテナ、メールコンテナから構成される環境を構築します。いままでに習得した知識で十分実用的な環境が構築できることを体験しましょう。

この部の章はいままでのように独立しておらず、部全体を通して少しずつ環境を構築します。登場するDockerコマンドおよび使用リソースは、すべてこれまでの部で解説した内容です。忘れてしまった内容があれば戻って確認してください。

最後の章で構築した環境をDocker Composeに置き換えて、環境構築は完了です。

第24章

構成を整理する

第6部では部全体を通してウェブサービスの開発環境を構築します。

この章は、構築するサービス概要の紹介と必要な要素の整理をします。

24.1 これから作るウェブサービスについて

デモストレーション

極めて簡単なウェブサービスを例に構築を進めます。

第６部で構築するサービスは、ブラウザでアクセスするとスクリーンショット 24.1.1ようなメッセージを表示します。この画面を開くとデータベースのユーザーテーブルからユーザー情報を取得し、画面にユーザー情報を表示し、各ユーザーの登録メールアドレスにメールを送信します。

スクリーンショット24.1.1　ブラウザでアクセス

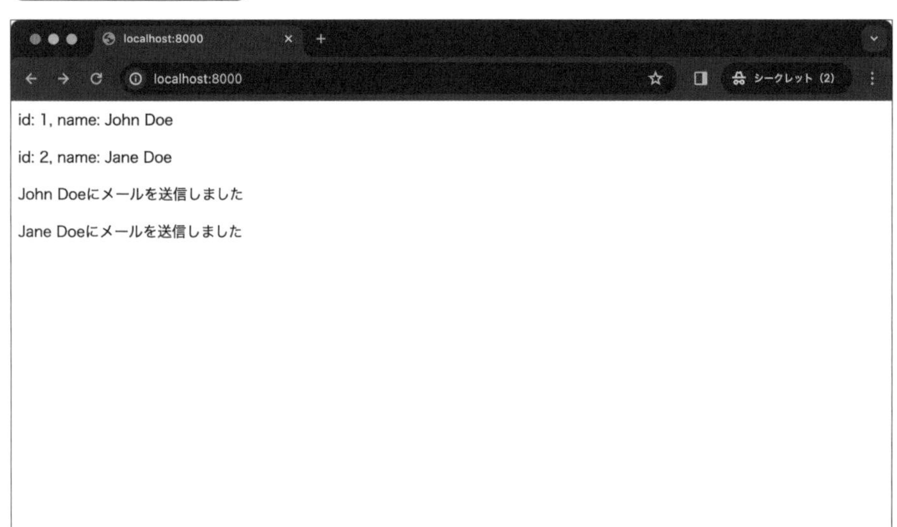

メールが送信されるといっても、ダミーのメールサーバに送信されるだけなので安心してください。ダミーのメールサーバでは、どのようなメールが送信されたのかをすべて確認できます。次のスクリーンショット 24.1.2は、送信されたメールの一覧を確認している様子です。

スクリーンショット24.1.2 送信したメールの一覧

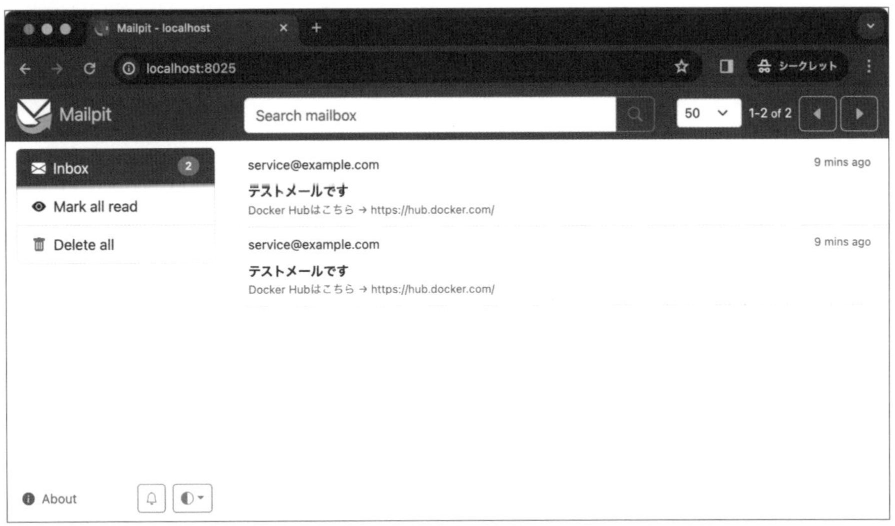

ダミーのメールサーバーではメールの詳細も確認できます。次の スクリーンショット 24.1.3 は、送信されたメールの詳細を確認している様子です。件名や本文の他にも from や to が設定されていることや受信時間も確認できます。本文に日本語が使えていて、受信時間が日本標準時であることも確認できます。

スクリーンショット24.1.3 送信したメールの詳細

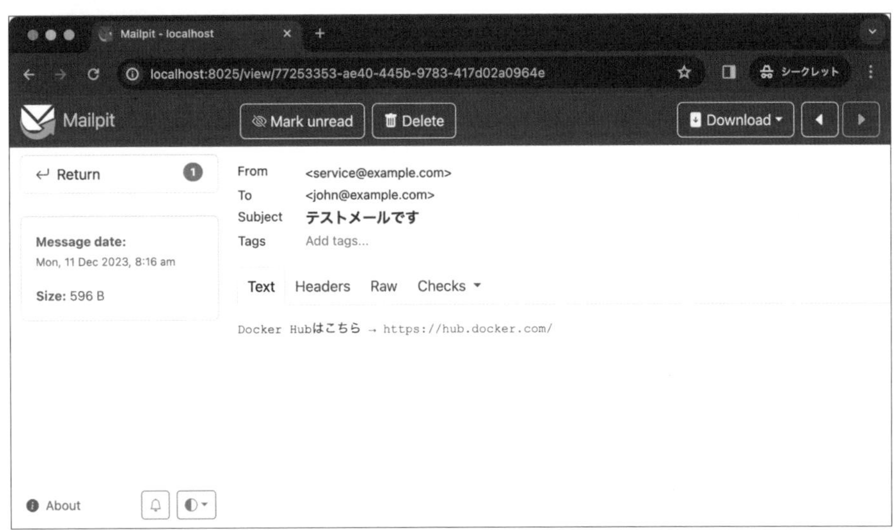

とても簡単なウェブサービスですが、基本的な要素がたくさん詰まっています。少しずつ整理していきましょう。

構成を整理する

コンテナの整理

まずはじめに、必要となるコンテナを整理します。第一にウェブサーバとなるアプリケーションを実行するコンテナが必要です。コンテナ名は app とし、文書中では App コンテナと表記します。次にデータベースサーバのコンテナが必要です。コンテナ名は db とし、文書中では DB コンテナと表記します。最後にメールサーバのコンテナが必要です。コンテナ名は `mail` とし、文書中では Mail コンテナと表記します。これら 3 つのコンテナをどのイメージから起動するかは、次の第 25 章で整理します。ここでは 3 つのコンテナを使うということだけ確認しました。

やりたいことを整理する

いきなり 3 コンテナ分の `container run` コマンドを書くのはとても大変なので、第 25 章と第 26 章と第 27 章で少しずつオプションを整理していきます。

最初に「大体こんなことがしたい」という要件を整理しておきましょう。

全体の要件

- コンテナは停止時に自動削除する
- コンテナ起動をバックグラウンド実行にする
- 日本標準時で動くようにする
- コンテナからコンテナへ通信できる

DB コンテナの要件

- デバッグ用にホストマシンからも接続できる
- データベースのデータがコンテナを削除しても消えない
- データベースに初期データを作る

App コンテナの要件

- ブラウザでアクセスできる
- ソースコードはホストマシンで書ける

Mail コンテナの要件

- ブラウザでアクセスできる
- 送信したメールがコンテナを削除しても消えない

`container run` コマンドにすぐ反映できそうなのは、自動削除とバックグラウンド実行でしょうか。`--rm` オプションと `--detach` オプションを使うことになりそうです。それ以外の項目は、ひとつずつ確認しながら決めていきます。

この章のまとめ

ここまでに定まったパラメータを整理し、構成図のラフスケッチを作成します。

App コンテナのパラメータの整理

この章で決めた container run のパラメータを整理します。

項目	内容
コンテナ名 (--name)	app
自動削除 (--rm)	あり
バックグラウンド実行 (--detach)	あり

DB コンテナのパラメータの整理

この章で決めた container run のパラメータを整理します。

項目	内容
コンテナ名 (--name)	db
自動削除 (--rm)	あり
バックグラウンド実行 (--detach)	あり

Mail コンテナのパラメータの整理

この章で決めた container run のパラメータを整理します。

項目	内容
コンテナ名 (--name)	mail
自動削除 (--rm)	あり
バックグラウンド実行 (--detach)	あり

●構成図のラフスケッチ

完成予想図として、現時点で整理できていることをラフスケッチにしてみました。書き出した要件をもとに、３つのコンテナを使うこと、残したいデータ、ホストマシンからのアクセス、そしてコンテナ間の通信についてさっとまとめました。

図24.3.1 構成図のラフスケッチ

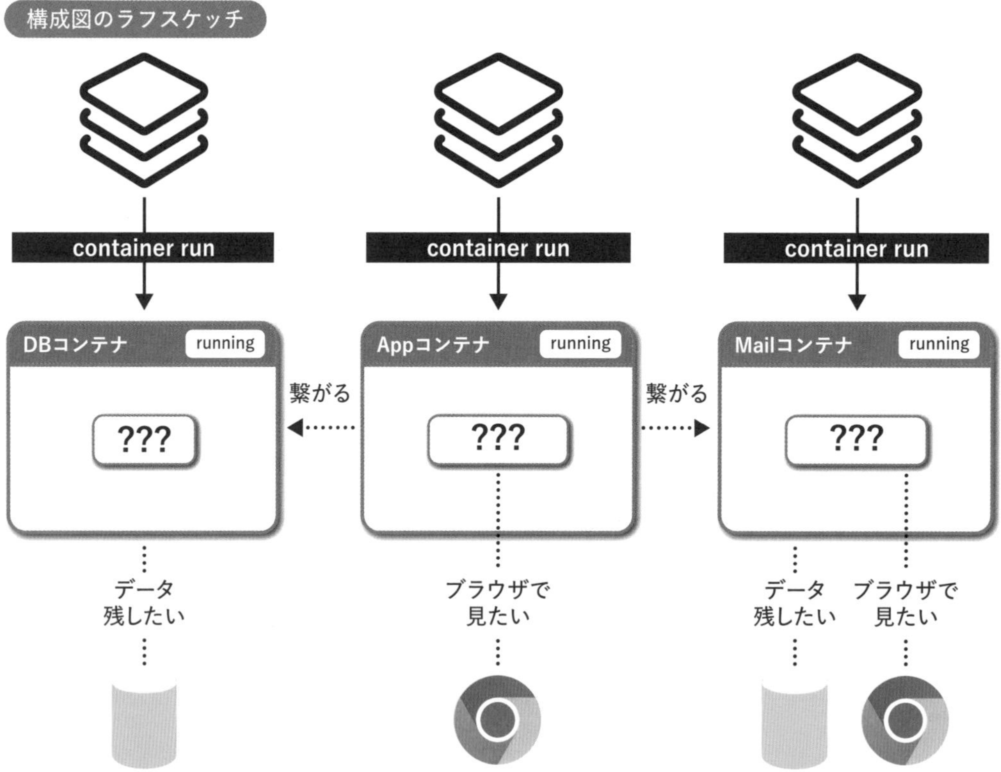

複数のコンテナを構築をするときは、このようにラフスケッチでいいので最初にさっと図を整理してみると進めやすいですよ。

第25章

必要なイメージを準備する

Appコンテナ、DBコンテナ、Mailコンテナのイメージを準備しましょう。

使うイメージを決め、必要な設定を整理します。イメージ選定はいろいろなことを考えなければならないため、少しずつ整理しながら進めます。

ディレクトリの作成

Dockerfileや各種設定ファイルを作っていくために、ディレクトリを準備します。

任意の場所にworkというディレクトリを作成し、dockerとsrcというサブディレクトリを作成してください。さらにdockerの下にappとdbとmailというサブディレクトリを作成してください。ファイルツリーは次のようになるはずです。

```
work
|-- docker
|   |-- app
|   |-- db
|   `-- mail
`-- src
```

dockerディレクトリはDockerfileや各種設定ファイルを、srcディレクトリはソースコードを保存するためのディレクトリです。

以降のimage buildやcontainer runの操作は、このworkディレクトリで行います。

ディレクトリが作成できたらイメージの整理を始めます。AppコンテナはDBコンテナとMailコンテナを呼び出す側のコンテナなので、先にDBコンテナとMailコンテナのイメージから整理します。

25.2 DBイメージを整理する

ベースイメージの選定

データベースサーバにはMySQLを使用します。タグは2023年11月時点で`latest`に相当する`8.2.0`を使います。

MySQLイメージは環境変数を指定するとユーザーやデータベースを作成してくれる機能があります、第10章で使いましたね。次の4つの環境変数を使います。値もこのタイミングで決めてしまいます。

- `MYSQL_ROOT_PASSWORD=secret`
- `MYSQL_USER=app`
- `MYSQL_PASSWORD=pass1234`
- `MYSQL_DATABASE=sample`

タイムゾーンも環境変数で指定できるのでしたね、それも控えておきましょう。

- `TZ=Asia/Tokyo`

環境変数は`container run`の--envオプションとDockerfileのENV命令どちらでも設定できますが、今回は--envオプションで指定します。`container run`のオプションは、最終章のDocker Composeに移植するタイミングでYAMLファイルに書き移すためです。YAMLファイルに書いてあれば、`container run`で指定し忘れるような事故は起きないので安心です。

ポートについてもこのタイミングで確認しておきましょう。MySQLサーバは3306番ポートで起動します。ホストマシンから3306番ポートでMySQLサーバにアクセスできるとデバッグなどをしやすいため、ホストマシンとコンテナの3306番ポートをマッピングすることにします。

これでDBイメージについて整理できました。

まとめ

- ☑ イメージは mysql:8.2.0 を使用する
- ☑ --env で MYSQL_ROOT_PASSWORD=secret を指定する
- ☑ --env で MYSQL_USER=app を指定する
- ☑ --env で MYSQL_PASSWORD=pass1234 を指定する
- ☑ --env で MYSQL_DATABASE=sample を指定する
- ☑ --env で TZ=Asia/Tokyo を指定する
- ☑ --publish で 3306:3306 を指定する

ここでの決定は構成図で表すと次のようになります。

図25.2.1 ポートの公開

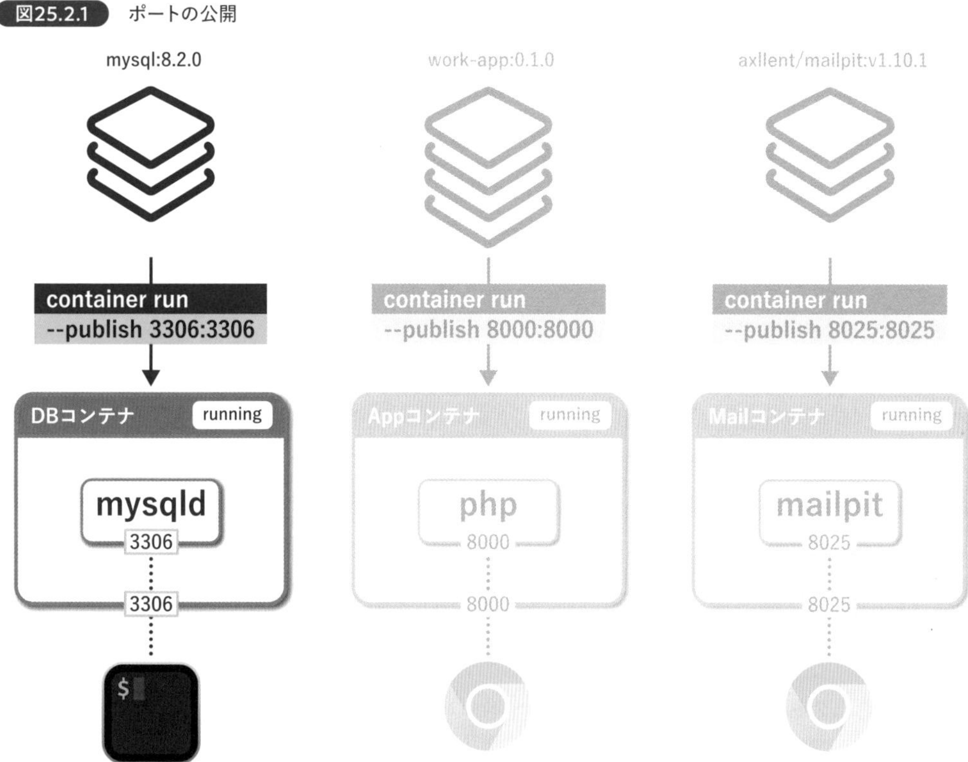

25.3 Mailイメージを整理する

ベースイメージの選定

メールサーバにはMailpitを使用します。Mailpitは検証用のSMTPサーバで、このサーバに送信したメールは外部に送信されません。メールの詳細をMailpitのWeb UIで確認できるため、開発時の動作確認で重宝します。

Docker Hubで検索してみましょう。

スクリーンショット25.3.1 Docker HubでMailpitを検索

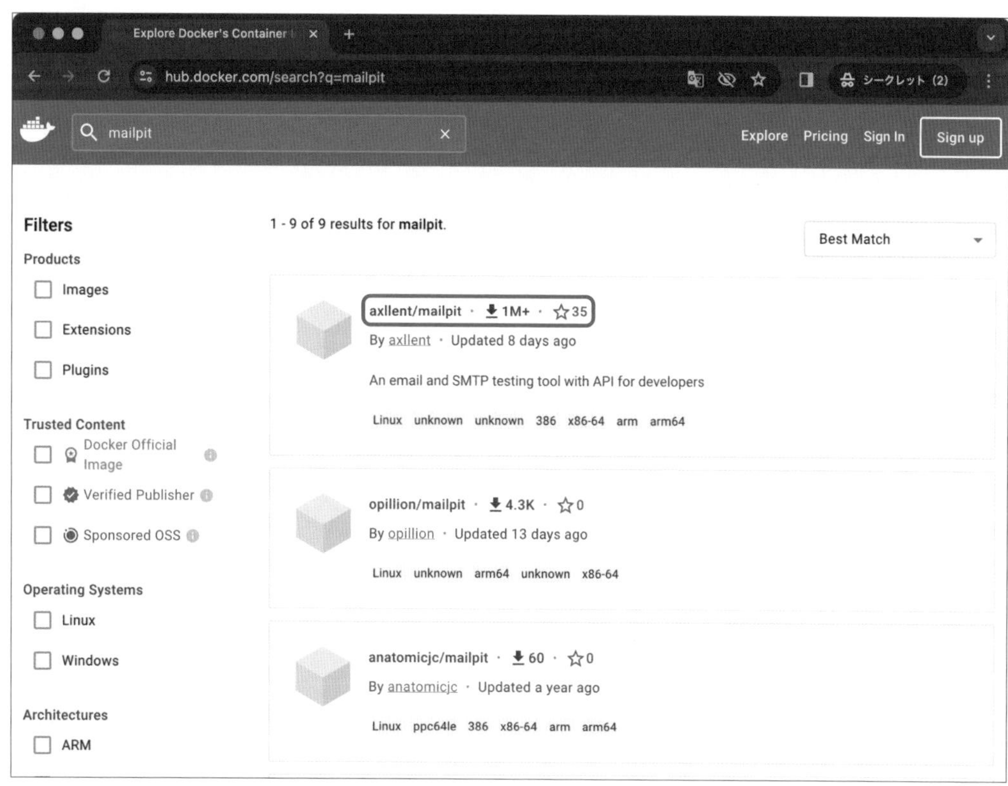

Mailpit の公式サイトで紹介されている axllent/mailpit リポジトリを使用します。2023 年 11 月時点での latest は v1.10.1 と一致するようなので、ベースイメージは axllent/mailpit:v1.10.1 にします。

Docker Hub の Overview タブを確認すると、次の内容がわかりました。

・Web UI は 8025 番ポートで起動する
・SMTP サーバは 1025 番ポートで起動する
・環境変数 TZ でタイムゾーンを指定できる
・環境変数 MP_DATA_FILE でデータの保存先を指定できる

Web UI にホストマシンのブラウザからアクセスできるように、コンテナの 8025 番ポートをホストマシンの 8025 番ポートにマッピングしましょう。1025 番ポートはマッピング不要です。こちらは App コンテナが使うポートになるのでホストマシンに公開する必要はありません。

2 つの環境変数の値を決めてしまいましょう。タイムゾーンはもちろん Asia/Tokyo で、データの保存先は Docker Hub にあるサンプルと同じ /data/mailpit.db にします。

・TZ=Asia/Tokyo
・MP_DATA_FILE=/data/mailpit.db

DB イメージと同じ方針で、Mail イメージも Dockerfile は作成しません。
これで Mail イメージについて整理できました。

まとめ

- ☑ イメージは axllent/mailpit:v1.10.1 を使用する
- ☑ App コンテナから 1025 番ポートを指定してメールを送信する
- ☑ --publish で 8025:8025 を指定する
- ☑ --env で TZ=Asia/Tokyo を指定する
- ☑ --env で MP_DATA_FILE=/data/mailpit.db を指定する

ここでの決定は構成図で表すと次のようになります。

図25.3.1 ポートの公開

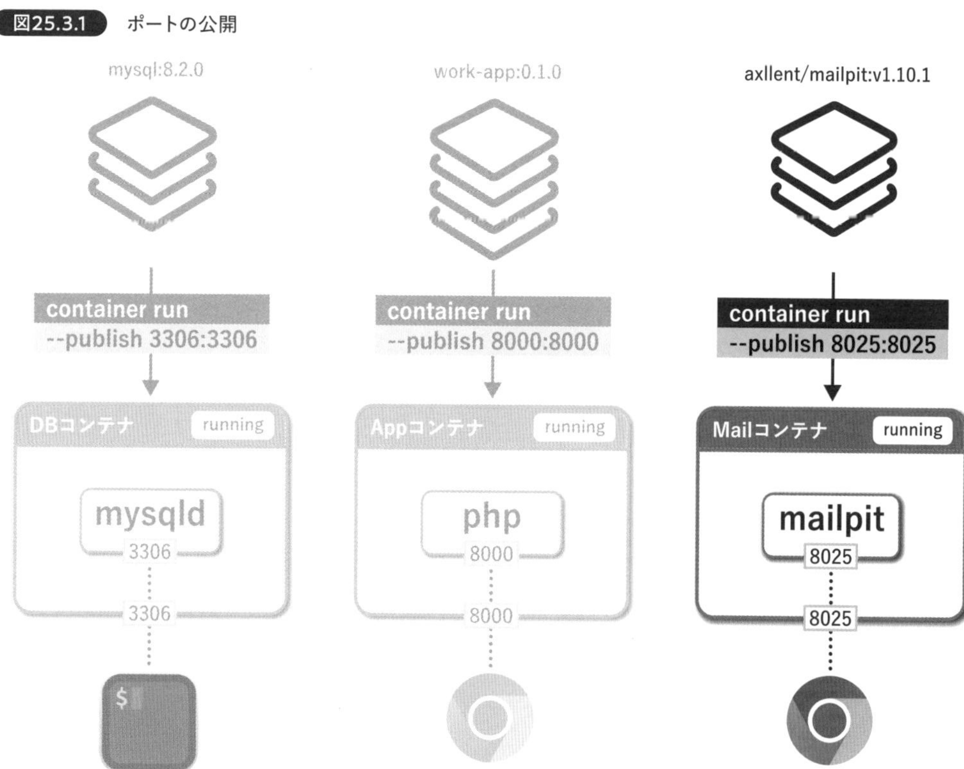
mysql:8.2.0
work-app:0.1.0
axllent/mailpit:v1.10.1
container run
--publish 3306:3306
container run
--publish 8000:8000
container run
--publish 8025:8025
DBコンテナ
running
mysqld
3306
3306
Appコンテナ
running
php
8000
8000
Mailコンテナ
running
mailpit
8025
8025
$

25.4 Appイメージを準備する

●ベースイメージの選定

プログラミング言語にはPHPを使用します。PHP自身がウェブサーバとして起動できることと、データベースの接続やメールの送信が手軽に行えるからです。

PHPイメージは、2023年11月時点で`latest`に相当する`php:8.2.12`を使います。

第23章で解説しましたが、PHPイメージはMySQLサーバを利用するための`pdo_mysql`というPHPモジュールがインストールされていないため、Dockerfileでインストールします。またメールを送信するためのSMTPクライアントもないため、`msmtp-mta`というパッケージをインストールします。

●コンテナで起動するコマンドの整理

PHPはビルトインウェブサーバという機能でウェブサーバを起動できます。phpコマンドの`--server`オプションで起動するアドレスとポート番号を指定します。アドレスには、すべてのIPv4アドレスを示す`0.0.0.0`を指定します。ポート番号は任意ですので8000番としましょう。

Dockerfileを作りイメージをビルドする前に、ビルトインウェブサーバを起動できるか確認してみましょう。自動削除のための`--rm`オプションと、ブラウザからアクセスするための`--publish 8000:8000`オプションを指定します。

ターミナル25.4.1 ビルトインウェブサーバをためしに起動

```
$ docker run --rm --publish 8000:8000 php:8.2.12 php --server 0.0.0.0:8000
[Sun Nov 26 23:29:46 2023] PHP 8.2.12 Development Server (http://0.0.0.0:8000) started
```

サーバが起動した

ブラウザで`http://localhost:8000`にアクセスして次のスクリーンショット25.4.1のようになることを確認します。

スクリーンショット25.4.1　ビルトインウェブサーバにブラウザからアクセス

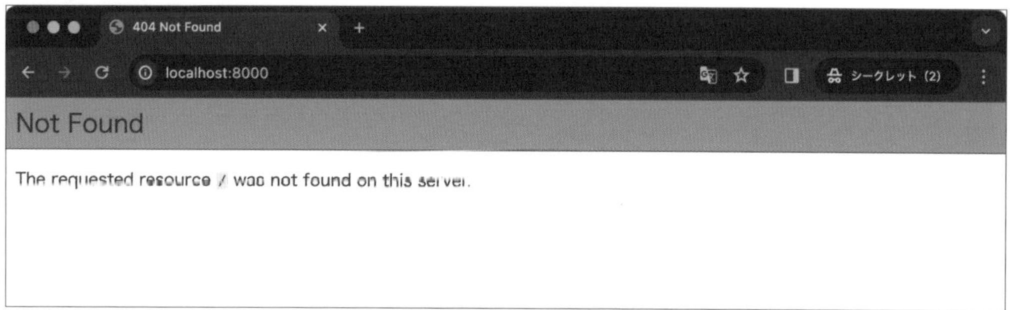

ドキュメントルートに index.php などのファイルがないため Not Found になってしまっていますが、サーバは起動できています。

ドキュメントルートは --docroot オプションで指定できます。/my-work ディレクトリをドキュメントルートとして、ここに index.php を設置することにしましょう。

Dockerfile で必要になるので、which コマンドで php コマンドのフルパスも調べておきます。

ターミナル25.4.2　phpコマンドのパスを確認する

```
$ docker run --rm php:8.2.12 which php
/usr/local/bin/php
```

php コマンドのフルパスと --docroot オプションを反映すると、最終的なビルトインウェブサーバの起動コマンドは、次のようになります。

- /usr/local/bin/php --server 0.0.0.0:8000 --docroot /my-work

このコマンドはコンテナの起動時コマンドとして Dockerfile で使います。

Point 確認に使った PHP コンテナは停止して大丈夫です。container ls でコンテナ ID を調べて stop しておきましょう。

Dockerfile の作成とイメージのビルド

Dockerfile を使い App イメージをビルドします。

FROM 命令で指定するベースイメージは、さきほど決めた php:8.2.12 です。RUN 命令で pdo_mysql をインストールします。インストールには第 23 章で使用した docker-php-ext-install を使います。同じく RUN 命令で apt-get を使い msmtp-mta をインストールします。メールサーバのホストなどを指定するための設定ファイル msmtprc を、COPY 命令でイメージの /etc/msmtprc に設置します。最後に CMD 命令でコンテナ起動時にビルトインウェブサーバが起動するように設定します。

Dockerfileの内容が整理できたら、次の内容のDockerfileを作成します。Dockerfileはdocker/appディレクトリに作成してください。

コード25.4.1 AppイメージのDockerfile(docker/app/Dockerfile)

```
FROM php:8.2.12

RUN docker-php-ext-install pdo_mysql

RUN apt-get update
RUN apt-get install -y msmtp-mta

COPY ./msmtprc /etc/msmtprc

CMD ["/usr/local/bin/php", "--server", "0.0.0.0:8000", "--docroot", "/my-work"]
```

次にCOPY命令でコピー元となるmsmtprcを作成します。これもDockerfileと同じくdocker/appディレクトリに作成してください。Appコンテナで必要になるものはdocker/appに集めるように構築します。

msmtprcには接続先メールサーバの情報と、送信元のメールアドレスを設定します。

コンテナからコンテナに通信するときは相手のコンテナ名で接続できるため、hostにはMailコンテナのコンテナ名mailを指定します。portは、Mailイメージを調べて判明した1025番ポートを指定します。fromはメールの送信元アドレスを指定します。第6部で構築する環境では実際にメールは送信されませんが、万が一の事故がないようにテストメールのドメインにはexample.comを使用することが推奨されます。example.comはドキュメントやテストのために予約されているドメインで、メールが実際に送信されてしまっても第三者に影響しません。ユーザー名の部分はserviceとして、fromはservice@example.comと定義します。timeoutは、構築に失敗するとメールサーバに繋がらずいつまでも処理が完了しなくなってしまうため、短めの秒数にします。

コード25.4.2 msmtpの設定ファイル(docker/app/msmtprc)

```
host mail
port 1025
from "service@example.com"
timeout 5
```

イメージに必要なファイルが揃ったので、Dockerfileからイメージをビルドしましょう。ビルド後のイメージはwork-app:0.1.0とします。

image build は work ディレクトリで実行します。ただしビルドで必要な Dockerfile と msmtprc がある docker/app ディレクトリをコンテキスト引数で指定する必要があります。

ターミナル25.4.3 DockerfileからAppイメージをビルド

```
$ docker image build --tag work-app:0.1.0 docker/app
略
=> => naming to docker.io/library/work-app:0.1.0
```

work-app:0.1.0 イメージを作成しました。
これで App イメージについて整理できました。

まとめ

- イメージは work-app:0.1.0 を使用する
- --publish で 8000:8000 を指定する

ここでの決定は構成図で表すと次のようになります。

図25.4.1 ポートの公開

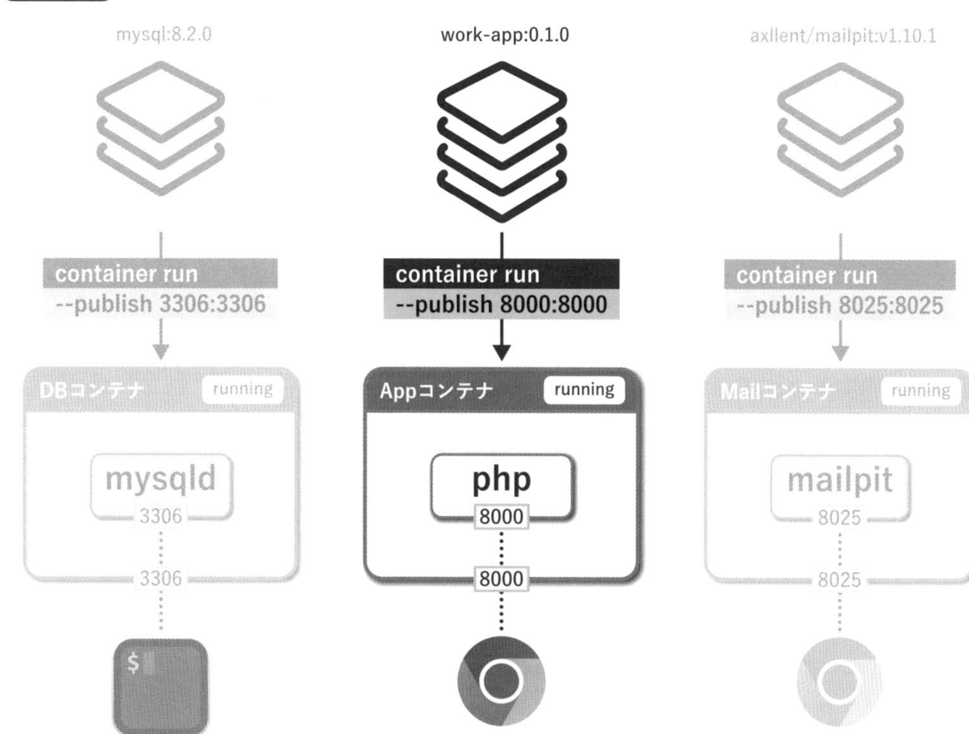

この章のまとめ

ここまでに定まったパラメータを整理し、中間確認としてできる範囲でのコンテナ起動と確認をします。

App コンテナのパラメータの整理と起動確認

この章で決めた container run のパラメータを整理します。

項目	内容
環境変数 (--env)	なし
ポートの公開 (--publish)	8000:8000
イメージ (IMAGE)	work-app:0.1.0
コマンド ([COMMAND])	/usr/local/bin/php --server 0.0.0.0:8000 --docroot /my-work

App コンテナが起動できるか確認し、ここまでのパラメータに不備がないことを確認します。ただし、起動コマンドの --docroot オプションのみ確認のため /my-work から / に変更します。/my-work ディレクトリがまだ存在せず、エラーになってしまうためです。

ターミナル25.5.1 Appコンテナの起動確認

```
$ docker container run                                 \
  --name app                                           \
  --rm                                                 \
  --detach                                             \
  --publish 8000:8000                                  \
  work-app:0.1.0                                       \
  /usr/local/bin/php --server 0.0.0.0:8000 --docroot /
```

ブラウザで http://localhost:8000 にアクセスして次のスクリーンショット 25.5.1のようになれば大丈夫です。

スクリーンショット25.5.1 ビルトインウェブサーバにブラウザからアクセス

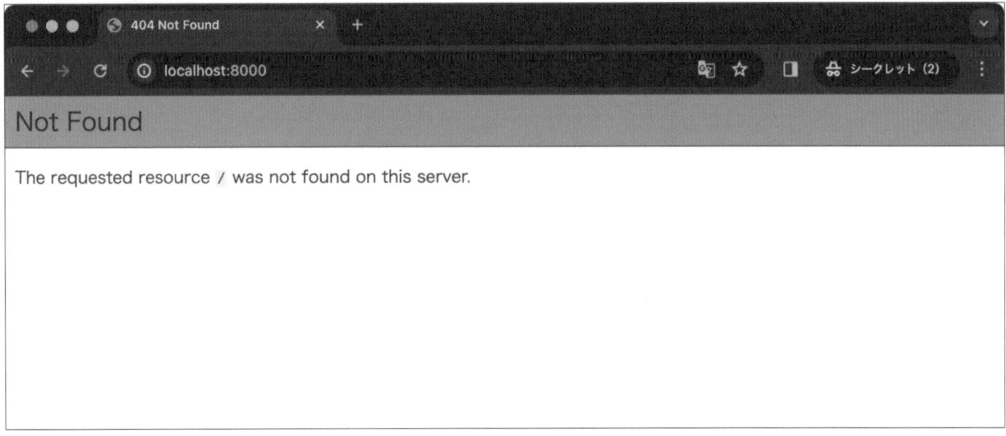

Point うまくいかない場合は、まずコンテナが起動しているか container ls で確認してください。コンテナが起動しない場合は IMAGE や [COMMAND] の指定を確認し、起動している場合は --publish オプションを確認してみてください。

DB コンテナのパラメータの整理と起動確認

この章で決めた container run のパラメータを整理します。

項目	内容
環境変数 (--env)	MYSQL_ROOT_PASSWORD=secret MYSQL_USER=app MYSQL_PASSWORD=pass1234 MYSQL_DATABASE=sample TZ=Asia/Tokyo
ポートの公開 (--publish)	3306:3306
イメージ (IMAGE)	mysql:8.2.0

DB コンテナが起動できるか確認し、ここまでのパラメータに不備がないことを確認します。

第6部 ウェブサービス開発環境の構築例

ターミナル25.5.2　DBコンテナの起動確認

```
$ docker container run                \
  --name db                           \
  --rm                                \
  --detach                            \
  --env MYSQL_ROOT_PASSWORD=secret \
  --env MYSQL_USER=app                \
  --env MYSQL_PASSWORD=pass1234       \
  --env MYSQL_DATABASE=sample         \
  --env TZ=Asia/Tokyo                 \
  --publish 3306:3306                 \
  mysql:8.2.0
```

ホストマシンからmysqlコマンドで接続できれば大丈夫です。

ターミナル25.5.3　DBコンテナに接続

```
$ mysql --host=127.0.0.1 --port=3306 --user=app --password=pass1234 sample
mysql> select now();
+---------------------+
| now()               |
+---------------------+
| 2023-11-28 08:41:33 |
+---------------------+
1 row in set (0.00 sec)
```

プロンプトが切り替わる
日本標準時になっているか確認する

Point　うまくいかない場合は、まずコンテナが起動しているかcontainer lsで確認してください。コンテナが起動しない場合は--detachオプションを外してエラーを確認し、--envオプションに不備がないか見直してみてください。mysqlコマンドで接続できない場合は、--publishオプションとmysqlコマンドの接続情報を確認してみてください。

Mailコンテナのパラメータの整理と起動確認

この章で決めたcontainer runのパラメータを整理します。

項目	内容
環境変数（--env）	TZ=Asia/Tokyo MP_DATA_FILE=/data/mailpit.db
ポートの公開（--publish）	8025:8025
イメージ（IMAGE）	axllent/mailpit:v1.10.1

Mailコンテナが起動できるか確認し、ここまでのパラメータに不備がないことを確認します。

ただし、MP_DATA_FILE=/data/mailpit.db の指定のみ外します。/data ディレクトリがまだ存在せず、エラーになってしまうためです。

ターミナル25.5.4　Mailコンテナの起動確認

```
$ docker container run                              \
  --name mail                                       \
  --rm                                              \
  --detach                                          \
  --env TZ=Asia/Tokyo                               \
  --publish 8025:8025                               \
  axllent/mailpit:v1.10.1
```

ブラウザで http://localhost:8025 にアクセスして次の スクリーンショット 25.5.2 のようになれば大丈夫です。

スクリーンショット25.5.2　MailpitのWeb UIにブラウザからアクセス

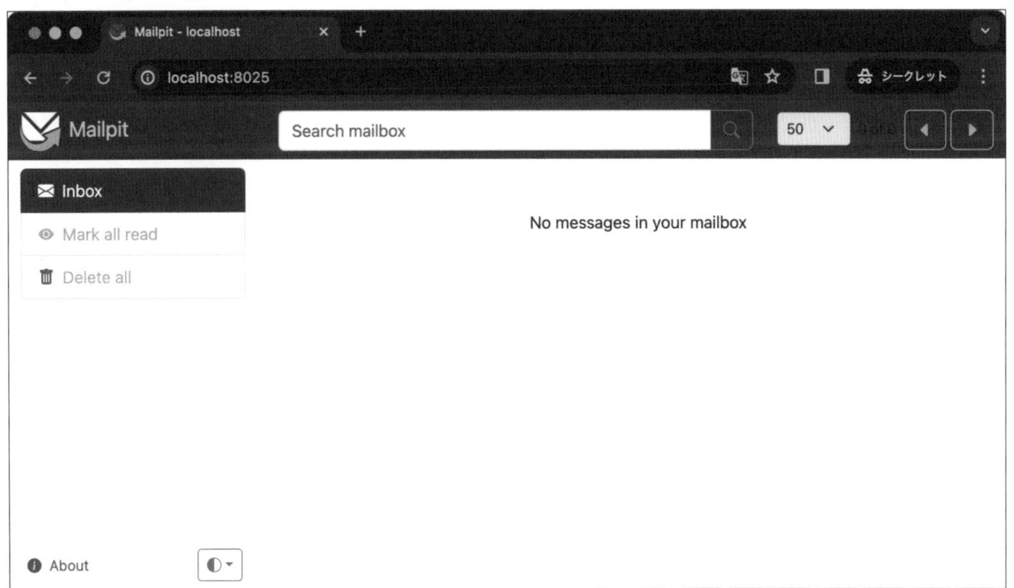

Point うまくいかない場合は、まずコンテナが起動しているか container ls で確認してください。コンテナが起動しない場合は --detach オプションを外してエラーを確認し、--env オプションに不備がないか見直してみてください。ブラウザから接続できない場合は、--publish オプションと URL を確認してみてください。

現時点の構成図

第 24 章で作成した構成図のラフスケッチとこの章で整理したオプションをもとに、構成図を更新します。ただしすべてのオプションを詳細に書き込むと細かくなりすぎてしまうため、構成図にはラフスケッチ同様にデータとホストマシンからのアクセスとコンテナ間通信のみを書き込みます。

図25.5.1 現時点の構成図

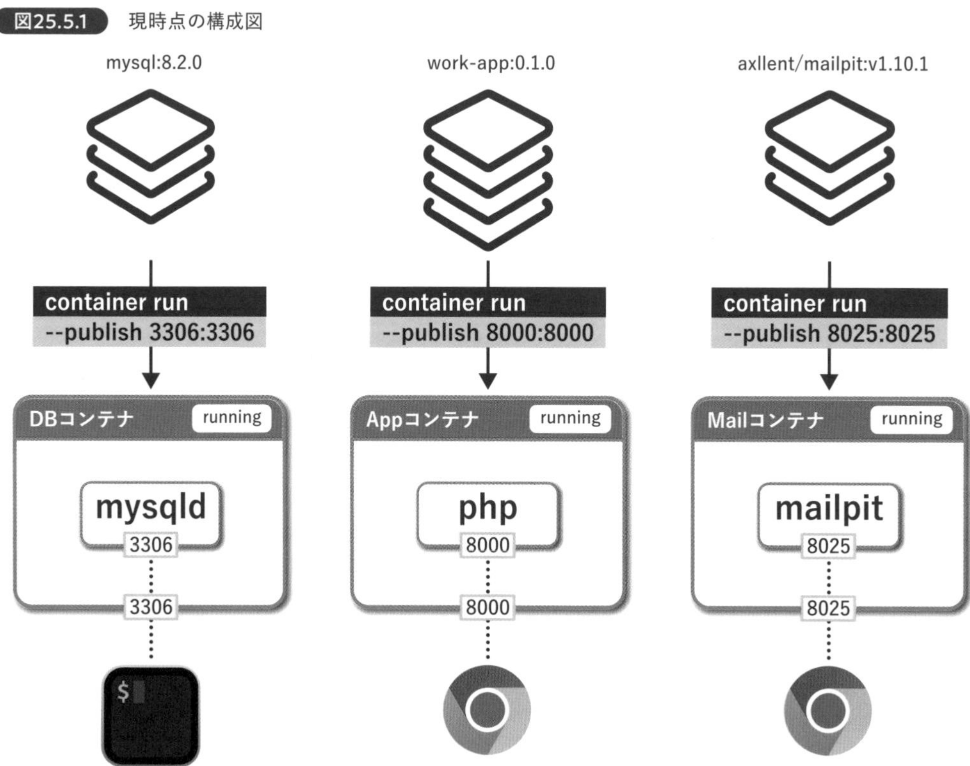

ファイルツリー

現時点でのファイルツリーは次のようになっているはずです。

```
work
|-- docker
|   |-- app
|   |   |-- Dockerfile
|   |   `-- msmtprc
|   |-- db
|   `-- mail
`-- src
```

第26章

コンテナ以外のリソースを準備する

この章ではボリューム、バインドマウント、ネットワーク、それからソースコードを準備します。

イメージをしっかり整理してコンテナの関係が整理できていれば、滞りなく進められるはずです。

Appコンテナを整理する

ボリューム

App コンテナで残したいデータはありません。ボリュームは使用しません。

バインドマウント

App コンテナは PHP ソースコードをホストマシンと共有するためにバインドマウントを利用します。

--mount オプションを整理しましょう。マウント元は PHP ソースコードを保存する src ディレクトリです。work までのパスは pwd コマンドで展開します。マウント先は第 25 章のビルトインウェブサーバでドキュメントルート（--docroot）に定めた /my-work を指定します。この設定により、ホストマシンの PHP ソースコードがコンテナのドキュメントルートにマウントされます。

<key>	<value>	補足
type	bind	バインドマウントの場合は bind
source	"$(pwd)"/src	マウント元 src ディレクトリのフルパス
destination	/my-work	マウント先 --docroot で定めた /my-work

ここでの決定は構成図で表すと次のようになります。

図26.1.1 現時点の構成図

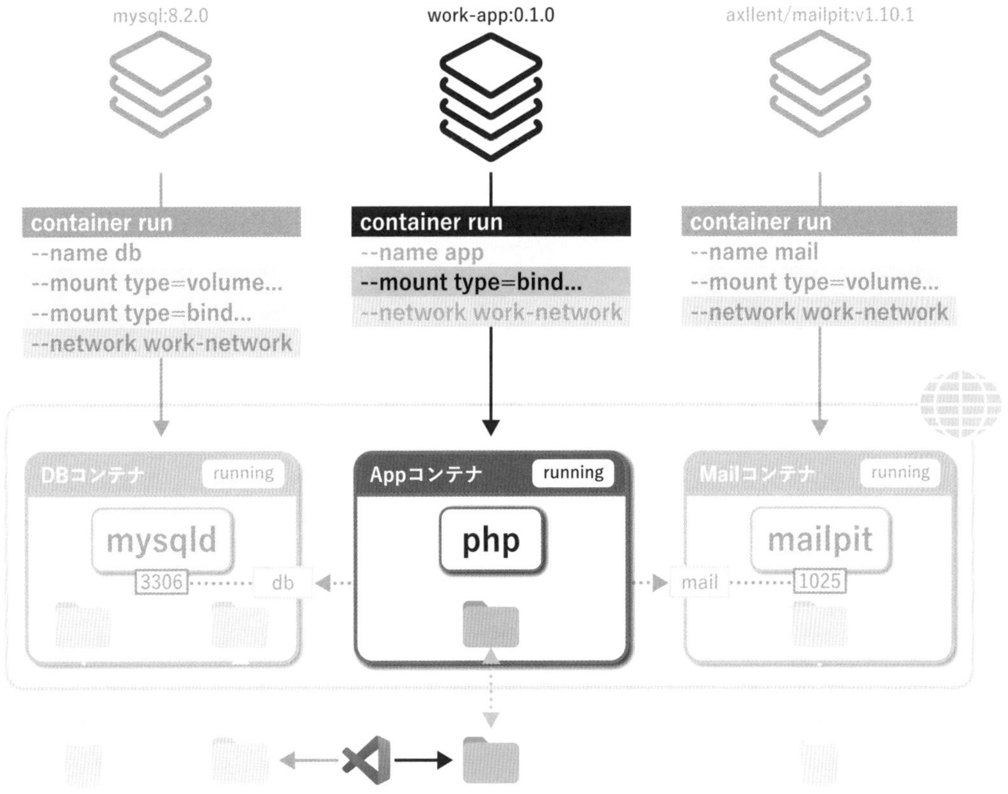

ソースコード

Appコンテナで実行するPHPファイルを作成します。

ホストマシンで`src/index.php`を コード26.1.1 のとおり作成します。このコードは第23章と同じようにPDOクラスを用いてMySQLデータベースに接続し、先ほど作成した`user`テーブルからユーザー情報を取得します。取得したユーザー情報を画面に表示したのち、すべてのユーザーの登録メールアドレスにメールを送信します。

コード26.1.1 PHPソースコード(src/index.php)

```
<?php

$users = [];

// データベースに接続
$dsn = 'mysql:host=db;port=3306;dbname=sample';
$username = 'root';
```

```
$password = 'secret';
try {
    $pdo = new PDO($dsn, $username, $password);

    // user テーブルの中身を取得
    $statement = $pdo->query('select * from user');
    $statement->execute();
    while ($row = $statement->fetch()) {
        // 1行ずつ配列に追加
        $users[] = $row;
    }

    // 切断
    $pdo = null;
} catch (PDOException $e) {
    echo 'データベースに接続できませんでした';
}

// ユーザー情報を出力
foreach ($users as $user) {
    echo '<p>id: ' . $user['id'] . ', name: ' . $user['name'] . '</p>';
}

// メールを送信
$subject = 'テストメールです';
$message = 'Docker Hubはこちら → https://hub.docker.com/';
foreach ($users as $user) {
    $success = mb_send_mail($user['email'], $subject, $message);
    if ($success) {
        echo '<p>' . $user['name'] . 'にメールを送信しました</p>';
    } else {
        echo '<p>メール送信に失敗しました</p>';
    }
}
```

Point ここではローカルの個人開発なので index.php にデータベース接続情報を直接記載していますが、本来はソースコードに機密情報を直接書いてはいけません。環境変数などを使用してください。

●ネットワーク

App コンテナは DB コンテナと Mail コンテナに接続します。

コンテナ同士が通信できるように、ネットワークを作成する必要があります。work-network というネットワークを作成しましょう。

ターミナル26.1.1 ネットワークの作成

```
$ docker network create work-network
89122ef0cd5fdba56204c7b1cc35f4fb6408f1f0690f10b06ce6e17c38f861e5
```

App コンテナを work-network に接続させるため、container run で次のオプションを指定します。

- `--network work-network`

ここでの決定は構成図で表すと次のようになります。

図26.1.2 現時点の構成図

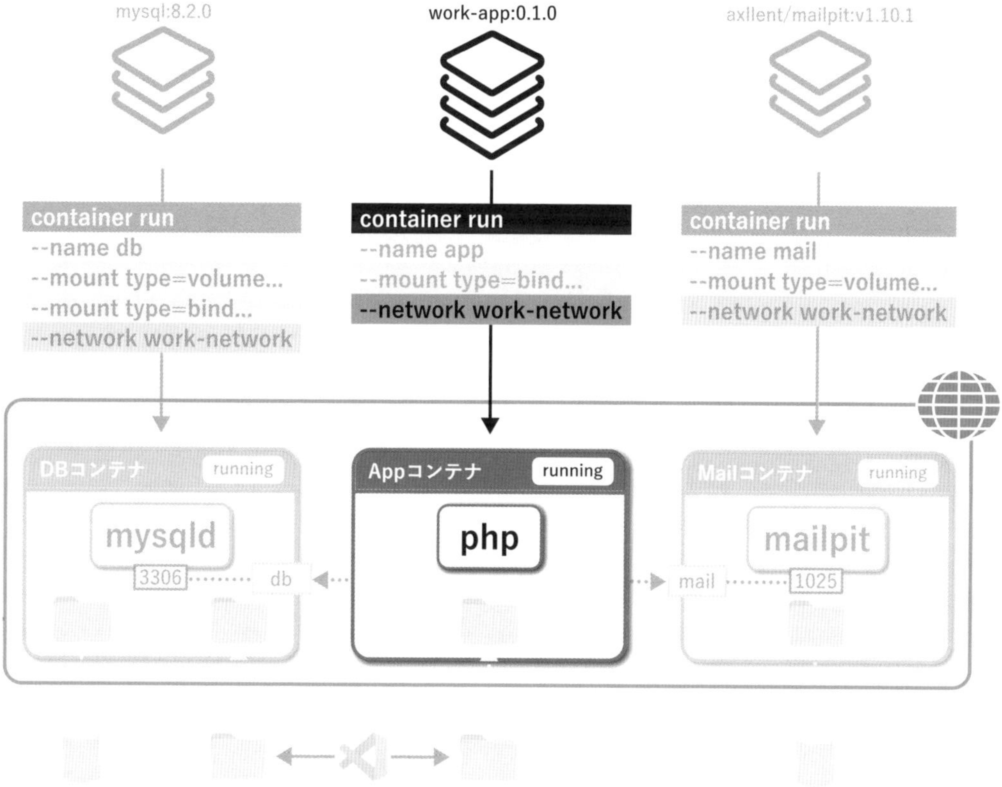

26.2 DBコンテナを整理する

ボリューム

DB コンテナでは MySQL データベースのデータが消えないようにしたいので、ボリュームを使用します。

まずは DB コンテナ用のボリュームを作成します。名前は work-db-volume にしましょう。

ターミナル26.2.1 DBコンテナ用のボリュームを作成

```
$ docker volume create --name work-db-volume
work-db-volume
```

続いて --mount オプションを整理します。マウント元は今作成した work-db-volume です。マウント先は MySQL データベースがデータを保存するディレクトリです。値は第 21 章で調べた /var/lib/mysql です。

<key>	<value>	補足
type	volume	ボリュームをマウントする場合は volume
source	work-db-volume	マウント元 DB コンテナ用のボリューム名
destination	/var/lib/mysql	マウント先 調べたデータの保存先

ラフスケッチで整理していたデータの扱いが決まりました。構成図の一部は次のようになりました。

図26.2.1 現時点の構成図

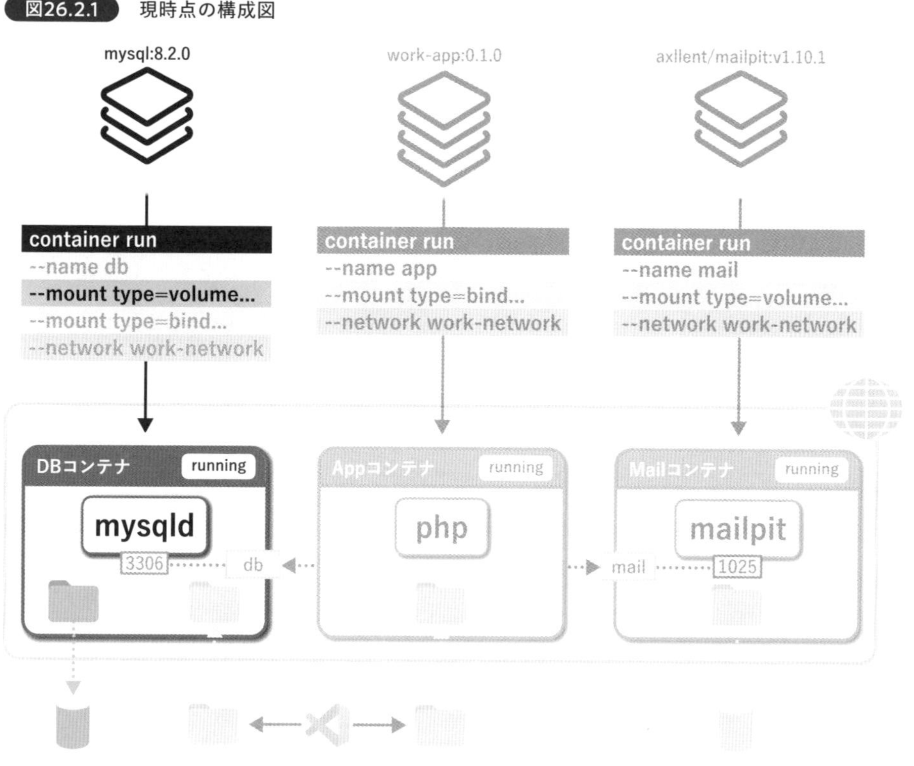

●バインドマウント

DB コンテナではバインドマウントも利用します。

第 10 章で MySQL イメージには環境変数を指定するとユーザー作成などをしてくれる機能があると紹介しましたが、それとは別に任意のクエリを実行する機能も提供されています。コンテナ内の特定のディレクトリに `.sh`、`.sql`、`.sql.gz` 拡張子のファイルを置いてコンテナを起動すると、そのファイルをコンテナ起動時に実行してくれるというものです。この機能を使うと、コンテナを起動した後に `mysql` コマンドで接続して `create table` 文などを実行しなくてよくなります。この機能を利用して `user` テーブルを作成し、John と Jane を登録します。

さっそくコンテナ起動時に実行させたい SQL ファイルを作成しましょう。ファイル名にルールはないため、`init-user.sql` というファイル名にします。`docker/db` に `init` というディレクトリを作り、そこに作成してください。

コード26.2.1 初期化クエリ(docker/db/init/init-user.sql)

```
create table user ( id int, name varchar(32), email varchar(32) );
insert user ( id, name, email ) values ( 1, 'John Doe', 'john@example.com' );
insert user ( id, name, email ) values ( 2, 'Jane Doe', 'jane@example.com' );
```

このコードはuserテーブルを作り、JohnとJaneを登録しています。第25章のメール送信元設定と同様に、メールアドレスのドメイン部はexample.comにしています。

ホストマシン側にマウントしたいディレクトリを作ったので、続けて--mountオプションを整理しましょう。マウント元は今作成したinitディレクトリです。workまでのパスはpwdコマンドで展開します。マウント先は/docker-entrypoint-initdb.dです。この値はDocker HubのMySQLリポジトリでOverviewタブを読むと確認できます。

<key>	<value>	補足
type	bind	バインドマウントの場合はbind
source	"$(pwd)"/docker/db/init	マウント元 initディレクトリのフルパス
destination	/docker-entrypoint-initdb.d	マウント先 Docker Hubのマニュアルで判明

ここでの決定は構成図で表すと次のようになります。

図26.2.2 現時点の構成図

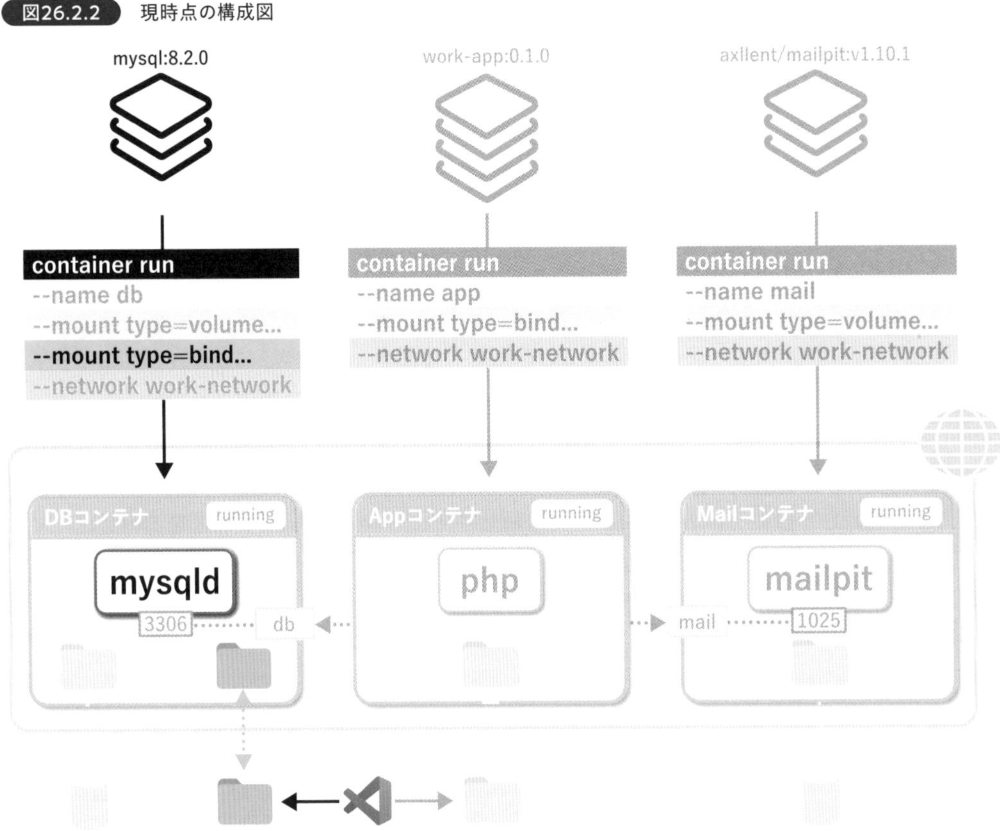

●ネットワーク

DB コンテナは App コンテナと同じネットワークに接続する必要があります。

DB コンテナを work-network に接続させるため、container run で次のオプションを指定します。

・--network work-network

ここでの決定は構成図で表すと次のようになります。

図26.2.3 現時点の構成図

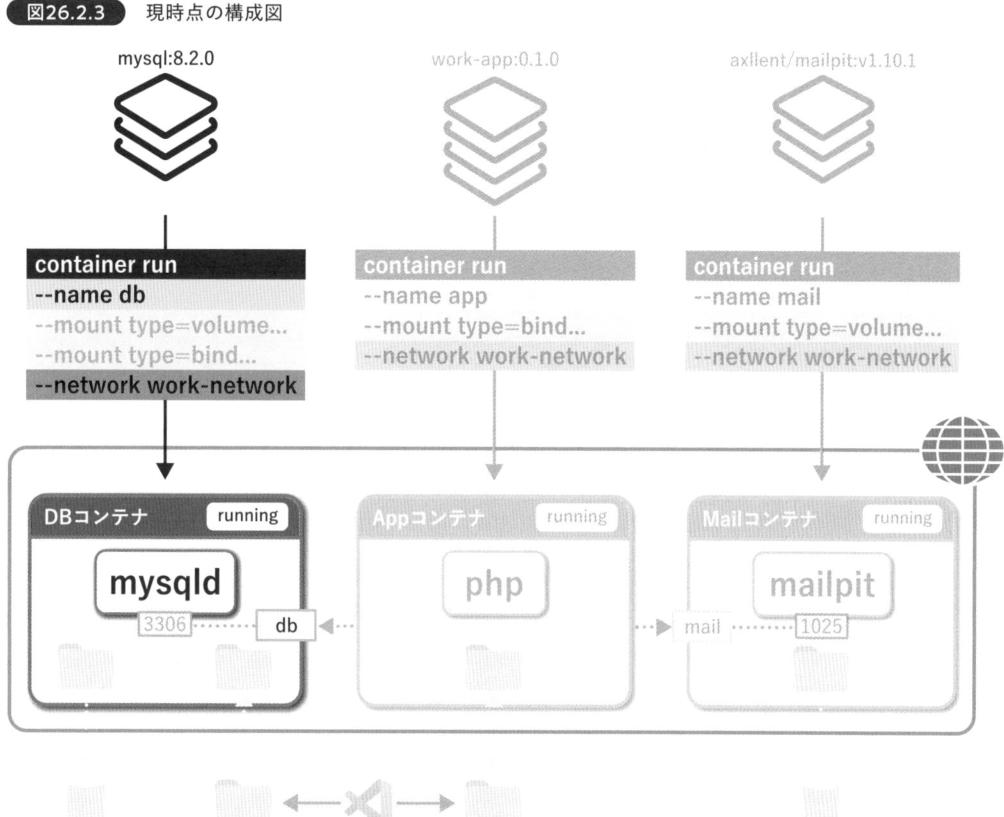

26.3 Mailコンテナを整理する

ボリューム

Mail コンテナではメールが消えないようにしたいので、ボリュームを使用します。

まずは Mail コンテナ用のボリュームを作成します。名前は work-mail-volume にしましょう。

ターミナル26.3.1 Mailコンテナ用のボリュームを作成

```
$ docker volume create --name work-mail-volume
work-mail-volume
```

続いて --mount オプションを整理します。マウント元は今作成した work-mail-volume です。マウント先は Mailpit がメールを保存するディレクトリです。値は第 25 章の環境変数 MP_DATA_FILE で定めた /data/mailpit.db がある /data ディレクトリです。

<key>	<value>	補足
type	volume	ボリュームをマウントする場合は volume
source	work-mail-volume	マウント元 Mail コンテナ用のボリューム名
destination	/data	マウント先 調べたデータの保存先

ここでの決定は構成図で表すと次のようになります。

図26.3.1 現時点の構成図

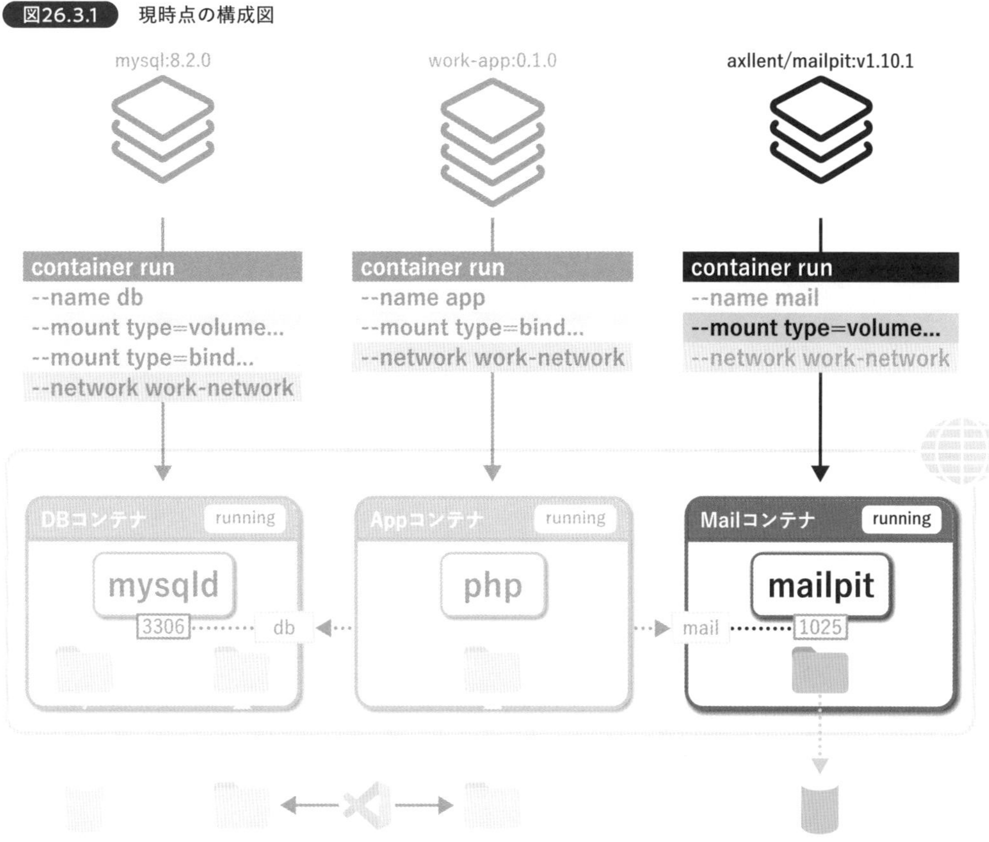

●バインドマウント

Mail コンテナにホストマシンと同期させたいディレクトリはありません。バインドマウントは使用しません。

●ネットワーク

Mail コンテナは App コンテナと同じネットワークに接続する必要があります。

Mail コンテナを `work-network` に接続させるため、`container run` で次のオプションを指定します。

- `--network work-network`

ここでの決定は構成図で表すと次のようになります。

図26.3.2 現時点の構成図

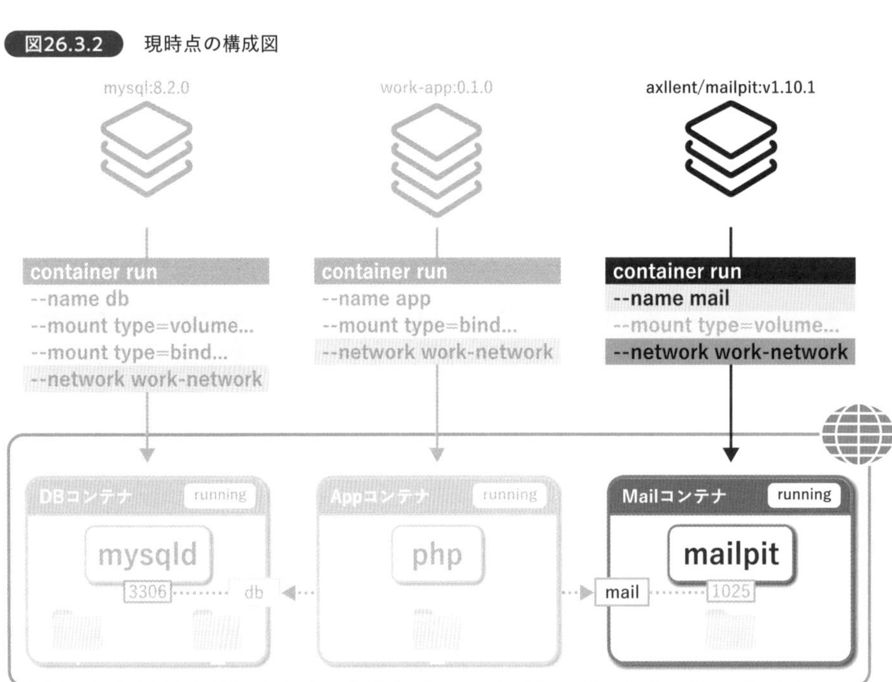

図26.3.3 完成図

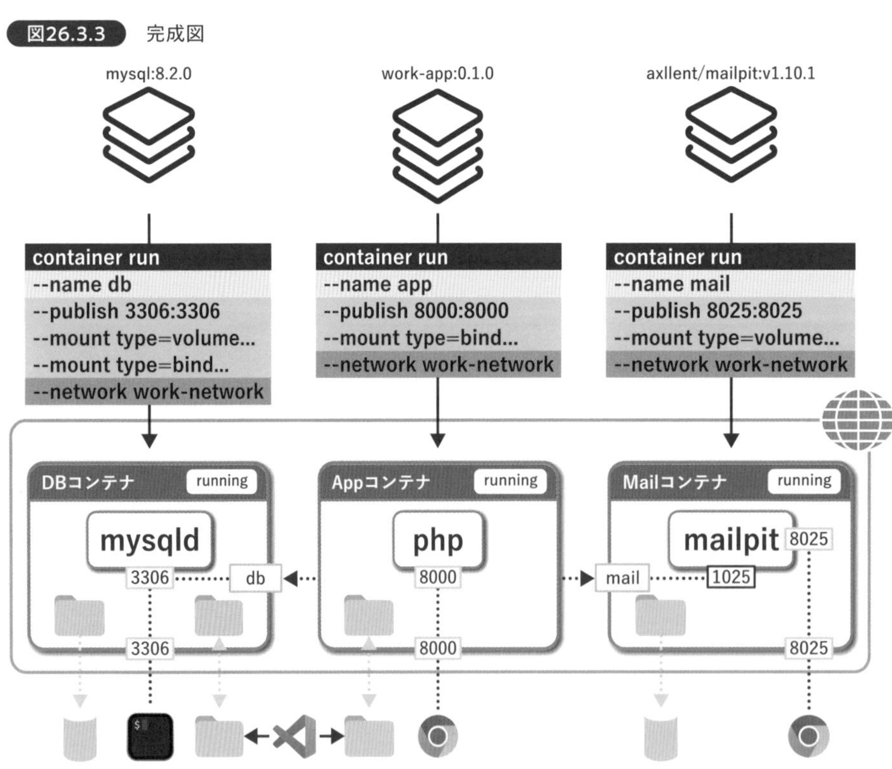

この章のまとめ

ここまでに定まったパラメータを整理します。コンテナの起動は続く第27章で完成形として行います。

App コンテナのパラメータの整理

この章で決めた container run のパラメータを整理します。

項目	内容
ボリューム (--mount)	なし
バインドマウント (--mount)	type=bind source="$(pwd)"/src destination=/my-work
ネットワーク (--network)	work-network

DB コンテナのパラメータの整理

この章で決めた container run のパラメータを整理します。

項目	内容
ボリューム (--mount)	type=volume source=work-db-volume destination=/var/lib/mysql
バインドマウント (--mount)	type=bind source="$(pwd)"/docker/db/init destination=/docker-entrypoint-initdb.d
ネットワーク (--network)	work-network

Mail コンテナのパラメータの整理

この章で決めた container run のパラメータを整理します。

項目	内容
ボリューム (--mount)	type=volume source=work-mail-volume destination=/data
バインドマウント (--mount)	なし
ネットワーク (--network)	work-network

完成図

構成図にこの章で整理した情報を書き足し完成図とします（図 26.3.3 参照）。

ファイルツリー

現時点でのファイルツリーは次のようになっているはずです。

```
work
|-- docker
|   |-- app
|   |   |-- Dockerfile
|   |   `-- msmtprc
|   |-- db
|   |   `-- init                // 作成
|   |       `-- init-user.sql   // 作成
|   `-- mail
`-- src
    `-- index.php               // 作成
```

第27章

コンテナの起動

この章では、これまで準備してきた3つのコンテナを起動し、Dockerコマンド版の環境構築を完了とします。

App、DB、Mailコンテナの起動

App コンテナの起動

この章までに決めたすべてのcontainer runのパラメータを再掲します。イメージ(IMAGE)とコマンド（[COMMAND]）は実行順に合わせて行の下の方に並び替えています。

項目	内容
コンテナ名 (--name)	app
自動削除 (--rm)	あり
バックグラウンド実行 (--detach)	あり
環境変数 (--env)	なし
ポートの公開 (--publish)	8000:8000
ボリューム (--mount)	なし
バインドマウント (--mount)	type=bind source="$(pwd)"/src destination=/my-work
ネットワーク (--network)	work-network
イメージ (IMAGE)	work-app:0.1.0
コマンド ([COMMAND])	/usr/local/bin/php --server 0.0.0.0:8000 --docroot /my-work

整理できたら、コンテナを起動してみましょう。コンテナが起動できていることも確認します。

ターミナル27.1.1 Appコンテナを起動

```
$ docker container run                                                   \
  --name app                                                             \
  --rm                                                                   \
  --detach                                                               \
  --publish 8000:8000                                                    \
  --mount type=bind,source="$(pwd)"/src,destination=/my-work \
  --network work-network                                                 \
  work-app:0.1.0                                                         \
  /usr/local/bin/php --server 0.0.0.0:8000 --docroot /my-work
a06c39f0d7879c8ea2cfa4b89184a6fac4ac59b2a98b61149aa904a5ca631a8f

$ docker container ls
CONTAINER ID    ...中略...   STATUS           ...中略...   NAMES
a06c39f0d787    ...中略...   Up 9 seconds     ...中略...   app
```

コンテナの起動を確認

DB コンテナの起動

この章までに決めたすべてのcontainer runのパラメータを再掲します。イメージ(IMAGE)は実行順に合わせて行の下の方に並び替えています。

項目	内容
コンテナ名 (--name)	db
自動削除 (--rm)	あり
バックグラウンド実行 (--detach)	あり
環境変数 (--env)	MYSQL_ROOT_PASSWORD=secret MYSQL_USER=app MYSQL_PASSWORD=pass1234 MYSQL_DATABASE=sample TZ=Asia/Tokyo
ポートの公開 (--publish)	3306:3306
ボリューム (--mount)	type=volume source=work-db-volume destination=/var/lib/mysql
バインドマウント (--mount)	type=bind source="$(pwd)"/docker/db/init destination=/docker-entrypoint-initdb.d
ネットワーク (--network)	work-network
イメージ (IMAGE)	mysql:8.2.0

第6部 ウェブサービス開発環境の構築例

整理できたら、コンテナを起動してみましょう。コンテナが起動できていることも確認します。

ターミナル27.2.1　DBコンテナを起動（紙幅の都合により、下記ではdestinationをdstと表記しています）

```
$ docker container run                                                          \
  --name db                                                                     \
  --rm                                                                          \
  --detach                                                                      \
  --env MYSQL_ROOT_PASSWORD=secret                                              \
  --env MYSQL_USER=app                                                          \
  --env MYSQL_PASSWORD=pass1234                                                 \
  --env MYSQL_DATABASE=sample                                                   \
  --env TZ=Asia/Tokyo                                                           \
  --publish 3306:3306                                                           \
  --mount                                                                       \
  type=volume,source=work-db-volume,dst=/var/lib/mysql                          \
  --mount                                                                       \
  type=bind,source="$(pwd)"/docker/db/init,dst=/docker-entrypoint-initdb.d \
  --network work-network                                                        \
  mysql:8.2.0
3d4bf1a4b453f68dc6fadff3dc8a96ba315e96cb44f8a6a53a00edaf57a6fd5d

$ docker container ls
CONTAINER ID   ...中略...   STATUS          ...中略...   NAMES
3d4bf1a4b453   ...中略...   Up 8 seconds    ...中略...   db
a06c39f0d787   ...中略...   Up 9 seconds    ...中略...   app
```

コンテナの起動を確認

Mail コンテナの起動

この章までに決めたすべてのcontainer runのパラメータを再掲します。イメージ(IMAGE)は実行順に合わせて行の下の方に並び替えています。

項目	内容
コンテナ名 (--name)	mail
自動削除 (--rm)	あり
バックグラウンド実行 (--detach)	あり
環境変数 (--env)	TZ=Asia/Tokyo MP_DATA_FILE=/data/mailpit.db
ポートの公開 (--publish)	8025:8025
ボリューム (--mount)	type=volume source=work-mail-volume destination=/data
バインドマウント (--mount)	なし
ネットワーク (--network)	work-network
イメージ (IMAGE)	axllent/mailpit:v1.10.1

整理できたら、コンテナを起動してみましょう。コンテナが起動できていることも確認します。

ターミナル27.3.1 Mailコンテナを起動

```
$ docker container run                                              \
    --name mail                                                     \
    --rm                                                            \
    --detach                                                        \
    --env TZ=Asia/Tokyo                                             \
    --env MP_DATA_FILE=/data/mailpit.db                             \
    --publish 8025:8025                                             \
    --mount type=volume,source=work-mail-volume,destination=/data \
    --network work-network                                          \
    axllent/mailpit:v1.10.1
5c0c35a1c6827cb33e779b7f751068e47a6a625f61986da86293886b63c930b7

$ docker container ls
CONTAINER ID   ...中略...   STATUS         ...中略...   NAMES
5c0c35a1c682   ...中略...   Up 9 seconds   ...中略...   mail
3d4bf1a4b453   ...中略...   Up 8 seconds   ...中略...   db
a06c39f0d787   ...中略...   Up 9 seconds   ...中略...   app
```

コンテナの起動を確認

27.2 ブラウザを確認

http://localhost:8000 にアクセスすると、John と Jane がにメールが送信されているでしょうか。

スクリーンショット27.1.1 ブラウザでアクセス

http://localhost:8025 にアクセスすると、2 通のメールが確認できるはずです。

スクリーンショット27.1.2　送信したメールの一覧

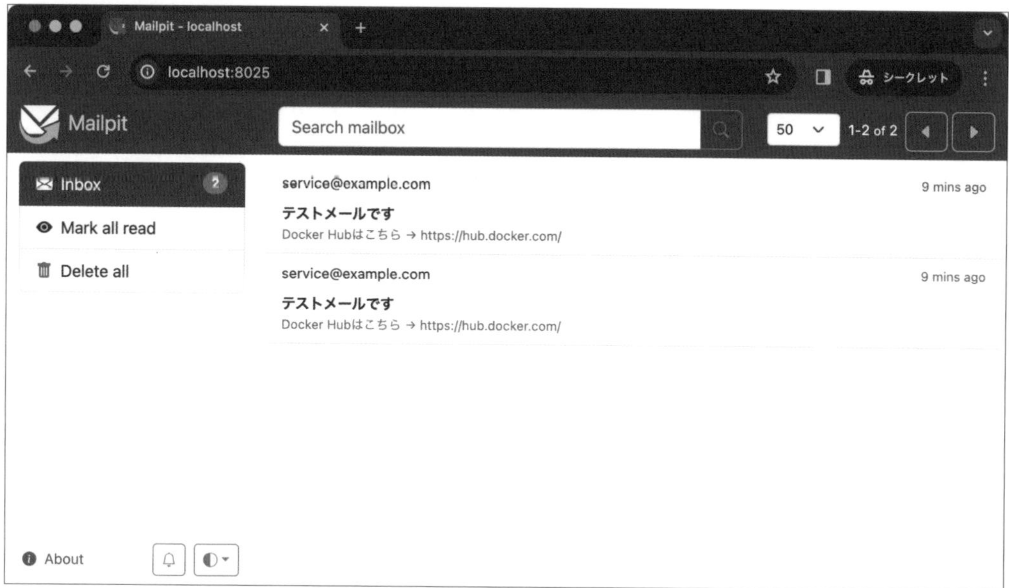

Point うまくいかない場合は、まず`container ls`でコンテナが起動できているか確認します。起動できていなければ`--detach`オプションを外してエラーを確認しましょう。コンテナが3つとも起動できているのにデータベースサーバもしくはメールサーバにアクセスできない場合は、ネットワーク周りを確認します。3つが同じ`work-network`に接続しているか確認し、`index.php`と`msmtprc`の接続先を確認しましょう。
ネットワークについて確認するには第23章で紹介した`network inspect`や`container inspect`を使用します。デバッグの具体的な操作は第32章でも解説します、必要に応じて参照してください。

これでDockerコマンド版の環境構築は完了です。お疲れ様でした。

Point 確認が済んだらコンテナは`container stop app db mail`で停止しておきましょう。

COLUMN

Docker Desktop でコンテナを操作する

ここまでターミナル操作ばかりでしたので、少しだけ Docker Desktop によるコンテナ操作も紹介します。Containers 画面では container ls のような情報が確認でき、停止や削除がボタン操作で行えます。

スクリーンショット27.1.3 Docker Desktopでコンテナ一覧を確認

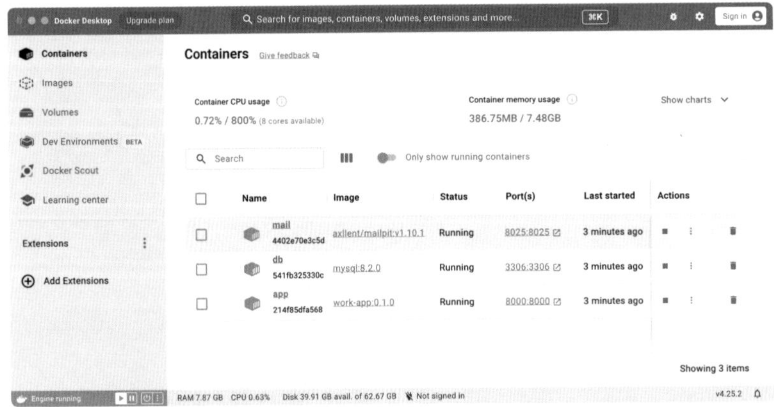

コンテナ個別の画面には Logs や Inspect というタブがあり、Exec タブではコンテナを対話操作できます。

スクリーンショット27.1.4 Docker Desktopで任意のコマンドを実行

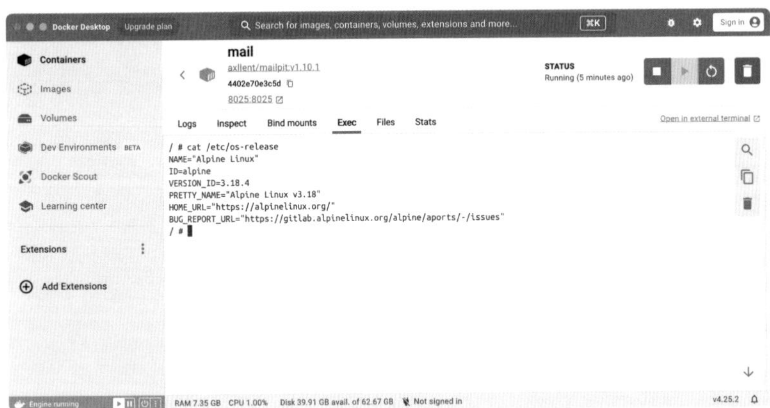

ボタンやメニューがどのようなコマンドに相当するか、ここまで読み進めてきたら想像つくのではないでしょうか。Docker Desktop での操作はいろいろと便利です。基礎をおさえた上でぜひ活用してみてください。

第28章

Docker Composeの利用

この章では、第27章で完成させた構成をDocker Composeに移植します。

第27章でcontainer runに指定したオプションをYAMLファイルに書き移し、1コマンドで3つのコンテナを起動できるようにします。

28.1

Docker Composeの基礎

Docker Compose の概要と基礎について解説します。

Docker Compose は複数のコンテナをまとめて起動できる

Docker Compose は、複数コンテナの定義および実行をするためのツールです。YAML ファイルに定義した内容に従い、単一のコマンドで定義されたすべてのコンテナを起動します。Dockerfile は Docker Compose でも引き続き使用できます。

第 6 部で構築した環境を例に、Docker コマンドでの起動と Docker Compose コマンドでの起動の違いをみてみましょう。

この環境にはコンテナが 3 つあり、イメージの 1 つは Dockerfile を使いビルドしたものを使っています。この環境をはじめて起動するために必要なコマンド実行は、全部で 7 回にもなります。`image build` が 1 回と、`volume create` が 2 回と、`network create` が 1 回と、`container run` が 3 回です。コンテナを停止してもイメージとボリュームとネットワークはホストマシンに残りますが、`container run` はこの環境を利用するたびに実行する必要があります。3 回分の `container run` のパラメータを数えてみると、各種オプションと `IMAGE` と `[COMMAND]` で 30 も指定しています。起動のたびにそれだけの数のパラメータを正確に実行するのは、とても手間がかかりますね（図 28.1.1 参照）。

Docker Compose を用いると、`container run` のほぼすべてのパラメータを YAML ファイルに定義できます。それだけでなく、1 回のコマンド実行でイメージのビルド、ボリュームの作成、ネットワークの作成、3 コンテナの起動まで、必要な操作すべてを行ってくれます（図 28.1.2 参照）。

Docker Compose を利用すれば、細かいパラメータの指定や複数コマンドの実行から解放されます。ぜひ活用しましょう。

図28.1.1 Dockerコマンドによる起動

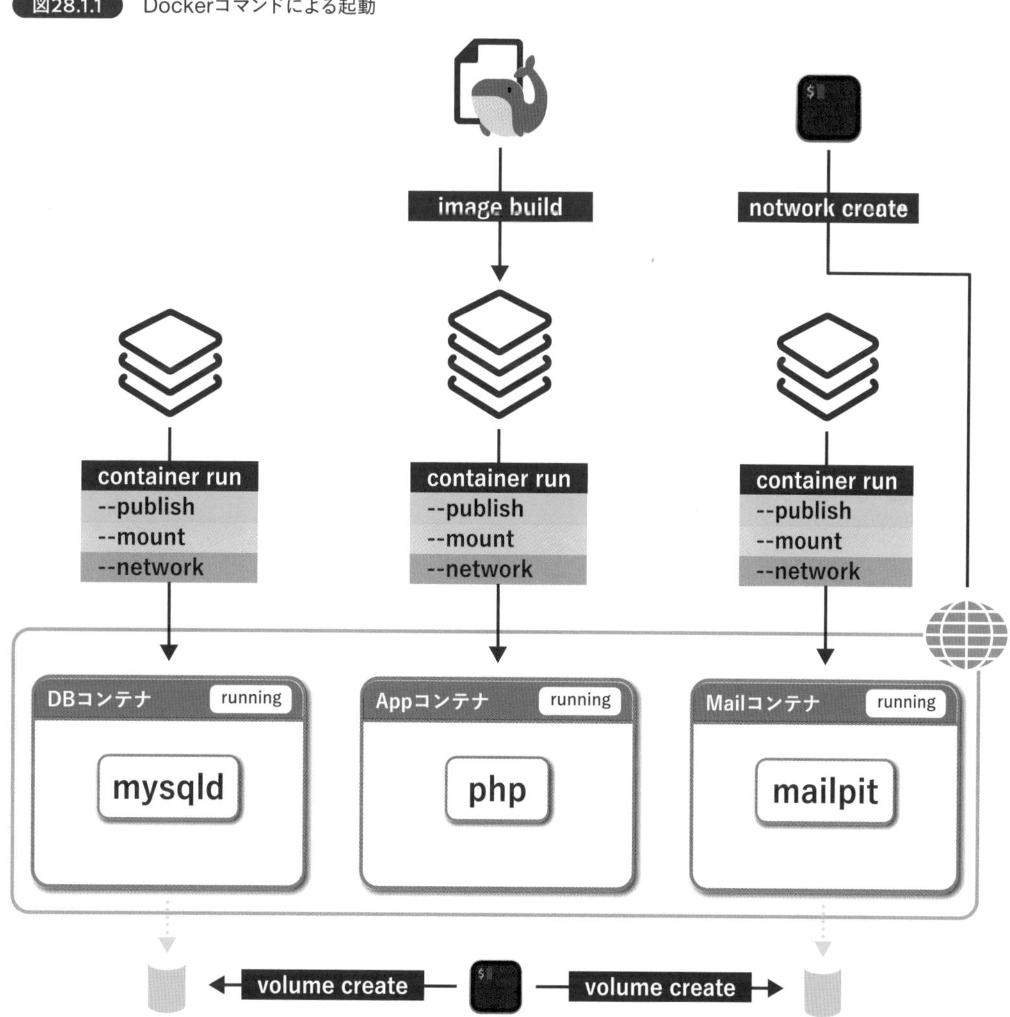

Docker Compose コマンドの概要

Docker Compose にはバージョン 1 とバージョン 2 が存在します。バージョン 1 は docker-compose というコマンドでしたが、バージョン 2 では docker compose というコマンド体系になっています。バージョン 1 の最終リリースは 2021 年 5 月で、それ以降はセキュリティアップデートが行われていません。バージョン 2 を使用しましょう。本書ではバージョン 2 の docker compose コマンドを使用して環境を構築します。

docker compose には up や ps などのサブコマンドが存在します。本書では文書中で Docker Compose のコマンドを示す場合には compose ps のように表記します。

この章で使用する Docker Compose のコマンドは次の 4 つです。

- コンテナの作成と起動（compose up）
- コンテナの停止と削除（compose down）
- コンテナ一覧の確認（compose ps）
- 起動中のコンテナでコマンドを実行（compose exec）

図28.1.2 Docker Composeコマンドによる起動

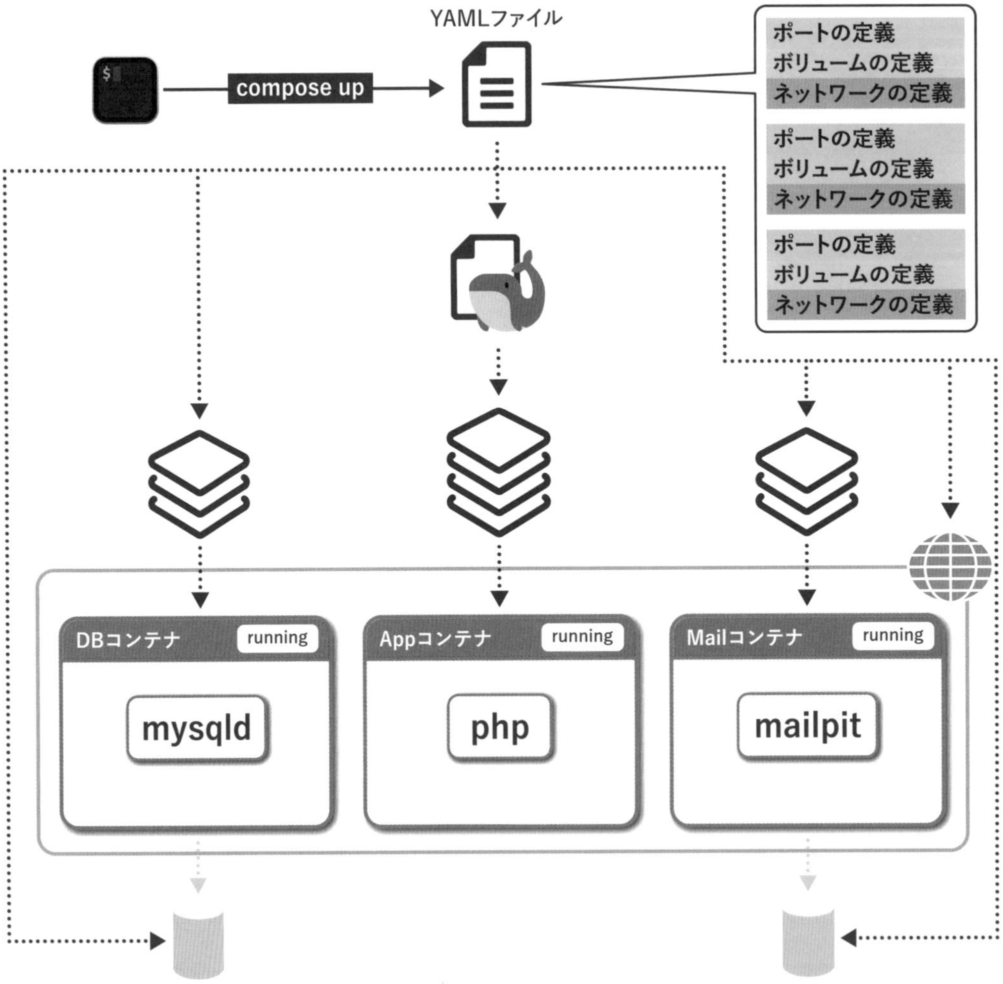

これらの文法解説は、本章末尾で実行例とともに解説します。

YAML ファイルの名前

Docker Compose の YAML ファイルは compose.yaml にすることが公式で推奨されています。Docker Compose は、compose ps などのコマンドを実行したディレクトリに compose.yaml ファイルが存在すれば、明示的に指定しなくてもその YAML ファイルを使用します。また compose.yaml 以外に次のファイル名も、明示しなくても認識されます。

- compose.yml
- docker-compose.yaml
- docker-compose.yml

docker-compose.yaml と docker-compose.yml は互換性のためにサポートされています。新たにファイルを作る場合は compose.yaml にしましょう。

dockerコマンドをcompose.yamlに移植する

第24章から第26章で整理したパラメータを、一気にYAMLファイルに移植します。

compose.yamlを作成する

第27章までで作業していたworkディレクトリを引き続き使用します。
workディレクトリにcompose.yamlファイルを作成してください。中身は空で構いません。
ファイルツリーは次のようになります。

```
work
|-- compose.yaml                    // 作成
|-- docker
|   |-- app
|   |   |-- Dockerfile
|   |   `-- msmtprc
|   |-- db
|   |   `-- init
|   |       `-- init-user.sql
|   `-- mail
`-- src
    `-- index.php
```

サービスの定義

Docker Composeではコンテナ1つずつをサービスとして扱います。compose.yamlファイルのルートにservicesというプロパティを定義し、その下にコンテナ3つ分のサービスを定義します。servicesプロパティ直下に定義したプロパティはそのままサービスの識別子になります。ここではそれぞれappとdbとmailとします。compose.yamlを次のように更新してください。

コード28.2.1 サービスを定義

```
services:
  app:

  db:

  mail:
```

ここから先はこの3つのサービスの下にcontainer runのオプションを書き移していきます。

コンテナ名

Docker コマンドによる構築	Docker Compose ファイルによる構築
container run の --name オプション	対処不要

コンテナ名の移植は不要です。

ここまでにずっとコンテナ名を指定していたのは、container execなどのコマンドでコンテナを指定しやすくするためです。しかしDocker Composeではコンテナ名でなくサービス名で対象を指定します。サービス名とはservices直下に定義したappとdbとmailのことで、たとえばcompose exec appのように使用できます。compose.yamlを作成すれば必ずサービス名を定義することになるため、コンテナ名の移植は行いません。

コンテナの自動削除

Docker コマンドによる構築	Docker Compose ファイルによる構築
container run の --rm オプション	対処不要

コンテナの自動削除の移植も不要です。compose downでコンテナを停止すると、そのまま自動で削除されます。

バックグラウンド実行

Docker コマンドによる構築	Docker Compose ファイルによる構築
container run の --detach オプション	起動コマンドのオプションで対応

バックグラウンド実行の指定は、今回移植するパラメータで唯一compose.yamlファイルに定義できません。これはcompose upのオプションで指定します。

●環境変数

Docker コマンドによる構築	Docker Compose ファイルによる構築
container run の --env オプション	environment プロパティ

環境変数は environment プロパティで定義します。値は KEY: value 形式もしくは KEY=value 形式で定義できます。ここでは --env オプションの書式と同じ KEY=value 形式で移植します。

DB コンテナの 5 パラメータと Mail コンテナの 2 パラメータを次のように書き移してください。

コード28.2.2 環境変数を定義

```
services:
  app:

  db:
    environment:
      - MYSQL_ROOT_PASSWORD=secret
      - MYSQL_USER=app
      - MYSQL_PASSWORD=pass1234
      - MYSQL_DATABASE=sample
      - TZ=Asia/Tokyo

  mail:
    environment:
      - TZ=Asia/Tokyo
      - MP_DATA_FILE=/data/mailpit.db
```

Point ここではローカルの個人開発のため compose.yaml にパスワードを直接記載していますが、本来はデータベース接続情報のような機密情報を直接書いてはいけません。機密情報を Git でバージョン管理しない .env ファイルなどに定義する方法は第 30 章で解説します。

●ポートの公開

Docker コマンドによる構築	Docker Compose ファイルによる構築
container run の --publish オプション	ports プロパティ

ポートの公開は ports プロパティで定義します。値は --publish オプションと同様にホストマシン側 : コンテナ側で定義します。

App コンテナと DB コンテナと Mail コンテナのパラメータを次のように書き移してください。

コード28.2.3 ポートの公開を定義

```
services:
  app:
    ports:
      - "8000:8000"

  db:
    environment:
      略
    ports:
      - "3306:3306"

  mail:
    environment:
      略
    ports:
      - "8025:8025"
```

Point すでに移植済みの environment プロパティについては、コード 28.2.3 では略記とさせていただきます。今後の他のプロパティについても同様です。

Point ports プロパティに定義する値は 8000:8000 のようにクォートなしでも動きますが、60 未満の数字の場合にエラーが発生してしまいます。12:34 形式の指定を YAML が 60 進数として扱ってしまうためです。変な事故に遭わないよう、常にダブルクォート（"）で囲っておくとよいでしょう。

●ボリューム

Docker コマンドによる構築	Docker Compose ファイルによる構築
volume create	トップレベルの volumes プロパティ
container run の --mount オプション	volumes プロパティ

第 21 章と第 26 章では container run の前に volume create でボリュームを作成しましたが、Docker Compose ではボリュームの作成も YAML ファイルの定義で行います。

services プロパティと同じトップレベルに volumes というプロパティを定義します。サービス名と同様に、volumes プロパティ直下に定義したプロパティがボリューム名となります。第 26 章で作成した名前と衝突するのを避けるため、この章で使うボリューム名は db-compose-volume と mail-compose-volume とします。

volumes プロパティを次のように書き足してください。

コード28.2.4 ボリュームを定義

```
services:
  略

volumes:
  db-compose-volume:
  mail-compose-volume:
```

ボリュームのマウントは個々のサービスの volumes プロパティで定義します。値は第 22 章で紹介した --volume オプションのような短い書式と、--mount オプションのような長い書式で定義できます。せっかく container run を --mount オプションで丁寧に組み立てたので、ここでも長い書式で移植しましょう。type プロパティの値は volume です。source プロパティの値は コード28.2.4 で定義したボリューム名です。target プロパティの値は --mount オプションの destination の値を書き移します。

DB コンテナと Mail コンテナのパラメータを次のように書き移してください。

コード28.2.5 ボリュームのマウントを定義

```
services:
  app:
    略

  db:
    environment:
      略
    ports:
      略
    volumes:
      - type: volume
        source: db-compose-volume
        target: /var/lib/mysql

  mail:
    environment:
      略
    ports:
      略
    volumes:
      - type: volume
        source: mail-compose-volume
        target: /data

volumes:
  略
```

●バインドマウント

Docker コマンドによる構築	Docker Compose ファイルによる構築
container run の --mount オプション	volumes プロパティ

バインドマウントも volumes プロパティで定義します。ボリュームのマウントと同様に短い書式と長い書式で定義できますが、ここでは長い書式に移植します。type プロパティの値は bind です。source プロパティの値は --mount オプションの source の値を書き移します。ただし相対パスはドット（.）で書き始める必要があります。相対パスの基準は compose.yaml ファイルがあるディレクトリになります。target プロパティの値は --mount オプションの destination の値を書き移します。volumes プロパティには配列を定義する必要があるため、ハイフン（-）の位置に注意してください。

App コンテナと DB コンテナのパラメータを次のように書き移してください。

コード28.2.6　バインドマウントを定義

```
services:
  app:
    ports:
      略
    volumes:
      - type: bind
        source: ./src
        target: /my-work

  db:
    environment:
      略
    ports:
      略
    volumes:
      略
      - type: bind
        source: ./docker/db/init
        target: /docker-entrypoint-initdb.d

  mail:
    略
    ports:
      略
    volumes:
      略

volumes:
  略
```

ネットワーク

Docker コマンドによる構築	Docker Compose ファイルによる構築
network create	対処不要
container run の --network オプション	対処不要

ネットワークの移植は対応不要です。デフォルトで Docker Compose はコンテナ起動時にブリッジネットワークを作成し、すべてのコンテナをそのネットワークに接続します。コンテナはサービス名で相互に通信できます。

使用するイメージ

Docker コマンドによる構築	Docker Compose ファイルによる構築
container run の IMAGE 引数	image プロパティ

使用するイメージは image プロパティで定義します。値は container run などで使用する REPOSITORY[:TAG] 形式がそのまま使用できます。

DB コンテナと Mail コンテナのパラメータを次のように書き移してください。

コード28.2.7 使用するイメージを定義

```
services:
  app:
    略

  db:
    environment:
      略
    ports:
      略
    volumes:
      略
    image: mysql:8.2.0

  mail:
    environment:
      略
    ports:
      略
    volumes:
      略
    image: axllent/mailpit:v1.10.1

volumes:
  略
```

イメージビルド

Docker コマンドによる構築	Docker Compose ファイルによる構築
image build	build プロパティ

Docker Compose ではコンテナ起動時にイメージのビルドも実行させられます。使用する Dockerfile は第 25 章で利用したものとまったく同じです。

イメージのビルドは build プロパティで定義します。値は image build で指定したコンテキストです。

App コンテナのイメージビルドを次のように書き移してください。

コード28.2.8 イメージのビルドを定義

```
services:
  app:
    ports:
      略
    volumes:
      略
    build: ./docker/app

  db:
    略

  mail:
    略

volumes:
  略
```

compose.yaml 全容

以上で YAML ファイルへの移植は完了です。コード 28.2.9 で全体を掲載します。

コード28.2.9 Docker Composeファイル(compose.yaml)

```
services:
  app:
    ports:
      - "8000:8000"
    volumes:
      - type: bind
        source: ./src
        target: /my-work
    build: ./docker/app

  db:
    environment:
      - MYSQL_ROOT_PASSWORD=secret
      - MYSQL_USER=app
      - MYSQL_PASSWORD=pass1234
      - MYSQL_DATABASE=sample
      - TZ=Asia/Tokyo
    ports:
      - "3306:3306"
    volumes:
      - type: volume
        source: db-compose-volume
        target: /var/lib/mysql
      - type: bind
        source: ./docker/db/init
        target: /docker-entrypoint-initdb.d
    image: mysql:8.2.0

  mail:
    environment:
      - TZ=Asia/Tokyo
      - MP_DATA_FILE=/data/mailpit.db
    ports:
      - "8025:8025"
    volumes:
      - type: volume
        source: mail-compose-volume
        target: /data
    image: axllent/mailpit:v1.10.1

volumes:
  db-compose-volume:
  mail-compose-volume:
```

YAML ファイルへの移植は以上です。お疲れ様でした。

28.3 Docker Composeの基本操作

次の４つのコマンドを、文法解説とともに実行します。

・コンテナの作成と起動（compose up）
・コンテナの停止と削除（compose down）
・コンテナ一覧の確認（compose ps）
・起動中のコンテナでコマンドを実行（compose exec）

コンテナの作成と起動 - compose up

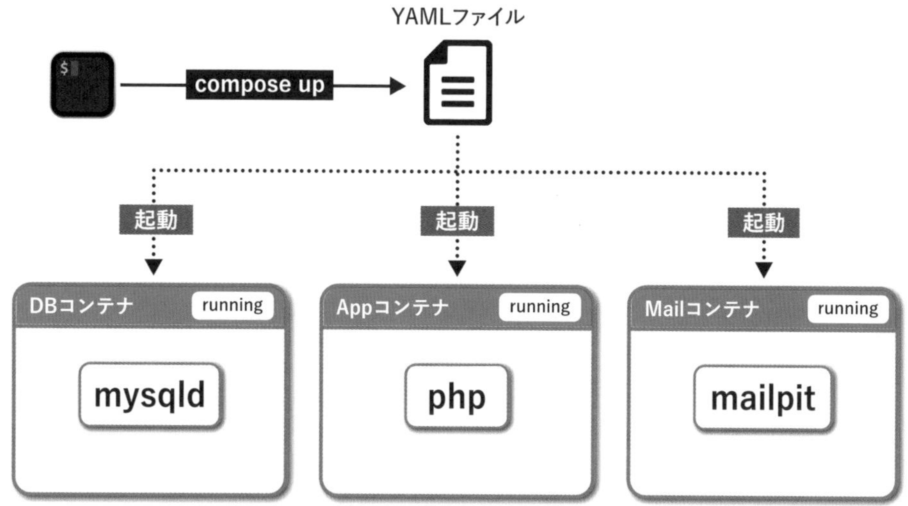

コンテナの作成と起動は compose up で行います。

```
$ docker compose up [OPTIONS] [SERVICE...]
```

この章で扱う [OPTIONS] は次のとおりです。

ショート	ロング	意味	用途
-d	--detach	バックグラウンドで実行する	container run の --detach と同じ
–	--build	コンテナを起動する前にイメージをビルドする	Dockerfile の変更を反映する

[SERVICE...] はサービスを指定して個別に起動するために用いますが、本書では使用しません。

compose.yaml が完成したので、早速コンテナを起動しましょう。第 27 章のコンテナが起動したままの方は、まずそちらの 3 コンテナを停止してください。ホストマシン側のポートが衝突して Docker Compose コマンドがエラーになってしまうためです。

コンテナが他に起動していないことを確認したら、compose up ですべてのコンテナを起動します。--detach オプションを container run と同じように指定します。--build オプションも指定し、App イメージのビルドも同時にしてもらいます。

compose up の実行で、次の要素が作成されます。

・イメージ
・ネットワーク
・ボリューム
・コンテナ

ターミナル28.3.1　すべてのコンテナを起動する33

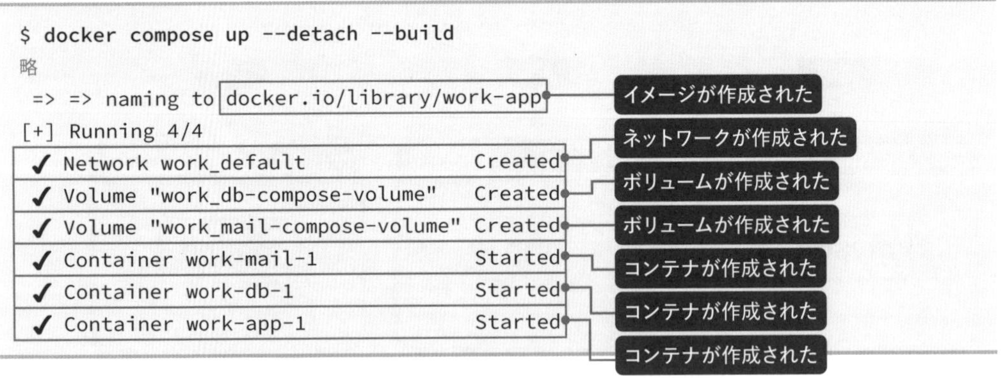

$ docker compose up --detach --build
略
=> => naming to docker.io/library/work-app
[+] Running 4/4
✔ Network work_default Created
✔ Volume "work_db-compose-volume" Created
✔ Volume "work_mail-compose-volume" Created
✔ Container work-mail-1 Started
✔ Container work-db-1 Started
✔ Container work-app-1 Started
イメージが作成された
ネットワークが作成された
ボリュームが作成された
ボリュームが作成された
コンテナが作成された
コンテナが作成された
コンテナが作成された

コマンド 1 つですべての要素が作成されました。http://localhost:8000 にアクセスすると、John と Jane がにメールが送信されているでしょうか。

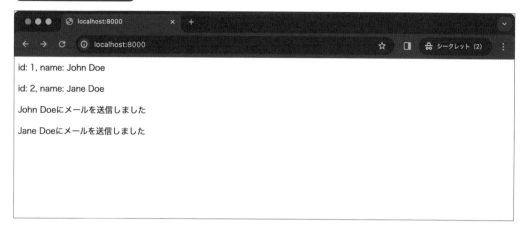

スクリーンショット28.3.1　ブラウザでアクセス

`http://localhost:8025` にアクセスすると、2通のメールが確認できるはずです。

スクリーンショット28.3.2　送信したメールの一覧

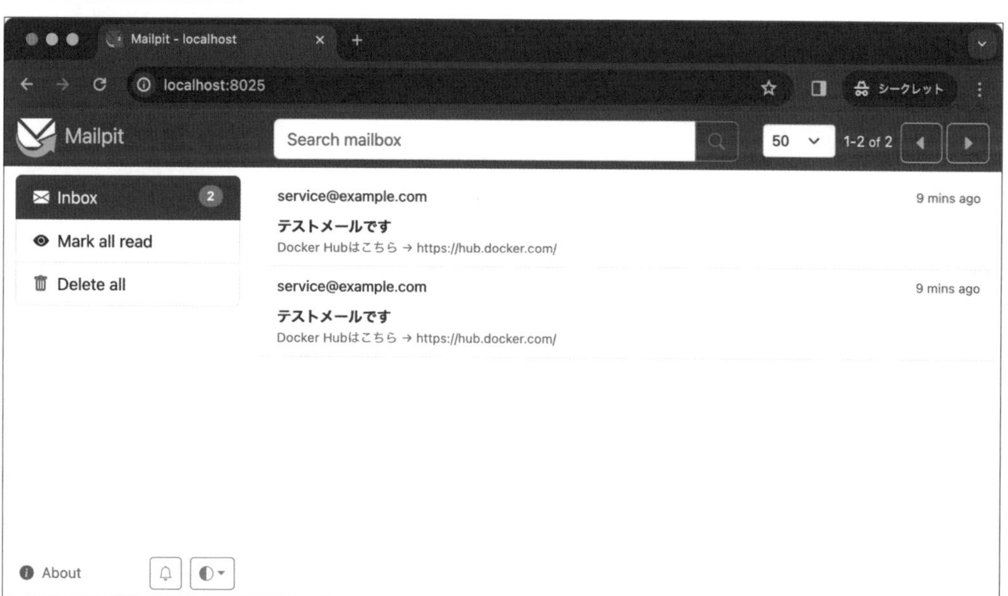

Docker Composeへの移植成功が確認できました。今後は長い `container run` コマンドではなく `compose up` だけで環境を起動できるのです。すばらしいですね。

コンテナ一覧の確認 - compose ps

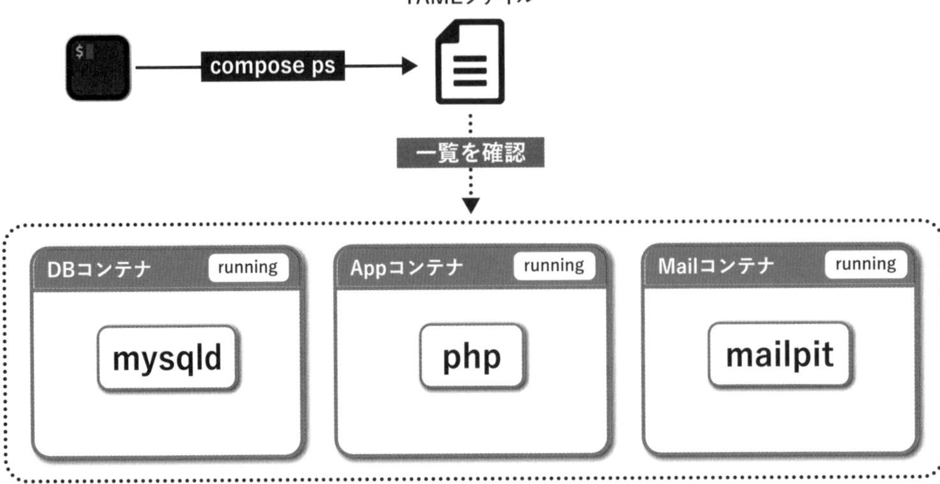

コンテナの確認は compose ps で行います。

```
$ docker compose ps [OPTIONS] [SERVICE...]
```

この章で扱う [OPTIONS] はありません。

[SERVICE...] はサービスを指定して個別に確認するために用いますが、本書では使用しません。

起動したコンテナは container ls で確認できる他、compose ps でも確認できます。2つのコマンドの出力を見比べてみましょう。

ターミナル28.3.2 コンテナ一覧を確認する(container ls)

```
$ docker container ls
CONTAINER ID   ...中略...   NAMES
7b64efb06b22   ...中略...   work-db-1
0dce1de35a7e   ...中略...   work-app-1
88b92279e676   ...中略...   work-mail-1
```

ターミナル28.3.3 コンテナ一覧を確認する(compose ps)

```
$ docker compose ps
NAME          ...中略...   SERVICE   ...以降略
work-app-1    ...中略...   app       ...以降略
work-db-1     ...中略...   db        ...以降略
work-mail-1   ...中略...   mail      ...以降略
```

compose psではSERVICEという列にappとdbとmailという値が確認できます。Docker Composeコマンドで対象を指定するために使うパラメータです。

また、compose psはcompose.yamlがある場所でしか実行できません。container lsはホストマシン上の全コンテナを表示するコマンドですが、compose psはcompose.yamlが起動したコンテナを表示するコマンドだからです。したがって、たとえばcompose.yamlと関係のない別プロジェクトのコンテナが起動していたとしても、compose psの結果には表示されません。

筆者は「3306番ポートってどこかのコンテナで使ってたっけ」というときはcontainer lsで全コンテナを確認し、「サービス名はなんだっけ」というときはcompose psを使っています。

●起動中のコンテナでコマンドを実行 - compose exec

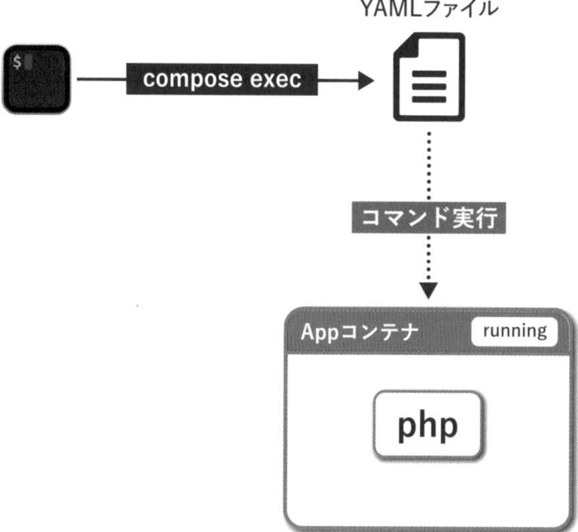

起動中のコンテナでのコマンド実行はcompose execで行います。

```
$ docker compose exec [OPTIONS] SERVICE COMMAND [ARGS...]
```

この章で扱う[OPTIONS]はありません。

SERVICEとCOMMANDが必須な点は、container execと同じです。起動中のサービスを必ず指定しコマンドを指定せよ、と示しています。

起動中のコンテナにはcontainer execでコマンドを実行できる他、compose execでも実行できます。compose execはデフォルトで--interactiveと--ttyオプションが有効になっているため、対話操作するときにそれらのオプションを指定する必要がありません。

compose.yamlを用いた起動時は、サービス名で対象を指定できるcompose execを使用するとよいでしょう。

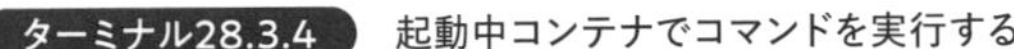

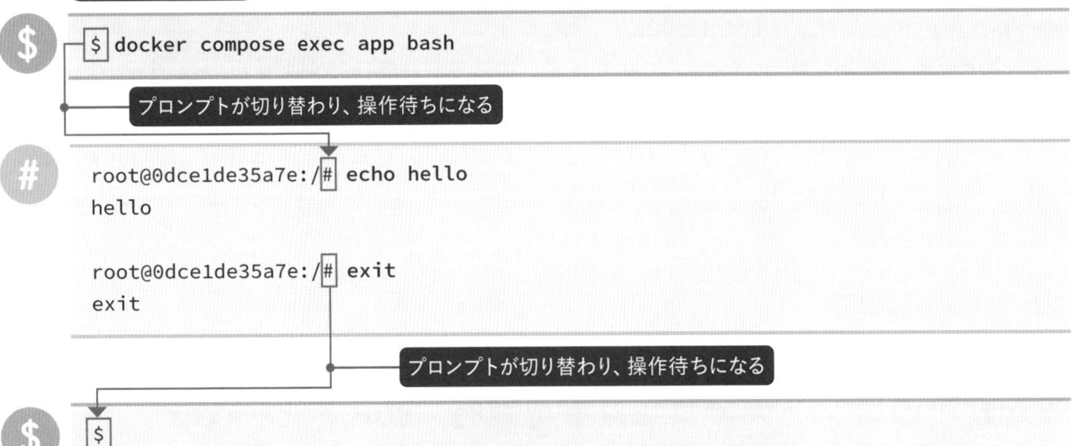

$ docker compose exec app bash
プロンプトが切り替わり、操作待ちになる
root@0dce1de35a7e:/# echo hello
hello
root@0dce1de35a7e:/# exit
exit
プロンプトが切り替わり、操作待ちになる
$

コンテナの停止と削除 - compose down

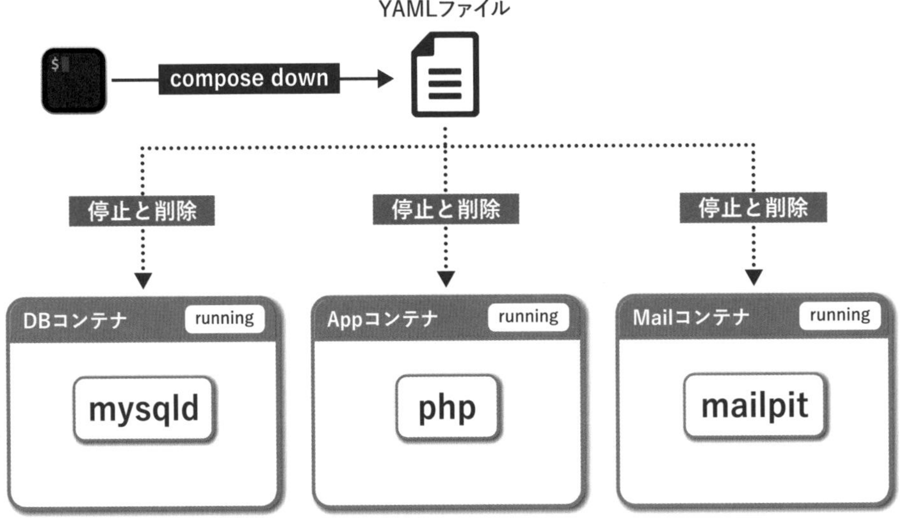

コンテナの停止と削除は compose down で行います。

```
$ docker compose down [OPTIONS] [SERVICES]
```

この章で扱う [OPTIONS] は次のとおりです。

ショート	ロング	意味	用途
—	--rmi all|local	イメージも削除する	意味のとおり
-v	--volumes	ボリュームも削除する	意味のとおり

[SERVICE...] はサービスを指定して個別に停止するために用いますが、本書では使用しません。

コンテナの停止は compose down で行います。最後にコンテナを停止してみましょう。

compose down の実行で、次の要素が削除されます。

- ネットワーク
- コンテナ

ターミナル28.3.5 すべてのコンテナを削除する

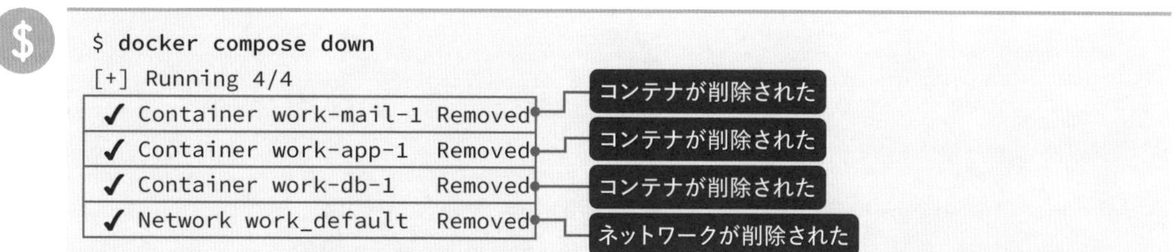

```
$ docker compose down
[+] Running 4/4
 ✔ Container work-mail-1 Removed
 ✔ Container work-app-1  Removed
 ✔ Container work-db-1   Removed
 ✔ Network work_default  Removed
```


これで環境の停止ができました。イメージとボリュームは残っているため、再度 compose up すれば環境の利用を再開できます。

compose up で作成したイメージとボリュームも削除したい場合は、--rmi all オプションと --volumes オプションも指定します。

もう一度 compose up をして、compose down の結果を見てみましょう。

ターミナル28.3.6 すべてのコンテナとイメージとボリュームを削除する

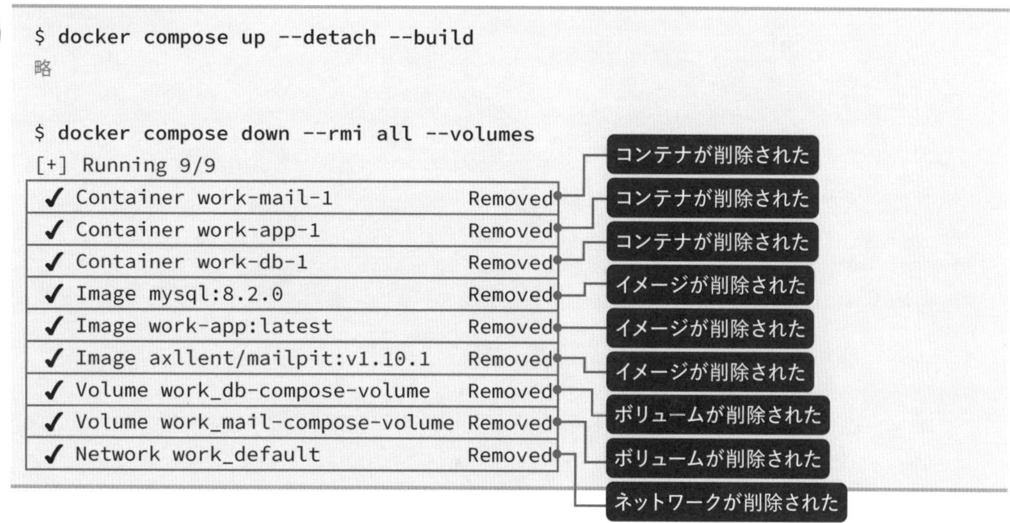

```
$ docker compose up --detach --build
略

$ docker compose down --rmi all --volumes
[+] Running 9/9
 ✔ Container work-mail-1                Removed
 ✔ Container work-app-1                 Removed
 ✔ Container work-db-1                  Removed
 ✔ Image mysql:8.2.0                    Removed
 ✔ Image work-app:latest                Removed
 ✔ Image axllent/mailpit:v1.10.1        Removed
 ✔ Volume work_db-compose-volume        Removed
 ✔ Volume work_mail-compose-volume      Removed
 ✔ Network work_default                 Removed
```


これで環境は完全に削除されました。次の compose up では、イメージの作成とボリュームの作成から行われます。

以上で Docker および Docker Compose での環境構築は完了です。本当にお疲れ様でした。

第7部

実運用における工夫とトラブルシュート

この部では、業務でDockerを利用するために必要な料金やアカウント、プロジェクトでDockerを使用する際の工夫をいくつか紹介します。チーム開発で異なる種類の物理マシンが集まったときのノウハウを解説し、エラーが発生した場合の対処方法を紹介して本書での学習は完了となります。

この部の章はそれぞれ独立しています。必要に応じて、いつでも章単位で読み直して活用できます。

第29章

Docker Desktopの有料プランとDockerアカウント

この章では、Dockerを利用するための料金やプラン、アカウントについて整理します。無料でどのような機能が使えるか、どれくらいの規模までがスモールビジネスに該当して無料となるかなどを解説します。

Docker Desktopの有料プラン

2021 年 8 月末に Docker Desktop の有料化が発表されました（文献 29.1）。この発表の具体的な影響や有料プランでできることを整理します。

Docker のサブスクリプションは 2023 年 11 月現在 4 つのプランが存在します。Personal、Pro、Team、そして Business です。Personal は無料で、他 3 プランは有料です。Personal を使用できる条件は次のように記載されています。

・スモールビジネス（従業員 250 人未満かつ年間売上 1,000 万ドル未満）
・個人利用
・教育利用
・非営利のオープンソースプロジェクト

第 2 章で触れたとおり、個人利用は Personal の条件を満たしているため Docker を無料で使用できます。

Personal には Docker Engine、Docker Compose、Docker Desktop などが含まれています。また Docker Hub の全パブリックリポジトリと Docker 公式イメージ、そしてプライベートリポジトリを 1 つ利用可能です。

したがって本書の内容はすべて Personal の範囲内です。

有料プランには、Personal の内容に加えて無制限のプライベートリポジトリや監査ログの表示といった機能が追加されています。スモールビジネスの条件を満たない会社では、Docker Desktop の利用に有料プランの契約が必要です。利用したい機能や利用者の人数に応じて、いずれかの有料サブスクリプションを契約してください。

詳細な料金や機能の違いは、Docker のサイトで最新の情報を確認してください。

・https://www.docker.com/pricing/

出典

文献 29.1　「Docker 社サイト」https://www.docker.com/blog/updating-product-subscriptions/ より

29.2 Dockerアカウント

●ログインする

Personalもしくはそれより上のプランのDockerアカウントにログインする方法を紹介します。

CLIクライアントでのログインは`docker login`コマンドで行います。これはプライベートリポジトリの`image pull`や`image push`で必要になります。

ターミナル29.2.1 CLIクライアントでログインする

```
$ docker login
Log in with your Docker ID or email address to push and pull images
from Docker Hub. If you don't have a Docker ID, head over to
https://hub.docker.com/ to create one. You can log in with your password
or a Personal Access Token (PAT). Using a limited-scope PAT grants better
security and is required for organizations using SSO. Learn more at
https://docs.docker.com/go/access-tokens/

Username: suzuki@example.com
Password:
Login Succeeded
```

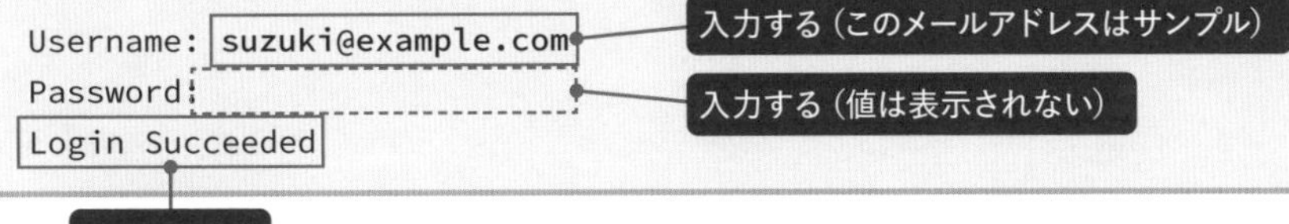

ログアウトは`docker logout`で行います。

ターミナル29.2.2 CLIクライアントでログアウトする

```
$ docker logout
Removing login credentials for https://index.docker.io/v1/
```

ログアウト成功

ブラウザでログインするには、画面右上の`Sign In`リンクをクリックします。リポジトリの作成や設定をする際に必要です。

スクリーンショット29.2.1　ブラウザでログイン

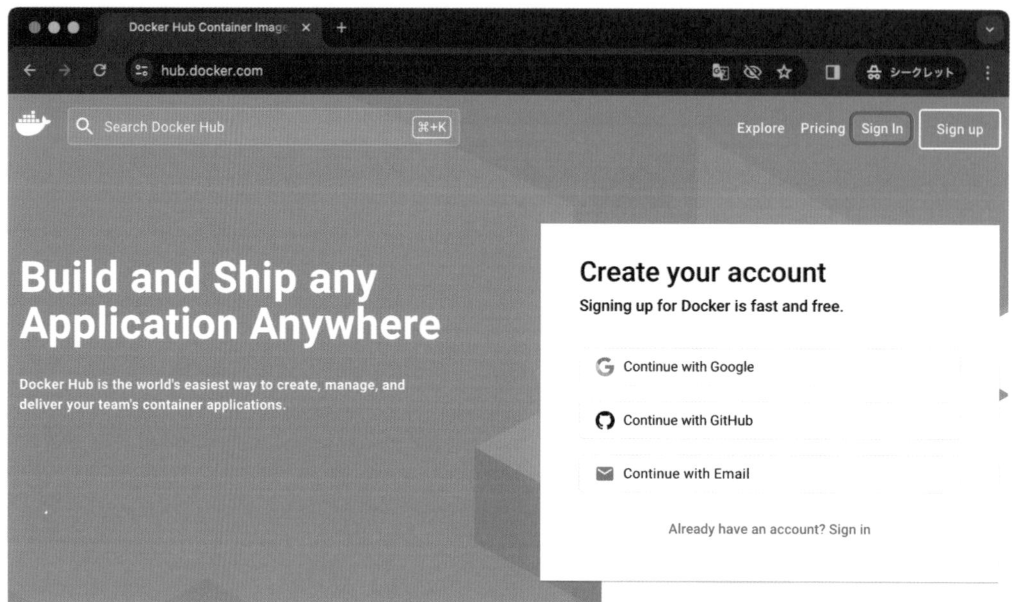

Docker Desktop でログインするには、GUI アプリケーションを開いて画面右上の `Sign in` ボタンをクリックします。

スクリーンショット29.2.2　Docker Desktopでログイン

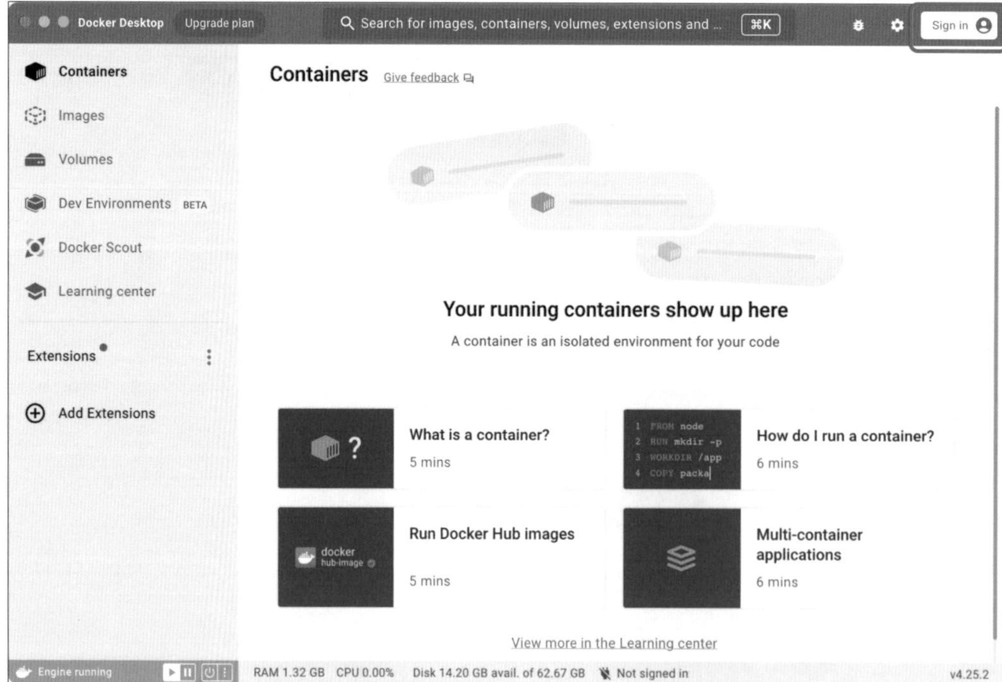

必要に応じてそれぞれのログインを行なってください。

Personal におけるログインの必要性

第２章で「本書では Docker Hub にログインしない」と説明してここまで進めてきました。Docker Hub はログインしなくてもイメージを探したり、イメージを取得できます。

ログインしなくても本書で解説した基本的な機能を使用できますが、サインアップして Personal の Docker アカウントを作成するとさらにいくつかの機能が追加で使えるようになります。suzukihoge というアカウントにログインして、いくつかの機能を紹介します。

１つはリポジトリにスターをつける機能です。よく利用するリポジトリにスターをつけておくと、My Profile 画面でスターをつけたリポジトリの一覧を確認できます。

スクリーンショット29.2.3 リポジトリにスターをつける

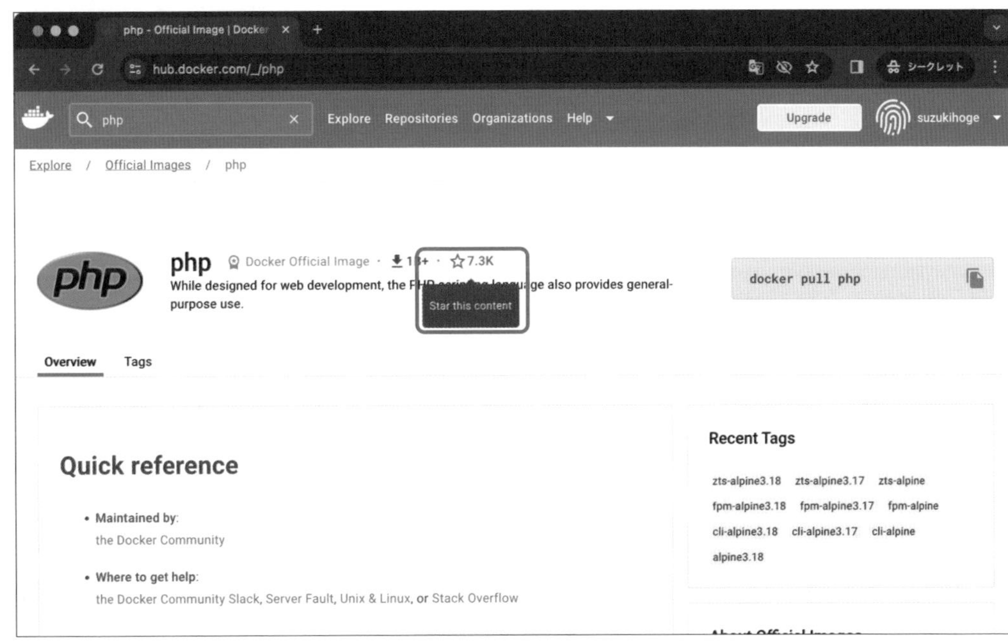

スクリーンショット29.2.4　スターをつけたリポジトリの一覧

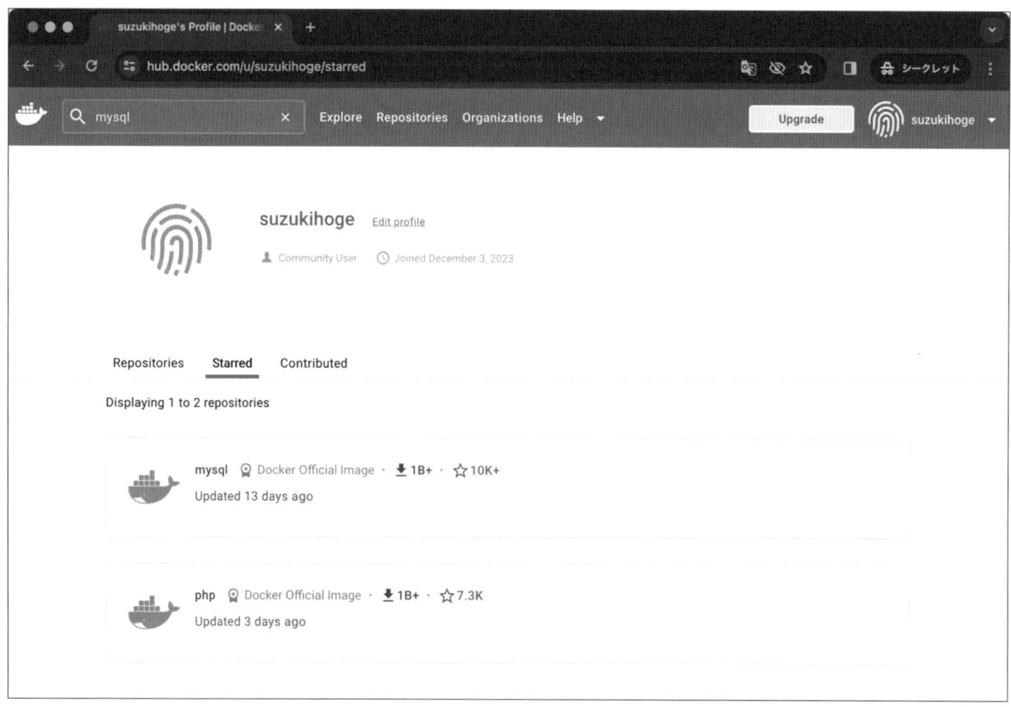

もう1つはプライベートリポジトリの作成と`image push`の使用です。Personalではプライベートリポジトリを1つまで作成できます。Personalのプライベートリポジトリは自分だけが使用できるリポジトリで、ログインしている状態でしか`image push`や`image pull`をできません。

スクリーンショット29.2.5　プライベートリポジトリ

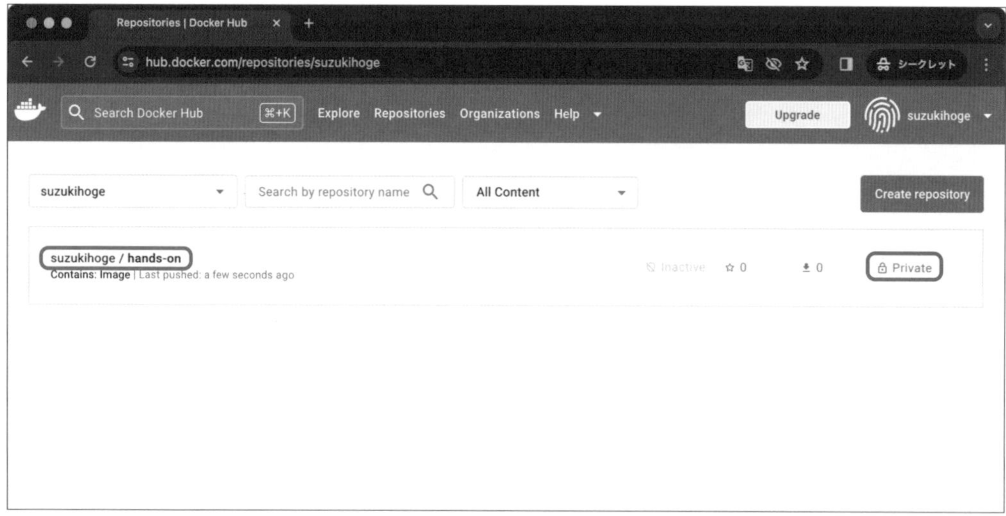

個人リポジトリにimage pushするときはNAMESPACE/REPOSITORY:TAG形式でイメージをビルドしておく必要があります。今回は自分のリポジトリにイメージを送信したいので、NAMESPACEは自分のアカウント名のsuzukihogeです。

ターミナル29.2.3 個人リポジトリ用イメージのビルドと送信

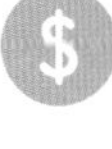

```
$ docker image build . -t suzukihoge/hands-on:0.1.0
 => => naming to docker.io/suzukihoge/hands-on:0.1.0

$ docker image push suzukihoge/hands-on:0.1.0
The push refers to repository [docker.io/suzukihoge/hands-on]
0.1.0: digest: sha256:deb260f78e055979df77e5d582d13b3ea6b3b6574f4b64b1438d6f0fc7
28a1d7 size: 736
```

リポジトリ詳細画面にもimage pushのガイドが表示されているので、参考にしてください。

スクリーンショット29.2.6 image pushコマンドのガイド

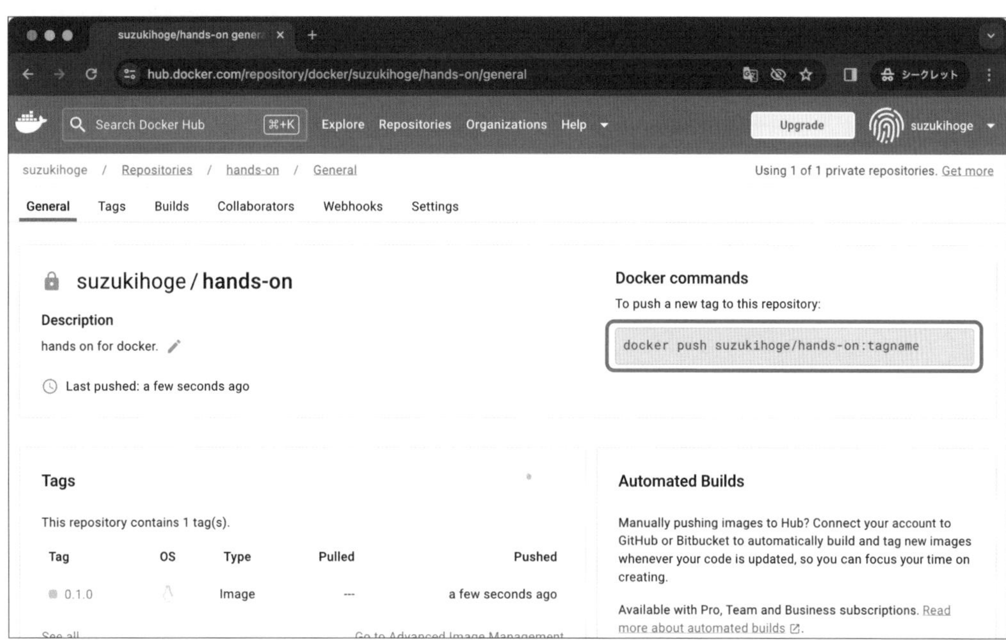

プライベートリポジトリでは、Webhooks機能を使用できます。Webhooksはimage pushされたタイミングで任意のURLにPOSTリクエストを送る機能で、通知やデプロイなどの自動化に活用できます。

スクリーンショット29.2.7　Webhooks

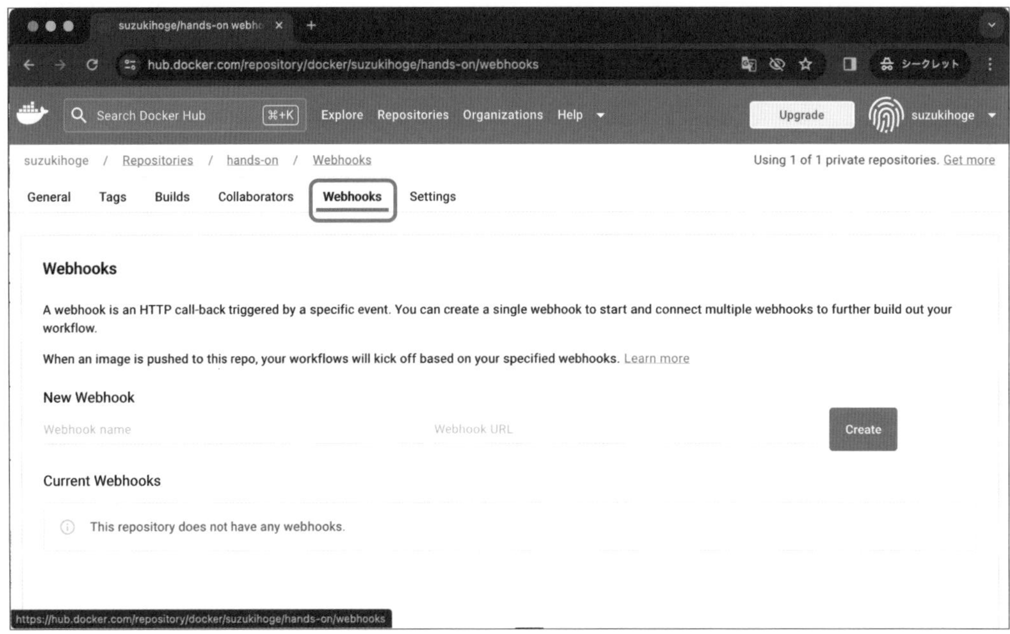

第30章

プロジェクトでDockerを使う

この章では、プロジェクトでDockerを使う際のノウハウをいくつか紹介します。

この章を読むと一部の値をパラメータで指定できる柔軟なcompose.yamlを作成したり、本番環境用に少しだけ異なる構成を作成できるようになります。

30.1 環境変数でcompose.yamlの値をパラメータ化する

compose.yaml では環境変数を利用できます。有効な環境変数は compose コマンドを実行するシェルに定義されている値と、環境変数ファイルに定義されている値です。環境変数ファイルは .env というファイルが自動で利用される他、compose コマンドの --env-file オプションでも指定できます。

第 6 部で作成した compose.yaml のポート番号とデータベースの接続情報を、.env ファイルを作成してそちらに定義してみましょう。.env ファイルには機密情報を記載するため、ここでは Git 管理の対象外になっているとします。Git 管理外の .env ファイルに値を定義することで、ポート番号を各個人で設定できる柔軟な compose.yaml を作れます。データベースの接続情報を .env ファイルに定義すれば、機密情報を GitHub に登録するリスクのない安全な compose.yaml を作れます。

●環境変数に置き換える

```
work
|-- .env                              // 作成
|-- compose.yaml
|-- docker
|   |-- app
|   |   |-- Dockerfile
|   |   `-- msmtprc
|   |-- db
|   |   `-- init
|   |       `-- init-user.sql
|   `-- mail
`-- src
    `-- index.php
```

このファイルツリーのように、work ディレクトリに .env ファイルを作成してください。

定義する値は 3 コンテナ分のホストマシン側のポート番号と、データベースの接続情報 4 種です。

コード30.1.1 環境変数ファイル(.env)

```
APP_HOST_MACHINE_PORT=8000

DB_ROOT_PASSWORD=secret
DB_USER=app
DB_PASSWORD=pass1234
DB_DATABASE=sample
DB_HOST_MACHINE_PORT=3306

MAIL_HOST_MACHINE_PORT=8025
```

定義した環境変数は compose.yaml 側で ${VAR_NAME} という書式で利用します。compose.yaml を次のように 7 箇所書き換えます。(書き換えていない箇所は割愛します)

コード30.1.2 Docker Composeファイル(compose.yaml)の抜粋

```
services:
  app:
    ports:
      - "${APP_HOST_MACHINE_PORT}:8000"

  db:
    environment:
      - "MYSQL_ROOT_PASSWORD=${DB_ROOT_PASSWORD}"
      - "MYSQL_USER=${DB_USER}"
      - "MYSQL_PASSWORD=${DB_PASSWORD}"
      - "MYSQL_DATABASE=${DB_DATABASE}"
    ports:
      - "${DB_HOST_MACHINE_PORT}:3306"

  mail:
    ports:
      - "${MAIL_HOST_MACHINE_PORT}:8025"
```

これで準備完了です。

●書き換えを確認する

compose convert コマンドを使用すると、環境変数などが展開された compose.yaml を確認できます。さっそく実行して結果を確認してみましょう。(書き換えていない箇所は割愛します)

書式は多少変わりますが、指定した環境変数が展開されていることを確認できるはずです。

ターミナル30.1.1 compose.yamlを確認(抜粋)

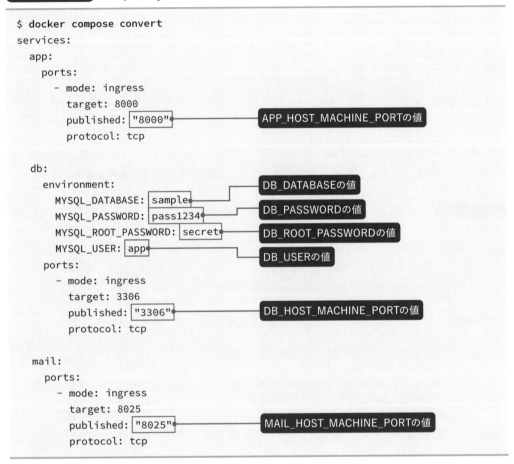

```
$ docker compose convert
services:
  app:
    ports:
      - mode: ingress
        target: 8000
        published: "8000"
        protocol: tcp

  db:
    environment:
      MYSQL_DATABASE: sample
      MYSQL_PASSWORD: pass1234
      MYSQL_ROOT_PASSWORD: secret
      MYSQL_USER: app
    ports:
      - mode: ingress
        target: 3306
        published: "3306"
        protocol: tcp

  mail:
    ports:
      - mode: ingress
        target: 8025
        published: "8025"
        protocol: tcp
```

- "8000" … APP_HOST_MACHINE_PORTの値
- sample … DB_DATABASEの値
- pass1234 … DB_PASSWORDの値
- secret … DB_ROOT_PASSWORDの値
- app … DB_USERの値
- "3306" … DB_HOST_MACHINE_PORTの値
- "8025" … MAIL_HOST_MACHINE_PORTの値

compose up するより簡単に確認できましたね。

●環境変数のデフォルト値と必須指定

.env ファイルが期待どおり存在しない場合に備えて、compose.yaml 側で環境変数のデフォルト値や必須性を指定できます。

次の表に記法と挙動をまとめます。未定義とは VAR_NAME が見つからないことを、値が空とは VAR_NAME= のように定義されていることを示します。

記法	挙動
${VAR_NAME-default}	VAR_NAME が未定義の場合は default とする
${VAR_NAME:-default}	VAR_NAME が未定義か空の場合は default とする
${VAR_NAME?error}	VAR_NAME が未定義の場合は error を含むメッセージを表示して終了する
${VAR_NAME:?error}	VAR_NAME が未定義か空の場合は error を含むメッセージを表示して終了する

ポート番号は問題がなければ変更しなくてよい項目なので、デフォルト値を設定しておくと使いやすくなるでしょう。機密情報ではないため compose.yaml に書き込んで Git 管理して問題ありません。

```
"${APP_HOST_MACHINE_PORT:-8000}:8000"
```

データベースの接続情報は Git 管理してはいけません。compose.yaml には記載せず環境変数による指定を必須にしておくと良いでしょう。

```
"MYSQL_PASSWORD=${DB_PASSWORD:?.envを見直して下さい}"
```

必要に応じて使い分けてください。

30.2 .dockerignoreでビルド時に使用するファイルを除外する

イメージのビルドはホストマシンではなくDockerデーモンで行われます。image buildを実行すると、CLIクライアントはコンテキスト引数で指定したディレクトリをDockerデーモンに送ります。

Dockerfileをプロジェクトのルートディレクトリに作成した場合、コンテキストとなるルートディレクトリにはさまざまなファイルが置かれています。たとえば.gitのようなイメージビルドに不要なディレクトリや、.envのような機密情報を扱うファイルなどです。不要なディレクトリをコンテキストに含めてしまうと、ビルド効率が低下してしまいます。機密情報を扱うファイルをコンテキストに含めてしまうと、Dockerデーモンに不要な情報を渡すことになる他、COPY命令で誤ってイメージに機密情報を書き込んでしまう可能性もあります。そのイメージをレジストリサービスに公開してしまうと、機密情報が漏洩してしまいます。

これらを避けるため、コンテキストとなるディレクトリには.dockerignoreファイルを置くようにしましょう。.dockerignoreに指定したディレクトリとファイルは、Dockerデーモンに送信されなくなります。複数のディレクトリに一致する特別なワイルドカード(**)を使い、次のように不要ファイルと機密情報ファイルを指定しておきましょう。

コード30.2.1 .dockerignoreファイルの例

```
**/.git
**/.env
```

.dockerignoreはDocker Composeを利用する際も同じように使えます。たとえば第6部の構成に.dockerignoreファイルを設置すると、次のようなファイルツリーになります。

```
work
|-- compose.yaml
|-- docker
|   |-- app
|   |   |-- .dockerignore        // 作成
|   |   |-- Dockerfile
|   |   `-- msmtprc
|   |-- db
|   |   |-- .dockerignore        // 作成
|   |   |-- Dockerfile
|   |   `-- init
|   |       `-- init-user.sql
|   `-- mail
`-- src
    `-- index.php
```

念の為のセーフティネットとして、Dockerfile と `.dockerignore` はセットで扱うとよいでしょう。

Point `.dockerignore` では ** 以外にもコメントを意味する # や例外を意味する ! などを使用できます。興味のある方は調べてみてください。

30.3 複数のDocker Composeファイルをマージする

Docker Composeファイルは複数指定できます。--fileオプションを複数指定すると、先に指定したファイルへ後ろのファイルの内容がマージされます。この機能を活用すると環境ごとに少し異なる構成を簡単に構築できます。

たとえば次のcompose.yamlは基本となるDocker Composeファイルの例です。

コード30.3.1 基本のDocker Composeファイル

```
services:
  sample:
    image: php:8.2.12
    environment:
      - DEBUG=true
```

ローカル開発環境と本番環境で各種設定を変更したいということはよくあるでしょう。ここでは次のcompose-production.yamlを作成し、DEBUGモードをオフにしてみます。

コード30.3.2 本番環境のDocker Composeファイル

```
services:
  sample:
    environment:
      - DEBUG=false
```

この2つのDocker Composeファイルを指定してcompose convertコマンドで結果を確認すると、次のようにDEBUG=falseのsampleサービスが定義できます。

ターミナル30.3.1 マージされたDocker Composeファイルを確認（抜粋）

```
$ docker compose --file compose.yaml --file compose-production.yaml convert
services:
  sample:
    environment:
      DEBUG: "false"
    image: php:8.2.12
```

DEBUGを上書きしている

imageはphp:8.2.12

上書きではなく追記も可能です。たとえば CI 環境ではプロキシサーバが必要というケースを想定し、compose-ci.yaml を作成し Nginx コンテナを定義してみます。

コード30.3.3 CI環境のDocker Composeファイル

```
services:
  proxy:
    image: nginx:1.25
```

この 2 つの Docker Compose ファイルを指定して compose convert コマンドで結果を確認すると、次のように sample サービスと proxy サービスが定義できます。

ターミナル30.3.2 マージされたDocker Composeファイルを確認（抜粋）

```
$ docker compose --file compose.yaml --file compose-ci.yaml convert
services:
  proxy:
    image: nginx:1.25
  sample:
    environment:
      DEBUG: "true"
    image: php:8.2.12
```

proxyサービス

sampleサービス

差分をファイルに定義すると、構成の差分管理が明瞭になりますね。

COLUMN

--file オプションの位置に注意

--file オプションは convert ではなく compose のオプションなので、compose のすぐあとで指定しなければなりません。したがって次のコマンドは不正です。

ターミナル30.3.3 --fileオプションの位置が間違っている

```
$ docker compose convert --file compose.yaml
unknown flag: --file
```

正しくは次の書式のように指定する必要があります。

ターミナル30.3.4 --fileオプションの位置が正しい

```
$ docker compose --file compose.yaml convert
出力略
```

また、convert にもいくつかのオプションがあります。たとえば --output オプションを使うと、標準出力ではなく任意のファイルに結果を書き出せます。これらのオプションを両方指定するには次のように指定します。

ターミナル30.3.5 --fileオプションと--outputオプションを指定する

```
$ docker compose --file compose.yaml convert --output result.yaml

$ ls
compose.yaml    result.yaml
```

オプションの語順がわからなくなってしまったときは、どちらのオプションか考えてみると迷いがなくなるはずです。

第31章

Apple Silicon Macで Dockerを使う

この章では、Apple Silicon MacでDockerを使うときに注意しておくとよい点を紹介します。Apple Silicon Macの違いを理解して、どのような物理マシンでも動く環境を作れるようになりましょう。

31.1 命令セットアーキテクチャ

概要

命令セットアーキテクチャとは、CPU が実行するマシン語などの仕様を定めたものです。Instruction Set Architecture の頭文字を取り ISA ともいわれます。ISA がソフトウェアとハードウェアの間でインターフェースとなることで、異なる設計・実装の CPU でも同一 ISA なら同じソフトウェアを動かせるようになります。

図31.1.1 CPUとISA

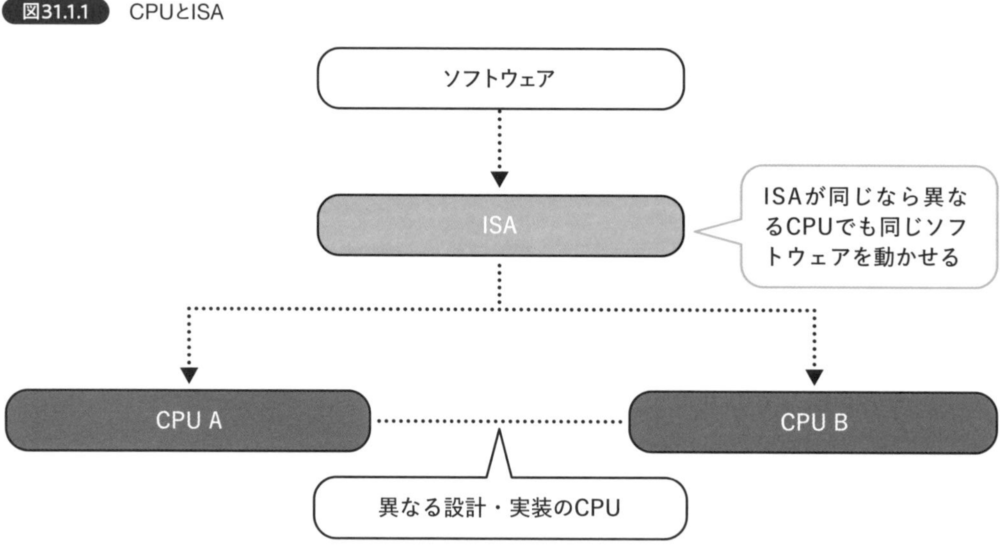

Intel 社の CPU（Core i シリーズなど）や AMD 社の CPU（Ryzen シリーズなど）を搭載した物理マシンを使用すると、`x86_64` や `AMD64` という表記を目にすることがあるでしょう。`x86_64` や `AMD64` は ISA を表しており、この 2 つは OCI イメージでは `amd64` と表示されます。Apple SIlicon Mac の一世代前に製造されていた Mac の CPU は Intel 製で、ISA は同じく `amd64` です。

これに対し Apple Silicon Mac は Apple 社が開発した CPU を使用しており、ISA は `arm64` と表示されます。

イメージの ISA

コンテナを正しく動かすためには、Docker 実行環境とイメージの ISA を一致させる必要があります。

次の スクリーンショット 31.1.1 は、Docker Hub の Ubuntu リポジトリで 22.04 とタグ検索をした画面です。OS/ARCH という項目に、amd64 や arm64 という表記が確認できます。

スクリーンショット31.1.1 Docker HubでOS/ARCHを確認

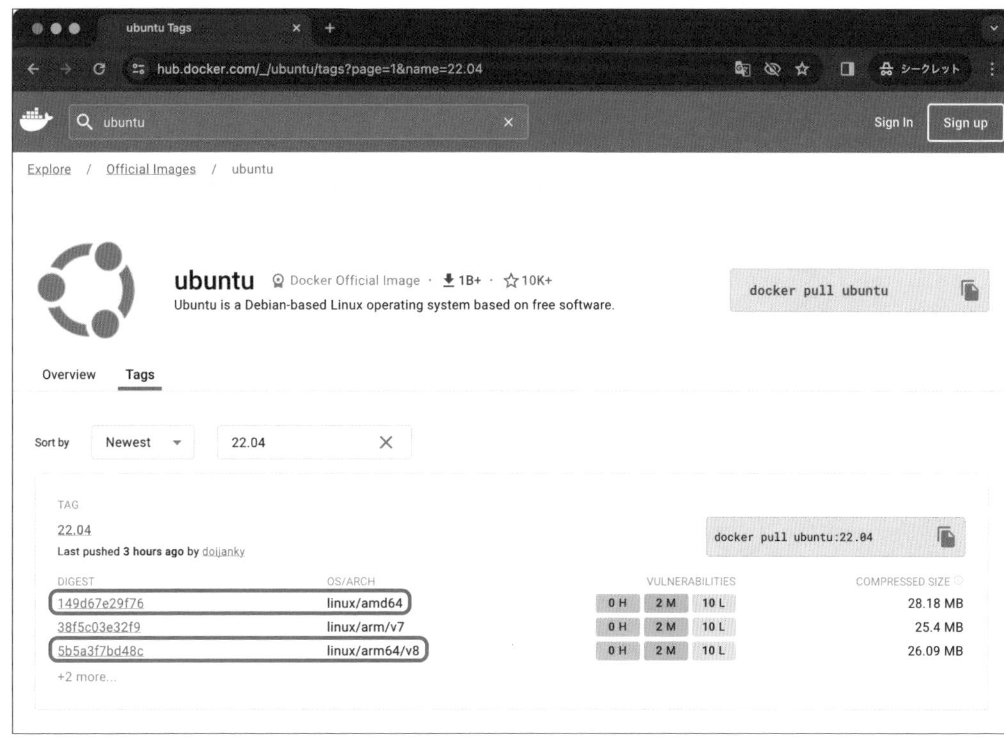

このように、Docker Hub ではイメージを ISA ごとに登録できます。スクリーンショット中の 149d67e29f76 と 5b5a3f7bd48c はどちらも ubuntu:22.04 ですが、ISA の異なる違うイメージです。

image pull や container run によるイメージ取得の際は、Docker 実行環境と同じ ISA のイメージが自動で選択されます。

図31.1.2 イメージの取得

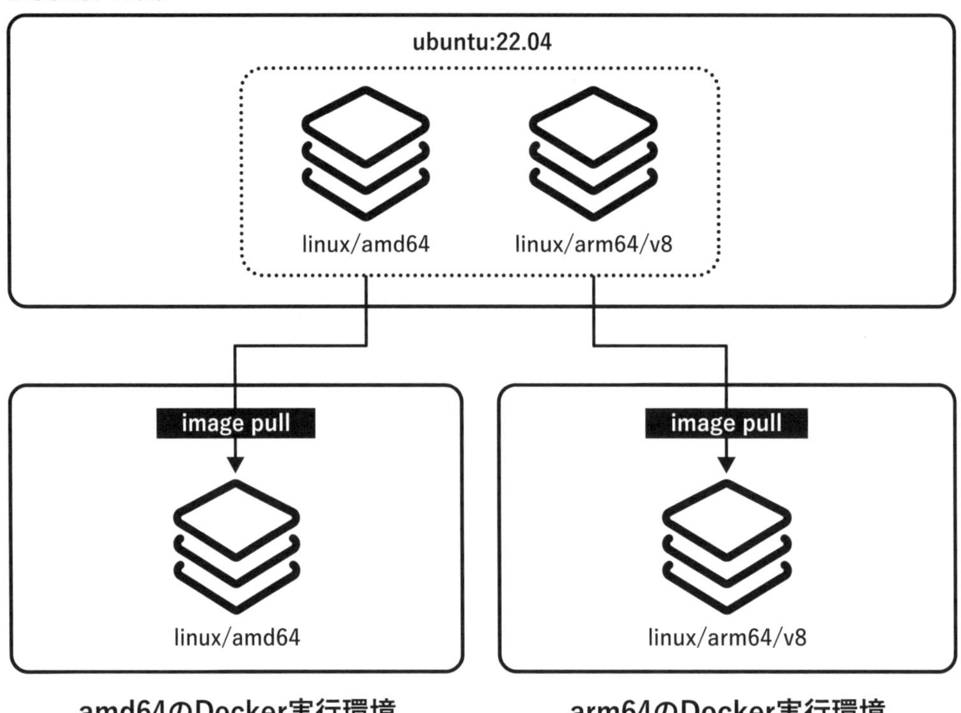

手元にあるイメージのISAを`image inspect`で確認してみてください。筆者のDocker実行環境は`arm64`なので、次のターミナル31.1.1に示すとおり`arm64`のイメージを取得していると確認できます。

ターミナル31.1.1 イメージのアーキテクチャを確認する

```
$ docker image inspect ubuntu:22.04
[
    {
        略
        "Os": "linux",
        "Architecture": "arm64",
        "Variant": "v8",
        略
    }
]
```

31.2 異なるISAのDocker実行環境と共存する

チーム開発では全員のDocker実行環境が同じISAになるとは限りません。そのような場合の問題と対処方法を紹介します。

問題になるのはarm64のイメージがない場合

arm64のDocker実行環境で問題となるのは、arm64のイメージが公開されていない場合です。たとえばmysql:5.7.44にはamd64のイメージしか公開されていません。

スクリーンショット31.2.1 Docker Hubでアーキテクチャを確認

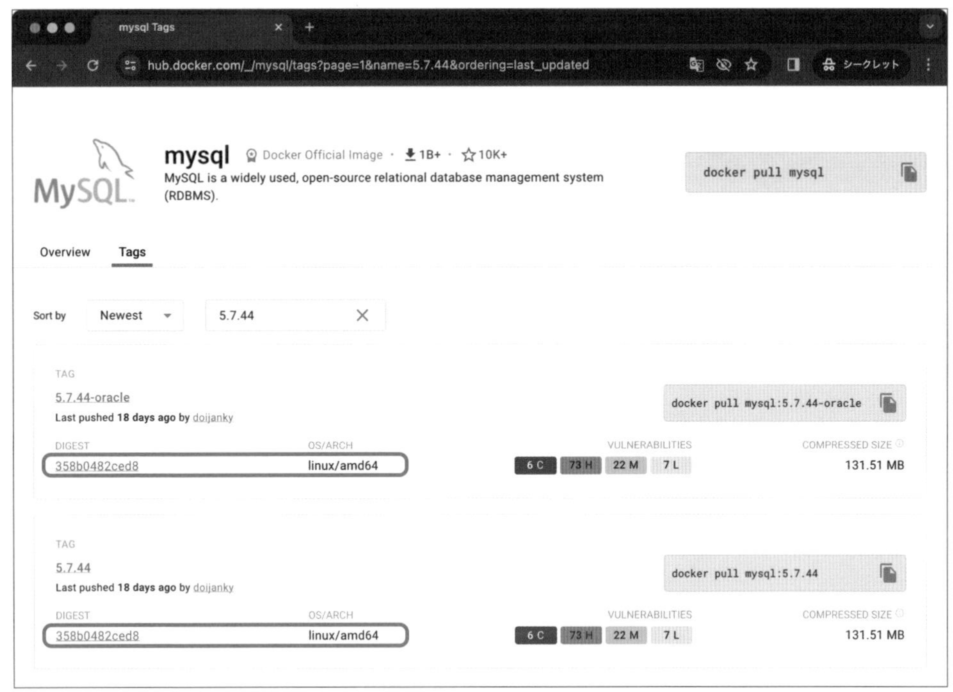

arm64 の Docker 実行環境では arm64 のイメージを取得しようとするため、mysql:5.7.44 の取得は失敗してしまいます。

ターミナル31.2.1 イメージの取得（失敗）

```
$ docker image pull mysql:5.7.44
5.7.44: Pulling from library/mysql
no matching manifest for linux/arm64/v8 in the manifest list entries
```

図31.2.1 イメージの取得（失敗）

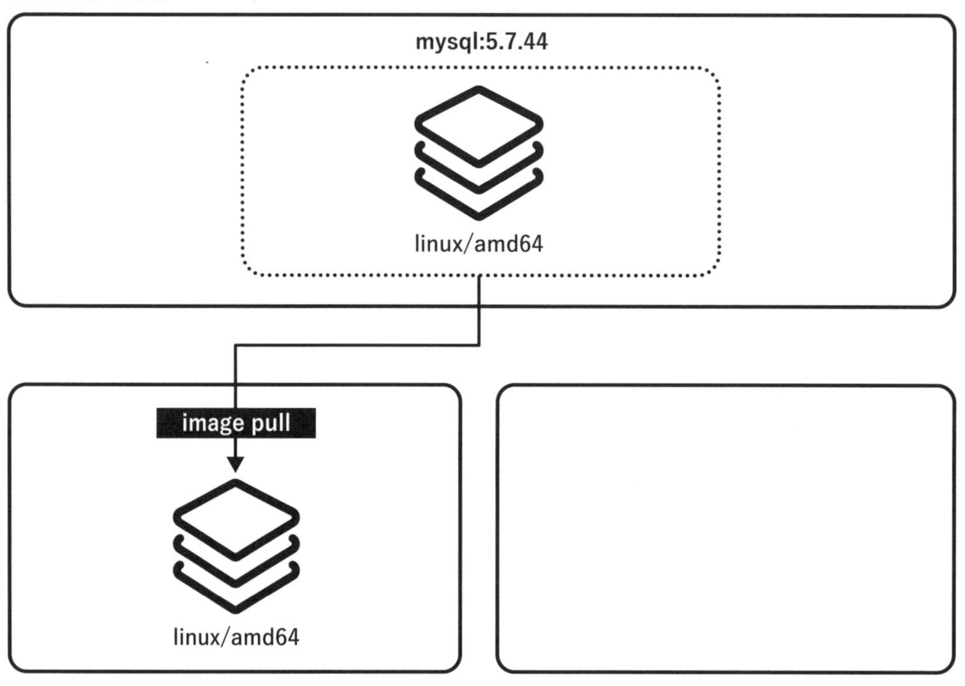

●使用する ISA を明示する

image pull や container run で --platform オプションを使用すると、取得するイメージの ISA を指定できます。arm64 のイメージがない mysql:5.7.44 を、arm64 の Docker 実行環境で取得してみましょう。

ターミナル31.2.2 イメージの取得（amd64を指定）

```
$ docker image pull --platform linux/amd64 mysql:5.7.44
5.7.44: Pulling from library/mysql
略
Status: Downloaded newer image for mysql:5.7.44
docker.io/library/mysql:5.7.44
```

図31.2.2 イメージの取得（amd64を指定）

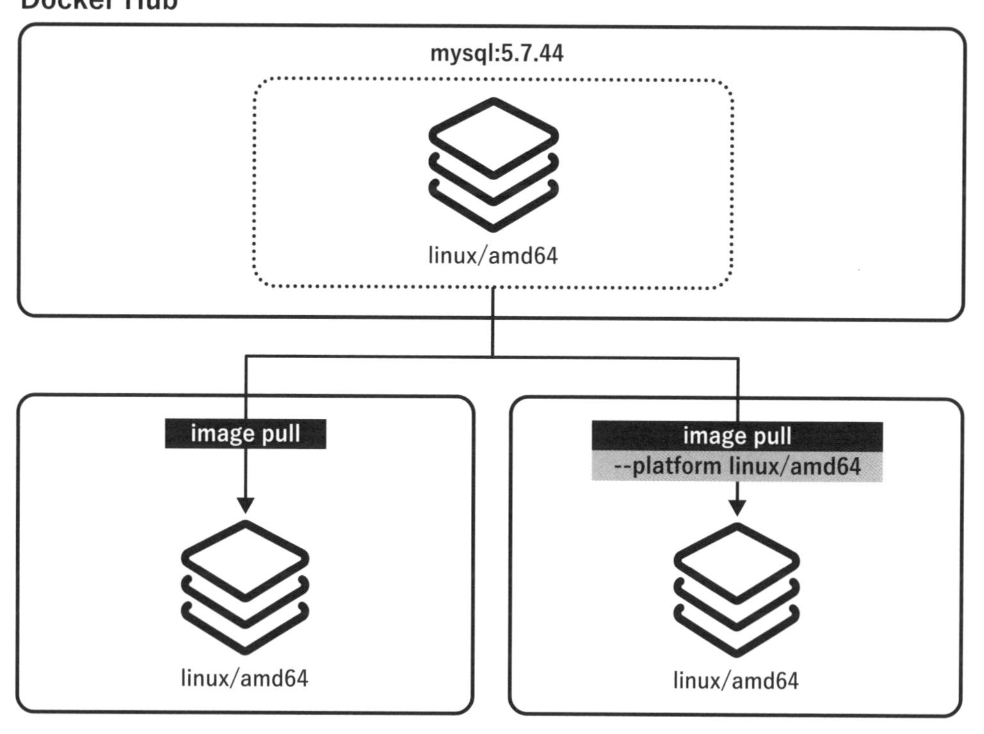

無事取得できました。取得した mysql:5.7.44 イメージを起動する際にも、--platform オプションを指定します。

ターミナル31.2.3 MySQL5.7.44イメージからコンテナを起動

```
$ docker container run                \
    --name db                         \
    --rm                              \
    --detach                          \
    --env MYSQL_ROOT_PASSWORD=secret  \
    --publish 3306:3306               \
    --platform linux/amd64            \
    mysql:5.7.44
34890dbb0c7bb9a081166530c8f40a30979b4045cebe9db96912850d7bdcd729

$ mysql --host=127.0.0.1 --port=3306 --user=root --password=secret

mysql> select version();
+-----------+
| version() |
+-----------+
| 5.7.44    |
+-----------+
1 row in set (0.02 sec)
```

プロンプトが切り替わり、操作待ちになる

arm64のDocker実行環境でamd64のイメージからコンテナを起動できました。

Point dbコンテナは停止して大丈夫です。

ただし、--platformはarm64のDocker実行環境で強引にamd64のイメージを使っているだけなので、不一致が解消しているわけではありません。なんとか実行するために命令を変換しているため、動作が遅くなったり期待どおり動作しない場合があります。コンテナが期待どおり動かない場合は、使用するイメージを変更したりarm64のUbuntuイメージなどから独自イメージを作る必要があります。

また、arm64のイメージが用意されている場合は--platformオプションでamd64を指定すべきではありません。--platformオプションを適切に指定できるようになりましょう。

第32章

デバッグのしかた

この章では、コンテナを期待どおり実行できない場合どのように対処すればいいか紹介します。

エラーが発生してしまったときにどのように対処すればいいか、調べ方と考え方の参考にしてください。

32.1 現状を整理する

エラーが発生してしまった場合は、現状を正確に把握することが大切です。どのような方法で何が確認できるか、いくつか整理します。

この節では、第6部で構築したDocker Compose環境が正しく起動しているものとして説明に利用します。停止した方は第6部で作成したworkディレクトリに移動して、docker compose up --detachで起動してください。

●詳細を確認するコマンド

コンテナ、イメージ、ボリューム、ネットワークにはそれぞれinspectコマンドが用意されています。

コンテナの詳細では、コンテナへのマウント内容や接続しているネットワークなどが確認できます。「コンテナのデータが消えてしまう」「ホストマシンで実装したソースコードがコンテナ内にない」「他のコンテナから通信できない」というケースなどで確認しましょう。

ターミナル32.1.1 コンテナの詳細（抜粋）

```
$ docker container inspect work-db-1
[
    {
        略
        "Mounts": [
            {
                "Type": "volume",
                "Name": "work_db-compose-volume",    ボリュームのマウント情報
                "Destination": "/var/lib/mysql",
            },
            {                                        バインドマウントの情報
                "Type": "bind",
                "Source": "/host_mnt/Users/suzuki/work/docker/db/init",
                "Destination": "/docker-entrypoint-initdb.d",
            }
```

```
        ],
        略
        "NetworkSettings": {
            "Networks": {
                "work_default": {
                    略
                    "Aliases": [
                        "work-db-1",
                        "db",
                        "22616f04334c"
                    ],
                    略
                }
            }
        }
    }
]
```

work_defaultに接続している

他のコンテナからこの値で接続できる

イメージの詳細では、コンテナ起動時のデフォルトコマンドなどが確認できます。「コマンド未指定で起動したけど、何が行われたんだろう」というケースなどで確認しましょう。

ターミナル32.1.2 イメージの詳細（抜粋）

```
$ docker image inspect work-app:0.1.0
[
    {
        略
        "Config": {
            "Cmd": [
                "/usr/local/bin/php",
                "--server",
                "0.0.0.0:8000",
                "--docroot",
                "/my-work"
            ],
        },
        略
    }
]
```

コンテナ起動時のデフォルトコマンド

ボリュームの詳細には、ここで紹介したい情報はありません。

ネットワークの詳細では、接続しているコンテナが確認できます。「コンテナ同士が通信できてない」というケースなどで確認しましょう。

ターミナル32.1.3 ネットワークの詳細(抜粋)

```
$ docker network inspect work_default
[
    {
        略
        "Containers": {
            "22616f04334c2fa20c07f34f9a0e2db36d2df68fb1afff5b9ce6255e24593721": {
                "Name": "work-db-1",
                略
            },
            "62d639cf33c14573864885f0c41e0280b5ceeb620263a2e542c01c42a2a07d5e": {
                "Name": "work-app-1",
                略
            },
            "a239f7fa2b397c9ce524bb88b879e0d09cf6197c8bf37b61494f2f0bdf17593a": {
                "Name": "work-mail-1",
                略
            }
        },
    }
]
```

work-db-1 コンテナが接続している

work-app-1 コンテナが接続している

work-mail-1 コンテナが接続している

Point Docker Compose 環境はもう `compose down` で停止して大丈夫です。

●コンテナの出力を確認する

第 11 章で解説した `container logs` を使用して、コンテナの出力を確認しましょう。多くの場合、ここにエラーメッセージが表示されています。ログを表示し続ける `--follow` オプションも活用してください。

●コンテナの中を調べる

同じく第 11 章で解説した `container exec` を活用して、コンテナの中を確認しましょう。Dockerfile の COPY 命令で配置したはずの設定ファイルはちゃんとあるか、コンテナ内のディレクトリ構成はどうなっているかなどを確認します。

●PID1 のログファイルを確認する

`container logs` の出力だけでなく、コンテナで実行した PID1 のコマンドが出力するログファイルも確認しましょう。たとえば Ruby on Rails や MySQL や Nginx などを動かしている場合、それらが出力するログファイルをコンテナ内で探します。ログディレクトリは設定ファイルを確認したり公式ドキュメントを調べて特定します。コンテナ内を調べるときは `container exec` を活用してください。

32.2 問題がありそうな範囲を絞り込む

第 6 部で構築した環境のどこかに不備があり、起動したら次のスクリーンショット 32.2.1 のようにメール送信が失敗してしまったとします。この問題をケーススタディにして、原因特定のシミュレーションをしてみましょう。

スクリーンショット32.2.1 メール送信に失敗

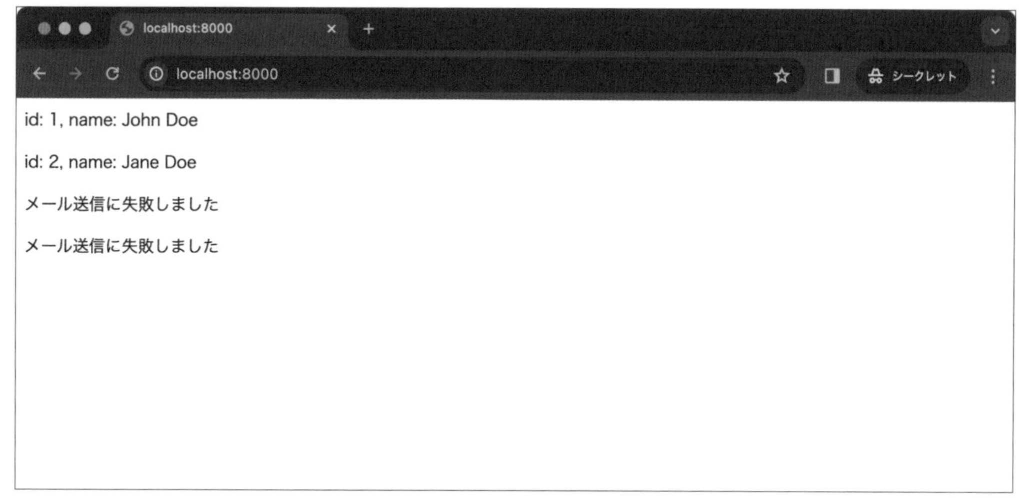

●確認する箇所を整理する

John と Jane は取得できているので、App コンテナと DB コンテナの間は問題なさそうです。問題は Mail コンテナが起動していないか、App コンテナと Mail コンテナが正しく通信できていないことだと考えられます。

まずは Mail コンテナが起動しているか、次に App コンテナと Mail コンテナは通信できる設定になっているか、最後に App コンテナの通信先設定が正しいかを確認します。

1. Mail コンテナは起動中か
2. App コンテナと Mail コンテナは同一ネットワークに接続しているか
3. Mail コンテナに `mail` で接続できるか
4. App コンテナの接続設定は `mail:1025` になっているか

図32.2.1 確認箇所の整理

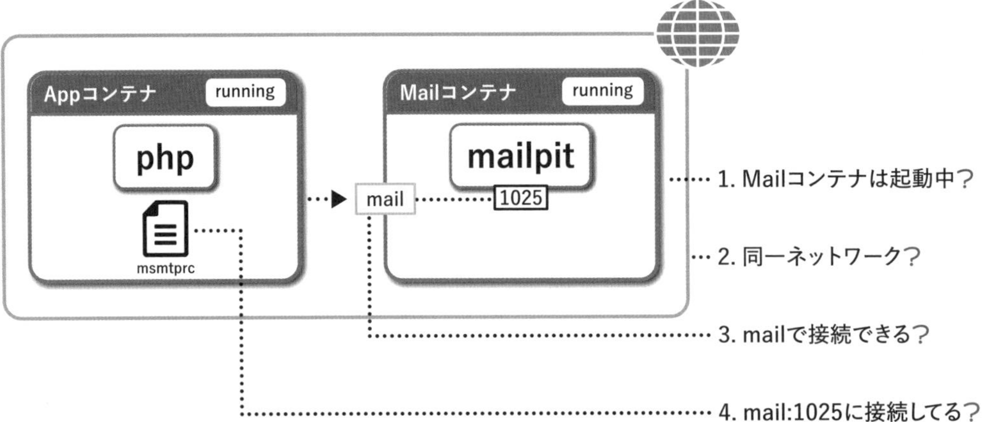

確認する

確認するべき点がはっきりしたので、それぞれ調べます。

Mail コンテナが起動中かどうかは、`compose ps` で確認できますね。

ターミナル32.2.1 コンテナが起動しているか確認

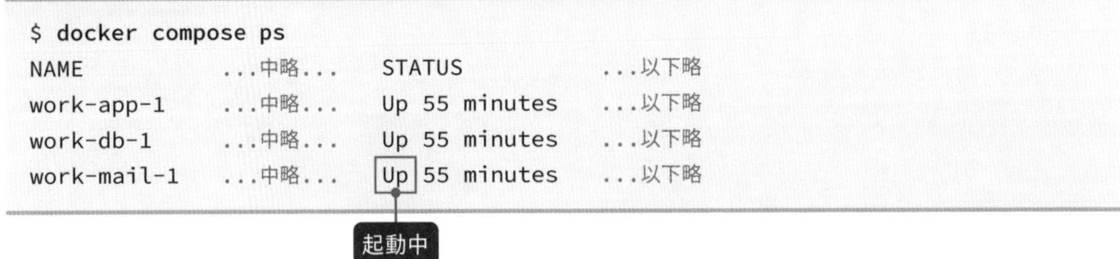

```
$ docker compose ps
NAME           ...中略...   STATUS           ...以下略
work-app-1     ...中略...   Up 55 minutes    ...以下略
work-db-1      ...中略...   Up 55 minutes    ...以下略
work-mail-1    ...中略...   Up 55 minutes    ...以下略
```


App コンテナと Mail コンテナが同一のネットワークに接続しているかは、`network inspect` コマンドで確認できます。ネットワーク名は `compose up` コマンドの出力に表示されている他、`network ls` コマンドで調べることも可能です。

ターミナル32.2.2 ネットワークに接続しているコンテナを確認

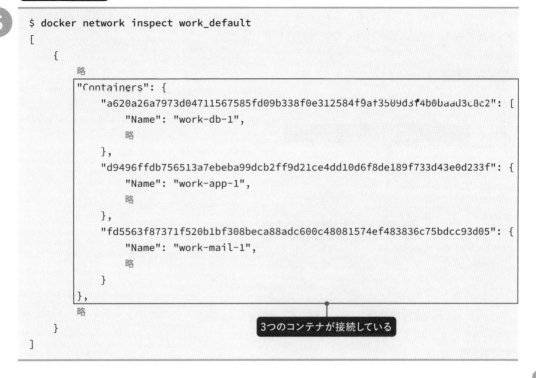

```
$ docker network inspect work_default
[
    {
        略
        "Containers": {
            "a620a26a7973d04711567585fd09b338f0e312584f9af3509d3f4b0baad3c8c2": {
                "Name": "work-db-1",
                略
            },
            "d9496ffdb756513a7ebeba99dcb2ff9d21ce4dd10d6f8de189f733d43e0d233f": {
                "Name": "work-app-1",
                略
            },
            "fd5563f87371f520b1bf308beca88adc600c48081574ef483836c75bdcc93d05": {
                "Name": "work-mail-1",
                略
            }
        },
        略
    }
]
```

3つのコンテナが接続している

Mail コンテナに mail で接続できるか確認するには container inspect を使います。

ターミナル32.2.3 コンテナの詳細を確認

```
$ docker container inspect work-mail-1
[
    {
        略
        "NetworkSettings": {
        略
            "Networks": {
                "work_default": {
                    略
                    "Aliases": [
                        "work-mail-1",
                        "mail",
                        "fd5563f87371"
                    ],
                }
            }
        }
    }
]
```

mailで接続できる

App コンテナから Mail コンテナに接続する設定は、App コンテナの msmtprc ファイルに書いてあります。msmtprc ファイルは App イメージの Dockerfile が COPY 命令で配置しています。コンテナの中を compose exec で直接確認しましょう。

ターミナル32.2.4　接続先を確認

$ docker compose exec app bash
プロンプトが切り替わり、操作待ちになる
root@d9496ffdb756:/# cd /etc
root@d9496ffdb756:/etc# cat msmtprc
host mail
port 8025
from "service@example.com"
timeout 5
接続先ポート番号が間違っている

App コンテナ内の接続先設定（msmtprc ファイル）が間違っていると特定できました。

図32.2.2　確認結果

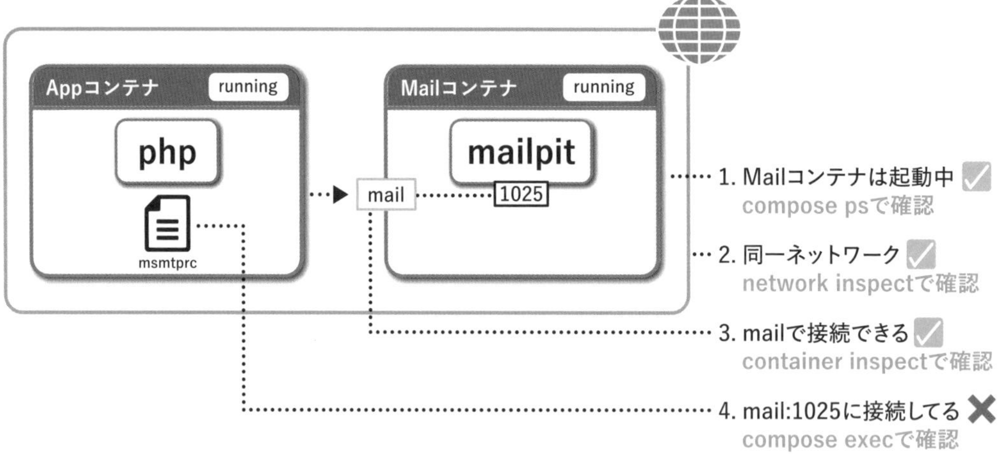

●どう修正するか整理する

修正するべきは App イメージ用 Dockerfile の COPY 命令で配置した msmtprc ファイルの中身だとわかりました。ところでなぜ App イメージのビルドと App コンテナの起動がエラーにならなかったか、ちゃんと整理しておきましょう。

メールサーバの接続設定が間違った設定ファイルを COPY 命令で指定しても、イメージビルドのタイミングで接続先の検証が行われるわけではありません。COPY 命令そのものは正しく機能しているため、App イメージのビルドはエラーにならないのです。同様に、App コンテナを起動しただけでもメールサーバへの接続設定が正しいかは検証されないため、やはり App コンテナの起動そのものはエラーになりません。メール送信時になってはじめて誤った送信先にメールを送信し、エラーが発生したのでした。

msmtprc ファイルのポート番号を 1025 に修正したら、イメージビルドからやり直す必要があります。docker compose down でサービスをすべて停止し、docker compose up --detach --build でイメージから作り直します。

図32.2.3 修正方針の整理

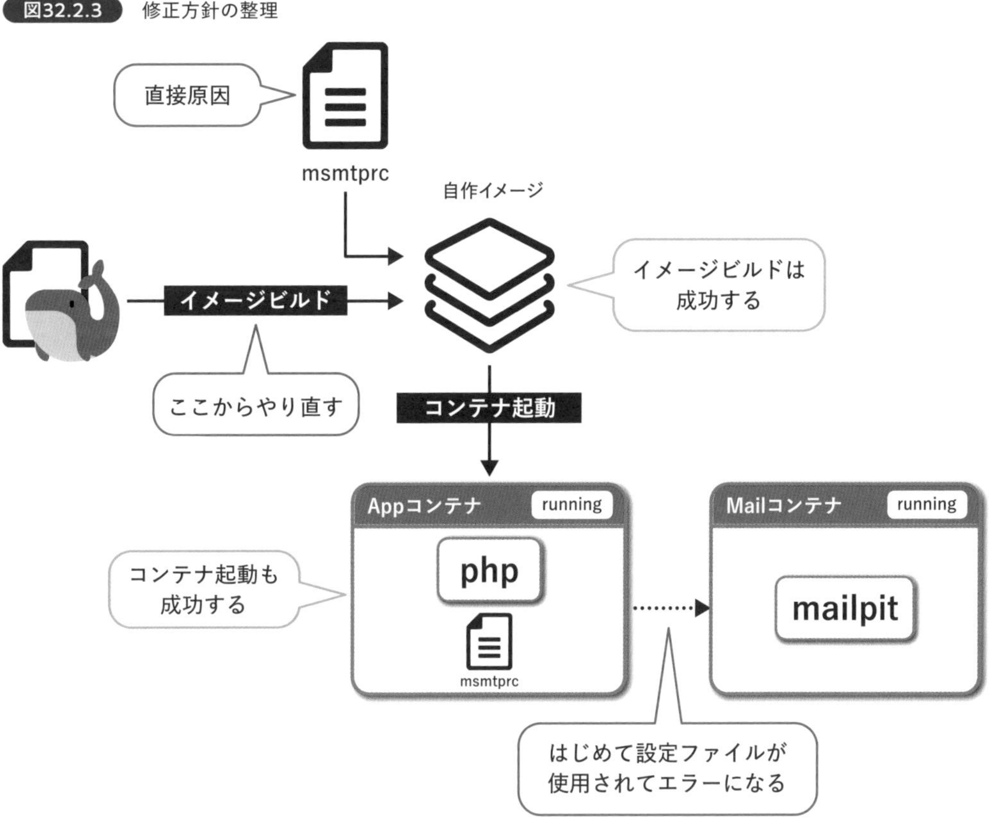

図を用いて整理すると、いつなにを間違えたか把握しやすく、どう修正するべきか整理しやすいと実感できたでしょうか。

索引

●著者プロフィール

鈴木 亮（すずき りょう）

　通称ほげさん。たまたま入れた大学の情報系学科でプログラミングに出会い、そこからIT界隈にのめり込む。2012年某大手電機メーカーの就職を経て、バックエンドエンジニアとしてISPサービスの開発に従事する。2021年ミライトデザインに転職。

　現在はZennに本を投稿したり会社のYouTubeチャンネルで真面目な動画や不真面目な動画を公開したりしている。

アイコンは、新人時代の筆者が自分の歓迎会開催を訴えるためにオフィスのホワイトボードに書いてもらった絵。

●カバーデザイン・本文デザイン

クオルデザイン 坂本 真一郎

●本文イラスト制作

有限会社 中央制作社

開発系エンジニアのための Docker絵とき入門

発行日	2024年　1月25日	第1版第1刷
	2024年　5月14日	第1版第2刷

著　者　鈴木　亮

発行者　斉藤　和邦

発行所　株式会社　秀和システム

〒135-0016

東京都江東区東陽2-4-2　新宮ビル2F

Tel 03-6264-3105（販売）Fax 03-6264-3094

印刷所　株式会社シナノ

ISBN978-4-7980-7150-3 C3055